Das Genom-Puzzle

Springer-Verlag Berlin Heidelberg GmbH

HILKE STAMADIADIS-SMIDT · HARALD ZUR HAUSEN (Hrsg.)

Das Genom-Puzzle

Forscher auf der Spur der Erbanlangen

Mit Beiträgen von

C. EBERHARD-METZGER, I. GLOMP, B. HOBOM,
H. ZUR HAUSEN, und H. STAMADIADIS-SMIDT

Springer

HILKE STAMADIADIS-SMIDT, M.A.
Prof. Dr. Dr. mult. h.c. HARALD ZUR HAUSEN
Deutsches Krebsforschungszentrum
Im Neuenheimer Feld 280
D-69120 Heidelberg

Fotoredaktion:
MONIKA MÖLDERS, STEFANIE SCHMIDT
und CLAUDIA WALTHER

ISBN 978-3-642-63783-4   ISBN 978-3-642-58905-8 (eBook)
DOI 10.1007/978-3-642-58905-8

Die deutsche Bibliothek - CIP-Einheitsaufnahme
Das Genom-Puzzle: Forscher auf der Spur der Erbanlagen/Claudia Eberhard-Metzger;
Ingrid Glomp; Barbara Hobom. Hrsg.: Hilke Stamatiadis-Smidt; Harald zur Hausen. -
Berlin; Heidelberg; New York; Barcelona; Budapest; Hongkong; London; Mailand; Paris;
Singapur; Tokio: Springer, 1998

Umschlaggestaltung: Bayerl & Ost GmbH, Frankfurt

Weiterverarbeitung: Lüderitz & Bauer, Berlin
Layout & Datenkonvertierung: Ursula Weisgerber und Tina Hellweg

SPIN: 10569519   51/3020 - 5 4 3 2 1 0 - Gedruckt auf säurefreiem Papier

Inhaltsverzeichnis V

1 Einführung

Dieses Buch ist eine Momentaufnahme. Es hält den aktuellen Stand fest, den wichtige Erkenntnisse in der Erforschung des menschlichen Erbguts erreicht haben und schildert das Potential der Genomforschung und die Richtung, in die neue Entwicklungen gehen werden. Das Buch will keine Propaganda für die Genomforschung machen. Die Autoren haben sich vielmehr bemüht, ein übersichtliches Bild des Puzzles zu vermitteln, das Wissenschaftler in aller Welt derzeit bei der Suche nach den Bestandteilen des menschlichen Erbguts zusammenfügen. Auch die Techniken, die Molekularbiologen erarbeitet haben, um einzelne Gene zu identifizieren und ihre komplexen Funktionen zu ergründen, werden beschrieben. Damit gibt das Buch einen Einblick in ein wissenschaftliches Szenario, das unser Leben wesentlich beeinflussen und verändern wird.

Allerdings: Detaillierte Informationen allein können das Verständnis für die Wissenschaft und ihre Ergebnisse nicht verbessern. Denn Motivation folgt nicht unbedingt aus dem Verstehen von Fakten, sie ist vielmehr Voraussetzung und Grundlage des Verständnisses für wissenschaftliches Arbeiten. Die Motivation, sich mit der Genomforschung auseinanderzusetzen, kann verschiedenen Quellen entstammen: persönlicher Betroffenheit oder dem Willen, an politischen und gesellschaftlichen Entscheidungs- und Meinungsbildungsprozessen mitzuwirken. Wie John Turney vom Departement of Science and Technology Studies, London, 1996 in einem Artikel der Fachzeitschrift Lancet darlegte, kommt es bei der Verbesserung des Verständnisses für Wissenschaft in der breiten Öffentlichkeit vor allem auf eines an: Wissenschaftler und wissenschaftliche Institutionen müssen sich von der Vorstellung verabschieden, ihr Publikum sei „mit leeren Behältern" zu vergleichen, die mit Fakten gefüllt werden müßten. Turney warnt außerdem davor, Bürger nur als Steuerzahler zu sehen, die von der Notwendigkeit der Forschungsförderung zu überzeugen seien. Der Versuchung, in der Öffentlichkeit herrschende Vorstellungen in eine Linie mit den Vorstellungen von Wissenschaftlern zu bringen, indem man Fakten lehrt, solle widerstanden werden. Aus sozialwissenschaftlicher Sicht könne auf diese Weise kaum eine verbesserte Interaktion zwischen Öffentlichkeit und Wissenschaft zustande kommen.

Diese Interaktion besteht aus bedeutend komplexeren Elementen, als sie in Ein- oder Zweiwegmodellen der Kommunikation berücksichtigt werden könnten. Das Vorwissen der Bürger zählt dazu ebenso wie Informationen aus dem privaten Umfeld, aus Büchern, Zeitschriften und Zeitungen, aus den elektronischen Medien; persönliche Erfahrungen über gesellschaftliche Zusammenhänge gehören ebenso dazu wie das Alltagsleben. Diese Vorstellungen, auf die das Informationsbemühen der Wissenschaft trifft, können auch gewolltes Nichtwissen beinhalten, das mit Vertrauen in die Fachleute und ihr Tun gekoppelt ist. Eine derartige Haltung wird häufig dann eingenommen, wenn die Fakten und Zusammenhänge zu komplex erscheinen oder Entscheidungen verlangen, die von einem Nichtfachmann nicht übersehen werden können. Der Widerstand gegen Wissen muß also nicht immer eine Abwehr von Wissenschaft sein. Er kann auch Vertrauen in die Wissenschaft widerspiegeln.

Im Verhältnis von Wissenschaft und Öffentlichkeit kommt es nicht darauf an, dem Laien Wissen zu vermitteln, damit er für eine demokratische Mitentscheidung über Forschung und Forschungspolitik fachlich ausgerüstet ist. Die Kommunikationsforscher stimmen vielmehr darin überein, daß es in erster Linie um das Verständnis wissenschaftlicher Vorgehensweisen gehen muß – nicht allein um Wissen. Die Bürger sollen verstehen, daß Wissenschaft nicht die „Entschleierung der Wahrheit", sondern der Versuch einer Annäherung an die Wahrheit ist, die durch neue Ergebnisse wieder zunichte gemacht werden kann. Dies gilt natürlich auch für die Genomforschung.

Die Autoren und Herausgeber dieses Buches erwarten nicht, daß Leser, die der Genomforschung kritisch gegenüberstehen, von der Bedeutung und der Förderungswürdigkeit dieser Forschung überzeugt werden. Sie beabsichtigen auch nicht, Widerstände, die ihre legitimen Wurzeln im Lebensumfeld des einzelnen Menschen haben, als unberechtigt hinzustellen. Sie möchten vielmehr dem neugierigen Leser, der durch persönliche Betroffenheit oder gesellschaftspolitisches Engagement motiviert ist, dieses Buch zu lesen, den gegenwärtigen Stand der Erforschung des menschlichen Erbgutes darstellen und ihm ein Bild von der Vielfalt der Genomforschung vermitteln. Das Buch möchte durch beispielhafte Schilderungen Hinweise auf die gesellschaftlichen Veränderungen geben, die durch die Genomforschung verursacht werden können.

Die Fakten zeigen, daß viele Entwicklungen nicht mehr aufzuhalten sind. Gerade deshalb sind die Gesellschaft und jeder einzelne Mensch gefordert, Regeln für den Umgang mit Forschungsergebnissen und ihre Anwendung zu entwickeln. Dies setzt gesellschaftliche Konsensfindung und die Besinnung auf ethische Normen voraus. Die Erforschung des menschlichen Genoms und die mögliche Anwendung der Erkenntnisse heißt auch, sich der erweiterten Fähigkeiten des Menschen bewußt zu werden, seine eigene Art in ihrer Entwicklung zu ihren Gunsten oder Ungunsten zu steuern bzw. zu manipulieren.

Die Naturgegebenheit zahlreicher Krankheiten etwa, die bisher Ausweglosigkeit bedeutete, steht zur Diskussion. Die potentielle Fähigkeit, in „natürliche" Prozesse einzugreifen, sich für oder wider die Ausübung dieser Fähigkeit in welchen Grenzen auch immer entscheiden zu müssen, wird neue Anforderungen an uns alle stellen. Aber nicht nur Eingriffsmöglichkeiten in menschliche Bedingtheiten, die bisher als persönliches Schicksal erschienen, können eine Konsequenz der Genomforschung sein. Ihre Erkenntnisse provozieren ein neues Bild vom Menschen, das dringliche Fragen eröffnet: Welchen Einfluß haben die Gene? Gibt es eine freie Willensentscheidung? Wie stark wird der Mensch durch seine Umwelt geprägt?

Auch in anderer Hinsicht kann sich das Menschenbild verändern, insbesondere das alte Bild des Menschen als „Herr der Welt". Diese Vorstellung ist besonders in westlichen Religionen nach wie vor verankert, interpretiert als Verantwortung für die Welt oder als Legitimation für die Nutzung und Ausnutzung der Welt. In dem Moment, in dem die Genforschung eine enge genetische Verwandtschaft zwischen Mensch und Tier, ja selbst zwischen Mensch und Bakterie, aufdeckt, wird die Naturgebundenheit des Menschen eine unumstößliche Tatsache. In dem Moment, wo nachgewiesen ist, daß die Gene von Menschenaffe und Mensch zu 98,6 Prozent gleich sind, wird das Konzept vom Menschen als der „Krone der Schöpfung" in seinen Grundfesten erschüttert. Der Mensch – von ähnlichen Determinanten gesteuert wie das Tier, mit Erbgutbestandteilen ähnlich denen der Pflanze – sieht sich in einem neuen, engen Beziehungsgeflecht mit allen Organismen der Natur. Er lebt in einem Netzwerk, in dem es weder Herrscher und Beherrschte geben kann, noch eine naturgegebene Berechtigung zur hemmungslosen Nutzung der Ressourcen der Natur.

Das Potential der Genomforschung ist zweigesichtig und bedarf der Integration in die Regularien der Gesellschaft. Frühzeitig haben deshalb die Genomforscher, die weltweit in der Human Genome Organization zusammenarbeiten, auch ethische, juristische und soziale Fragestellungen in ihre Projekte einbezogen. „Nicht noch einmal dürfen sich Forscher als Diener politischer Meister mißbrauchen lassen, die genetische Unerschiede für diskriminierende Gesetze oder soziale Benachteiligung einsetzen wollen", forderte 1997 der Nobelpreisträger James D. Watson in Berlin vor dem Hintergrund der jüngeren deutschen Geschichte, in der sich eine Reihe von Ärzten und Wissenschaftlern bereitwillig der nationalsozialistischen Weltanschauung unterstellt hatte.

Die Chancen der Genomforschung können Ausgangspunkt sein für neuartige Prozesse der Konsensfindung und für eine neue Dimension der konstruktiven Zusammenarbeit zwischen Wissenschaftlern, Politikern und interessierten Bürgern. Die Möglichkeiten, die aus der neuen molekularen Biologie erwachen, werden eine noch größere Verantwortungsfähigkeit erfordern, als es die Anwendung von Ergebnissen aus Technik und Naturwissenschaften bereits heute notwendig macht. Die frühzeitige Auseinandersetzung mit möglichen Chancen und Risiken der Genomforschung eröffnet die Chance, sich nicht „überrollen" zu lassen, sondern in einem kontinuierlichen Diskurs mit Wissenschaftlern und Politikern Entwicklungen zu identifizieren, zu kanalisieren, zu integrieren und sie zum größtmöglichen Nutzen für gemeinsam definierte Ziele einzusetzen. Unser Buch möchte diesen Diskurs unterstützen.

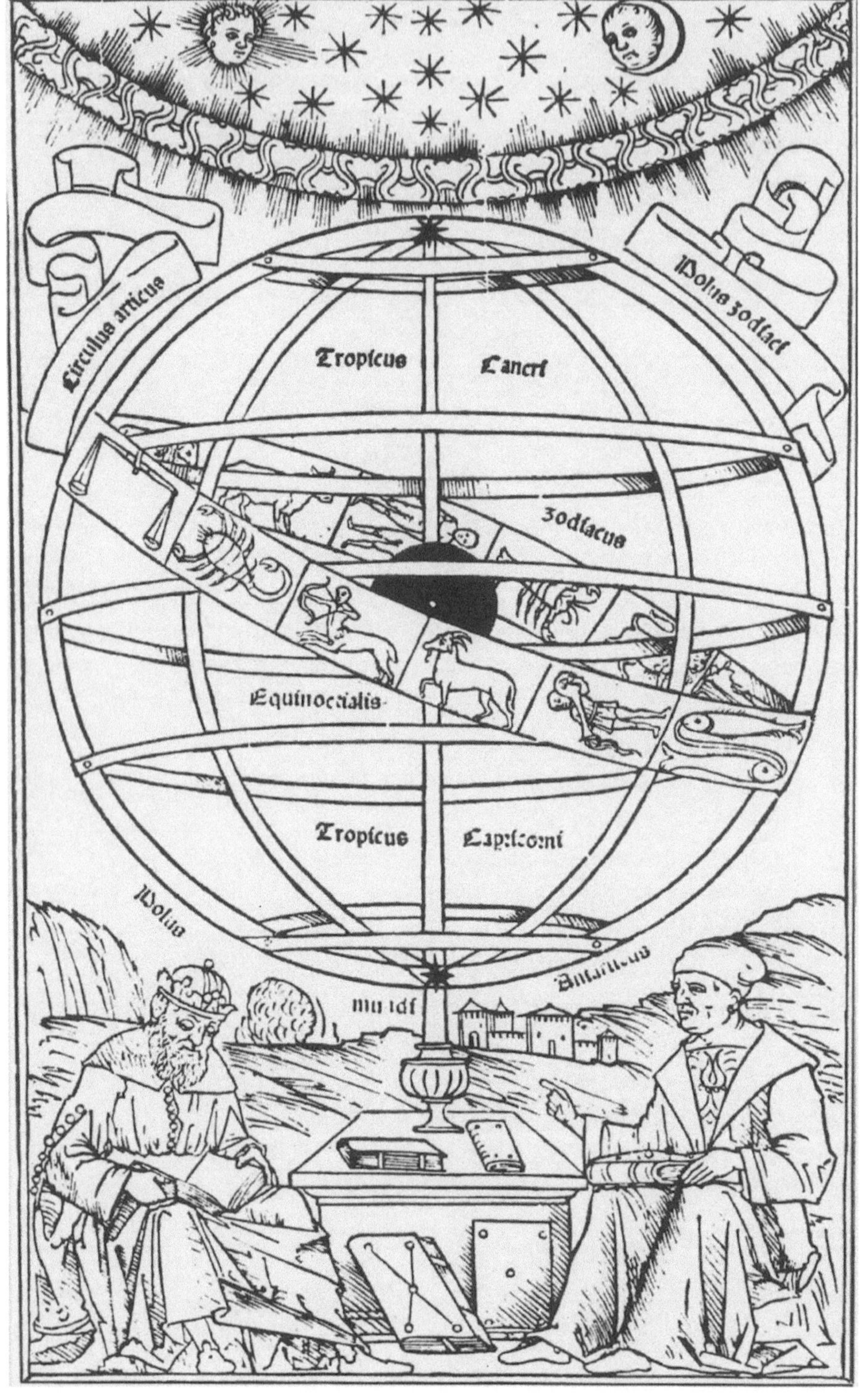
Circulus articus
Polus zodiaci
Tropicus Cancri
Zodiacus
Equinocialis
Tropicus Capricorni
Polus
Antarticus
mudi

2   Aufbruch in unbekannte Welten

„In ein paar Jahren wird jedermann auf dem Weg zum Arzt oder in die Apotheke eine Compact Disc mit sich herumtragen, auf der die gesamte Bausteinfolge der 3 Milliarden Basenpaare seines individuellen Erbmaterials gespeichert ist." Das prophezeite der Molekularbiologe und Nobelpreisträger Walter Gilbert von der amerikanischen Harvard Universität seinen Zuhörern, als er 1988 an der kalifornischen technischen Hochschule in Pasadena einen Vortrag über die damals noch ganz neuen Pläne zur Entschlüsselung des menschlichen Erbgutes hielt. Ganz so weit ist es heute, zehn Jahre später, noch nicht. Doch die Wirklichkeit könnte uns schneller einholen als viele auch nur ahnen. Einen Vorgeschmack haben im Frühjahr 1997 jene bekommen, die einen Besuch bei der kalifornischen Biotechnologiefirma Sequana Therapeutics in La Jolla machten. Am Ende der Werksbesichtigung erhielt jeder Besucher ein vielsagendes Geschenk: die Hülle einer Compact Disc, wunderschön futuristisch aufgemacht. „Human Genotype", also „Genausstattung des Menschen", war in Großbuchstaben darauf zu lesen. Und in einer Ecke stand in kleineren, griechischen Buchstaben „Erkenne Dich selbst".

Noch war die Hülle leer. Doch lange wird es vielleicht nicht mehr dauern, bis man die passende cd mit dem jeweils ganz persönlichen genetischen Informationstext hineinstecken kann. Denn die Genforscher arbeiten derzeit mit großem Eifer daran, das Erbgut des Menschen Baustein für Baustein zu entschlüsseln.

WAS DEN MENSCH IM INNERSTEN ZUSAMMENHÄLT

Neugier hat den Menschen seit jeher angetrieben zu ergründen, „was den Mensch im Innersten zusammenhält". Als der Dichter und Naturforscher Johann Wolfgang von Goethe den Dr. Faustus diesen Satz sprechen läßt, denkt er unter anderem an die geheimnisvollen Zusammenhänge von Naturphänomenen in der Physik, Chemie und Biologie. Die Frage nach den Mechanismen der Vererbung von Eigenschaften stellte sich zu Goethes Zeit Anfang des 19. Jahrhunderts allerdings noch nicht in der heutigen Form. Aber die Neugier hatte den Menschen schon vor langer Zeit dazu getrieben, das Innere des menschlichen Körpers, seine Anatomie, zu ergründen. Der in Padua tätige flämische Arzt Andreas Vesalius hatte im 16. Jahrhundert die Scheu, in das Innere des menschlichen Körpers zu blicken, überwunden und Form und Lage sämtlicher Organe genau beschrieben. Doch der Einblick in die mit bloßem Auge erfaßbare Anatomie genügte den Wissenschaftlern nicht. Schritt für Schritt haben sie sich bis zu immer feineren Strukturen vorgewagt.

Eine völlig neue, bislang unbekannte Welt erschloß sich im 17. Jahrhundert, als der niederländische Naturforscher Anthonie van Leeuwenhoek das Mikroskop für die Untersuchung von Zellen zu nutzen begann. Die Anatomie des menschlichen Körpers gewann damit eine mikroskopische Dimension hinzu. Jedes Gewebe, ob von der Haut, dem Herzen oder der Leber, ließ eine eigene charakteristische Feinstruktur erkennen. Schließlich wurde Licht sogar in das geheimnisvolle Innere der einzelnen Zellen gebracht. Anfang des zwanzigsten Jahrhunderts haben die Wissenschaftler dann im Zellkern die als Chromosomen bezeichneten Träger der Erbsubstanz aufgespürt. Das informationsspeichernde Erbmaterial, die Desoxyribonukleinsäure, enthält den Bauplan, nach dem sich der Mensch aus einer befruchteten Eizelle entwickelt.

Für die modernen Molekularbiologen war es nur konsequent, die Anatomie des Menschen nun auch auf dieser vorerst letzten Ebene, dem Erbmaterial, zu ergründen. Im ausgehenden 20. Jahrhundert haben sie sich darangemacht, die 3 Milliarden Bausteine des menschlichen Erbgutes Stück um Stück zu entschlüsseln. Ihr Ziel ist es, auf diese Weise auch die molekulare Anatomie des Menschen zu durchschauen und darin wie in einem Buch des Lebens zu lesen. Die Wissenschaftler wollen indessen nicht nur ihre nie endende Neugier befriedigen. Im Vordergrund steht die Überzeugung, daß die Kenntnis der molekularen Anatomie unser Verständnis vom menschlichen Körper, dem gesunden wie dem kranken, revolutionieren wird. Die Forscher stellen sich vor, daß man viel besser als bisher verstehen wird, warum ein bestimmtes Individuum beispielsweise besonders anfällig für Erkältungskrankheiten ist, eine andere Person auf Antibiotika allergisch reagiert und eine dritte an Krebs erkrankt. Sie hoffen, an der individuellen Genausstattung besondere Erkrankungsrisiken zu erkennen und Mittel zu finden, die Leiden weit mehr als bisher am Patienten orientiert behandeln oder den Ausbruch vieler Krankheiten sogar von vorneherein verhindern zu können.

Schier unbezwingbares Erbmolekül

Das Erbmaterial des Menschen und aller anderen Lebewesen erscheint auf den ersten Blick abschreckend monoton. Über eine Strecke von Millionen und Abermillionen Basenpaaren wechseln sich in den genetischen Informationsträgern nur vier verschiedene Grundbausteine ab. Ein willkürlich herausgegriffener Abschnitt in einem Erbmolekül liest sich dann z. B. wie folgt: AGTTCGATGTAAAAACTGTTAGTCCATTGAGA … . Unmöglich erschien es den Chemikern lange Zeit, die exakte Reihenfolge der einander ähnlichen sich immer wiederholenden Moleküle zu bestimmen.

Noch 1968 meinte der aus Österreich stammende und in seiner Jugend in den dreißiger Jahren in die Vereinigten Staaten von Amerika ausgewanderte Erwin Chargaff: „Eine detaillierte Bestimmung der Sequenz eines DNS-Moleküls liegt jenseits unserer gegenwärtigen Möglichkeiten, und es ist auch nicht wahrscheinlich, daß sie in naher Zukunft gelingt." Chargaffs etwas spöttisches Fazit seinerzeit lautete: „Man solle das Entziffern der in der DNS gespeicherten Information lieber den Forschern des 21. Jahrhunderts überlassen, – es sei denn, auch die hätten andere Sorgen!"

Doch als Mitte der siebziger Jahre Methoden entwickelt wurden, um die Bausteinfolge, die Basensequenz, von Erbmolekülen zu bestimmen, nahm die Idee von der Entschlüsselung langer DNS-Moleküle nach und nach immer klarere Konturen an. Einige Molekularbiologen blieben zwar noch immer skeptisch. Noch 1982 kritisierten sie, es sei „sogar mit den jüngsten Fortschritten in der DNS-Sequenzierungstechnologie unwahrscheinlich, daß die Basenabfolge von mehr als ein paar Prozent einer so komplexen DNS jemals bestimmt wird". Andere Wissenschaftler waren dagegen vor Optimismus geradezu euphorisch. Zu ihnen gehörten unter anderem der Nobelpreisträger James Watson, der Mitentdecker der DNS-Doppelhelixstruktur, und die Nobelpreisträger Walter Gilbert und Frederick Sanger, die beide eine jeweils andere Methode zur Bestimmung der Bausteinfolge von Erbmolekülen erfanden.

Der „Heilige Gral" der Molekularbiologen

Möglicherweise war der ehemalige Physiker und spätere Molekularbiologe David Hogness von der kalifornischen Stanford Universität der erste, der die Vision hatte, das gesamte Erbgut eines höheren Lebewesens Baustein für Baustein zu entschlüsseln. Hogness hatte sich gerade aus seinem angestammten Forschungsfeld, der Phagenforschung (Bakteriophagen sind Viren, die Bakterien befallen) zurückgezogen, um sich mit einem viel komplizierteren Lebewesen, der Taufliege Drosophila, zu beschäftigen. Kaum hatte sein Kollege Paul Berg 1972 die Idee entwickelt, daß man Erbmaterial unterschiedlicher Herkunft mit Hilfe von Enzymen miteinander kombinieren kann, um auf diese Weise einzelne Gene von Mikroorganismen in Bakterienzellen beliebig zu vermehren, spann Hogness den Gedankenfaden weiter. Er zog den Schluß, daß man nach dem gleichen Prinzip vermutlich auch die Erbanlagen höherer Organismen in Bakterienzellen einzeln vermehren und dann genauer untersuchen könnte. 1972 schrieb er in einem Antrag für Forschungsgelder: „In diesem Zusammenhang möchten wir hervorheben, daß die Methoden, die wir für die Isolierung eines spezifischen Fragments der DNS von Drosophila entwickelt haben, auf die DNS jeder beliebigen Art allgemein anwendbar sein wird." Die Ära der Genomforschung war damit theoretisch vorweggenommen. Die Idee war geboren, doch die Zeit war noch nicht reif, ein solches Projekt auch systematisch zu verwirklichen.

Gut zehn Jahre später rückte die Idee, das Erbgut des Menschen zu entschlüsseln, plötzlich in greifbare Nähe. Die Mutigsten unter den Molekularbiologen wollten es wagen, dieses vorerst noch völlig undurchschaubare Terrain mit Elan zu erobern. Der Molekularbiologe Robert Sinsheimer von der kalifornischen Universität in Santa Cruz und der Physiker Charles DeLisi, Direktor des Büros für Gesundheit und Umwelt im amerikanischen Energieministerium in Washington, riefen 1985 beziehungsweise 1986 unabhängig voneinander führende Molekularbiologen zu einer informellen Tagung zusammen. Beide wollten ihre Kollegen für die Idee gewinnen, das Erbgut des Menschen, den „Text des Lebens“, systematisch aufzuklären. Viele Tagungsteilnehmer griffen den Plan begeistert auf. Walter Gilbert, der an beiden Diskussionsrunden teilnahm, erklärte das menschliche Erbgut emphatisch zum „Heiligen Gral“ der Molekularbiologie. Er sah darin ein hohes Gut, vergleichbar dem sagenumwobenen Gral, den die mittelalterlichen Ritter unter Einsatz ihres Lebens als Objekt der Erkenntnis zu erlangen suchten. In der Bestimmung der Bausteinreihenfolge des Erbmaterials, seiner Sequenz, sah der Wissenschaftler sogar die Aufgabe, das biblische Gebot „Erkenne Dich selbst“ zu erfüllen. Viele Forscher fingen sogleich Feuer für die Idee. Die meisten waren davon überzeugt, daß das Vorhaben dank technischer Fortschritte inzwischen realisierbar sein dürfte.

Dennoch kam das Projekt zunächst nur schleppend voran. Die entscheidende Wende trat erst ein, als Renato Dulbecco, ein amerikanischer Virologe italienischer Abstammung, der am Salk Forschungszentrum im kalifornischen San Diego arbeitete, am 7. März 1986 einen mitreißenden Leitartikel in dem amerikanischen Wissenschaftsmagazin „Science“ veröffentlichte. Dulbecco war Krebsforscher. Er sah in der systematischen Erforschung der menschlichen Erbanlagen eine bislang ungeahnte Chance, das Rätsel der Krebsentstehung zu lösen. Der Forscher spekulierte, daß man Krebs besser verstehe, wenn man erst einmal das Zusammenspiel der gesunden Erbanlagen begreife. Abweichungen vom normalen Zellgeschehen sollten den Schlüssel zum Krebswachstum liefern. Er schrieb in seinem werbenden Kommentar: „Wenn wir mehr über Krebs wissen wollen, müssen wir uns jetzt auf das zelluläre Genom konzentrieren.“

Dem Wissenschaftler war indessen klar, daß das großartige Projekt niemals nur von einer handvoll Forscher bewältigt werden könnte. Dazu war es viel zu kompliziert. Er rief daher zu einer Form der Großforschung auf, die zwar in der Physik seit Jahren gang und gäbe war, in der Biologie aber keine Tradition hatte. „In seiner Bedeutung wäre das (Genomprojekt) vergleichbar den Anstrengungen, die zur Eroberung des Weltalls geführt haben, und es sollte im gleichen Geist in Angriff genommen werden,“ schrieb der temperamentvolle Wissenschaftler. Sein Kommentar stand in dem Wissenschaftsmagazin gleich vorne an exponierter Stelle. Erfahrungsgemäß wird der dort plazierte wöchentliche Leitartikel auch von vielen amerikanischen Politikern gelesen. Die Wirkung war in der Tat überwältigend.

Vertreter aus allen möglichen Kreisen des öffentlichen Lebens in Amerika ließen sich für die Idee begeistern, Wissenschaftler ebenso wie ihre wichtigsten Geldgeber, die Politiker. Alles sprach vom Human-Genom-Projekt.

Richtungskämpfe um das Erbmolekül

Kaum ging es um die Realisierung des Mammutprojekts, begann auch der Streit. Welcher strategische Plan würde der beste sein? Diese Frage spaltete die Wissenschaftler in zwei Lager. Die Geduldigeren unter ihnen meinten, das wichtigste Ziel sei zunächst, vom menschlichen Erbmaterial eine detaillierte genetische Karte anzufertigen. Diese Idee war keineswegs neu. Der Humangenetiker Victor McKusik von der Johns Hopkins Universität in Baltimore im amerikanischen Bundesstaat Maryland hatte bereits 1969 angeregt, sämtliche Gene des Menschen auf den Chromosomen zu „kartieren". Auf der genetischen Karte sollte die Lage möglichst vieler Erbanlagen eingezeichnet werden, damit man sich auf den einzelnen Chromosomen besser orientieren könne und die entsprechenden Fehler in den Genen kranker Personen leichter finde. Eine solche Genkarte läßt sich mit einer Generalstabskarte vergleichen. Anstelle von Flüssen, Dörfern, Brücken oder auch einem stattlichen einzelnen Baum auf einem weiten Feld sollten als charakteristische Markierungpunkte Erbanlagen eingetragen werden.

Nicht alle fanden die Idee, sich zunächst als Kartographen in der Landschaft der Gene zu betätigen, fesselnd. Sie wollten sofort mit der interessantesten Arbeit, dem Entziffern der geheimen Schrift, beginnen und die Bausteinfolge des genetischen Textes, die Basensequenz, möglichst schnell bestimmen. Doch auch unter ihnen herrschte Uneinigkeit. Die Konsequenten verlangten: Wenn schon die Bausteinfolge bestimmen, dann auch systematisch vom einen bis zum anderen Ende der in den 23 Chromosomenpaaren enthaltenen Erbmoleküle. Wer auf spektakulären Erfolg aus war, wollte dagegen nur die vermeintlich interessantesten Abschnitte bestimmen, die als die eigentlichen Erbanlagen in einem unübersichtlichen Meer von 3 Milliarden Genbausteinen liegen. Nur 3 bis 5 Prozent des menschlichen Genoms enthält nämlich Bereiche mit erkennbarem Informationsgehalt. Diese kodierenden Abschnitte liegen wie winzige Inseln in einem Meer von Basenfolgen, deren Bedeutung man noch nicht kennt. Auf den ersten Blick wirken sie wie Füllmaterial, denn sie scheinen weitgehend informationsleer zu sein. Viele Forscher bezeichnen diese zwischen den Genen und auch innerhalb der einzelnen Erbanlagen liegenden Bereiche daher abwertend als „Müll". Für dessen Entschlüsselung wollten sie keine Kraft und keine kostbaren Forschungsgelder verschwenden.

Die Debatten zogen sich hin. Sie hielten noch an, als beide Gruppen, die Kartographierer und die Sequenzierer, schon längst tief in der Arbeit steckten. Nicht zuletzt entfachte auch die Frage nach der Finanzierung erhitzte Diskussionen. Es kam zu bissigen Wortgefechten, die in dieser Form neu unter den ruhigen, bislang ganz auf ihre Grundlagenforschung konzentrierten Genforschern waren.

GROSSZÜGIGE FINANZIERUNG IN AMERIKA

Walter Gilbert, der sich mit Leib und Seele für das Genomprojekt engagierte, hatte zu einer wichtigen Sitzung mit Regierungsbeamten, auf der über das Human-Genom-Projekt entschieden werden sollte, sehr gut vorbereitete Konzepte mitgebracht. Er hatte genau berechnet, wieviele Forscher in wievielen Labors wieviel Geld benötigten, damit eine erste Phase des Genomprojektes sinnvoll in Angriff genommen werden könnte. Seine Prognose lautete: „3 Milliarden Dollar wird die Entschlüsselung des menschlichen Erbgutes etwa kosten." Die Berechnung basierte auf der Erfahrung, daß Ende der achtziger Jahre das Sequenzieren eines einzigen Basenpaares rund einen Dollar kostete. Für die 3 Milliarden Genbausteine des menschlichen Genoms würde demnach die Summe von 3 Milliarden Dollar benötigt. Für die meisten Biologen war ein Betrag dieser Größenordnung damals unvorstellbar hoch, waren sie von ihren bisherigen Forschungsprojekten doch eher Summen gewohnt, die oft nur ein Tausendstel und meist sogar nur ein Zehntausendstel eines solchen Betrages ausmachten.

In Anbetracht der immensen Summe kamen vielen Forschern Bedenken, ob das Ziel den gewaltigen Einsatz auch lohne. „Was wird der Gegenwert sein?" fragten sie sich in der Öffentlichkeit. Ihre Kritik bezog sich vor allem auf die Tatsache, daß die wirklichen Gene nur einen Bruchteil des Erbmoleküls ausmachen. Unsummen für nichts als „genetischen Müll" oder „Füllmaterial" auszugeben, erschien ihnen absurd. Nur wenige bewahrten das richtige Augenmaß. Der Molekularbiologe Paul Berg wies seine Kollegen nüchtern darauf hin, daß man über die Rolle des zwischen den Genen liegenden Erbmaterials ja noch viel zu wenig wisse, als daß man ihm leichtfertig jede Bedeutung absprechen könne. Immerhin habe man ja in so mancher zunächst als Müll eingestuften Sequenz bereits echte Gene oder genetische Schaltelemente gefunden. Vielleicht verbergen sich in dem Meer der scheinbar informationsleeren Bereiche noch genetische Schätze, von denen bislang niemand etwas ahnt?

Bedenken gegen die systematische Sequenzierung des menschlichen Genoms kamen auch noch aus anderen Ecken. Einige Molekularbiologen warnten davor, daß die Bestimmung der Basenfolge eine geistlose Angelegenheit werden könnte. Sie prophezeiten, junge Talente würden für eine stupide Tätigkeit verheizt. Das Projekt müsse wegen der überwältigenden Menge von Füllmaterial im Genom zwangsläufig zu einer unrentablen Wissenschaft werden, meinte Robert Weinberg, ein berühmter Krebsforscher am Massachusetts Institute of Technology im amerikanischen Cambridge. Auch Neid kam auf. Manche Forscher argwöhnten, daß anderen Projekten Finanzmittel entzogen würden, damit das prestigeträchtige Mammutprojekt durchgeführt werden könnte. Sie befürchteten, daß der biomedizinischen Forschung für das Human-Genom-Projekt sicherlich keine Milliardenbeträge zusätzlich zur Verfügung gestellt würden. Andere Forschungszweige würden in Zukunft zu kurz kommen, argumentierten sie.

Startschuss für das Human-Genom-Projekt

Trotz aller Unkenrufe wurde die Entschlüsselung des menschlichen Erbmaterials schließlich in Angriff genommen. Im Dezember 1987 bewilligte der amerikanische Kongreß Finanzmittel in Höhe von jährlich 200 Millionen Dollar für das Projekt. Den größeren Anteil erhielten die Nationalen Gesundheitsbehörden, die National Institutes of Health (NIH) in Bethesda im Bundesstaat Maryland. Diese staatliche Institution finanziert den größten Teil der biomedizinischen Forschung in den Vereinigten Staaten. Einen etwa halb so großen Betrag wie die Nationalen Gesundheitsbehörden bekam das Energieministerium, das Department of Energy (DOE), für das Genomprojekt. Daß auch das Energieministerium, das unter anderem für neue Waffentechnologien zuständig ist, am Genomprojekt beteiligt wurde, lag daran, daß in den dortigen Forschungslabors auch die gesundheitlichen Auswirkungen von Strahlen untersucht wurden. Mit dem Ende des Kalten Krieges Ende der achtziger Jahre fürchtete das Ministerium um den Fortbestand seiner Waffenlabors und deren Forschungseinrichtungen. Charles DeLisi kam daher auf die Idee, die Lebensfähigkeit der Forschungseinrichtungen zu erhalten, indem er eine neue nationale Aufgabe für sie fand. So entwickelte er den Plan, das menschliche Erbmaterial zu sequenzieren. Das Ministerium gründete bereits 1987 drei Genomzentren, und zwar in Los Alamos, in Livermore und am Lawrence Berkeley Laboratorium. Viele Molekularbiologen sahen das mit Unbehagen, stand die Ausrichtung des Energieministeriums mit seiner großen Bürokratie doch in starkem Gegensatz zur Tradition der Nationalen Gesundheitsbehörden, die sehr viele Forschungprojekte, diese aber in vergleichsweise kleinem Rahmen finanzierten.

Der amerikanische Kongreß hatte sich so sehr von der Vision der Genomentschlüsselung überzeugen lassen, daß er 1987 beschloß, das Projekt nicht nur einmalig, sondern 15 Jahre lang jährlich mit der gewaltigen Summe von 200 Millionen Dollar zu unterstützen. Die entsprechenden Verwaltungsräte versprachen sogar, das Geld nicht von der übrigen biomedizinischen Forschung abzuzweigen. James Watson triumphierte. Er verglich den positiven Bescheid mit dem Beschluß des amerikanischen Kongresses von 1961, einen Menschen auf den Mond zu schicken. Der „Text des Lebens" würde der Menschheit aber unvergleichlich nützlicheres Wissen bescheren als der Mann auf dem Mond, meinte der Wissenschaftler.

1988 lief das Human-Genom-Projekt unter der Schirmherrschaft der amerikanischen Nationalen Gesundheitsbehörden langsam an. Der offizielle Start des internationalen Human-Genom-Projektes war aber erst 1990. Sein erster wissenschaftlicher Leiter und Koordinator war James Watson, der das Vorhaben seit der frühesten Entwicklungsphase unermüdlich unterstützt hatte. Der damals fünfundsechzigjährige international hoch angesehene Wissenschaftler räumte humorvoll ein, auch ein ganz privates Interesse an der Erforschung des menschlichen Genoms zu haben: „Für mich persönlich ist es von ganz entscheidender Bedeutung, das menschliche Genom bald, und nicht erst in zwanzig Jahren, zu ermitteln, weil ich vor meinem Tod noch die elementaren Funktionen des Lebens kennen möchte."

Den meisten Befürwortern war indessen klar, daß es bei dem Projekt nicht nur um hehre Forschung und Wahrheitsfindung ging, in der Amerika führend sein wollte. Das Unternehmen war für die Amerikaner nicht zuletzt deshalb besonders attraktiv, weil es eine starke wirtschaftliche Komponente besaß. Dieser Gedanke war von Anfang an ein treibender Motor für die Realisierung des Projekts. Man versprach sich davon, nicht nur die vielen meist seltenen, wenn auch oft dramatisch verlaufenden Erbkrankheiten besser zu diagnostizieren und in Zukunft möglicherweise auch behandeln zu können. Es kam die Hoffnung hinzu, auch die Entstehung weit verbreiteter Krankheiten wie Krebs, Arteriosklerose, Rheuma, Diabetes und viele andere Leiden bald besser zu verstehen. Daraus sollten sich neue Wege für die Entwicklung von Medikamenten gegen Leiden ergeben, die bislang kaum zu behandeln waren.

Die Gentechniker hatten es an einzelnen Beispielen bereits vorgemacht, wie wirkungsvoll Arzneimittel sein können, die man nach dem Vorbild eines menschlichen Gens herstellt. Das Humaninsulin war das erste, klassische Beispiel hierfür. Viele weitere sind seither dazugekommen. Stets gewinnt man sie nach dem gleichen Prinzip. Das menschliche Gen, dessen Proteinprodukt man als Medikament verwenden will, wird zunächst aus dem Genom isoliert oder chemisch nachsynthetisiert und anschließend in eine Zelle eingeschleust, die das jeweilige Protein anhand der vorgelegten genetischen Information bildet. Das so gewonne Protein wird gereinigt und nach entsprechenden Wirksamkeitsprüfungen als Arzneimittel verwendet. Das gentechnisch gewonnene Erythropoetin, ein Wachstumsfaktor für rote Blutzellen, mag so manchem Genomforscher als Vorbild dienen, daß das menschliche Erbgut nicht zuletzt auch eine Goldgrube sein kann, denn sein Jahresumsatz hat in den vergangenen Jahren bereits die Grenze von einer Milliarde Dollar überschritten. Es geht also beim Human-Genom-Projekt nicht nur um Forscherruhm und um den Wunsch zu heilen. Es geht auch um sehr viel Geld.

MEILENSTEINE DER GENOMFORSCHUNG

1865	Gregor Mendel entdeckt die Gesetzmäßigkeit der Vererbung.
1910	Thomas H. Morgan weist nach, daß die Gene linear auf den Chromosomen angeordnet sind.
1913	Alfred H. Sturtevant stellt die erste „ausführliche" Genkarte zusammen; sie enthält 6 Genorte, alle auf dem X-Chromosom.
1933	„Gesetz zur Verhütung erbkranken Nachwuchses" in Deutschland.
1944	Oswald T. Avery entdeckt, daß die DNS Träger der Erbinformation ist.
1953	Francis Crick und James Watson erkennen, daß die DNS die Struktur einer Doppelhelix hat.
1956	J. H. Tijo und A. Levan finden heraus, daß der Mensch 46 Chromosomen hat.
1968	Victor McKusick legt einen ersten Genort im menschlichen Genom fest.
1973	Herbert Boyer und Stanley Cohen klonieren ein erstes Gen.
1977	Allan Maxam und Walter Gilbert sowie Frederick Sanger entwickeln Sequenziermethoden, um die Bausteinreihenfolge in Erbmolekülen zu bestimmen.
1977	Das erste menschliche Gen, das Insulingen, wird kloniert
1979	E. Solomon und W. Bodmer in England und D. Botstein in Amerika verwenden DNS-Fragmentlängen-Polymorphismen zum Kartieren von Genen.
1983	Kary Mullis entwickelt die Polymerasekettenreaktion.
1985/86	Die Idee von der Entschlüsselung des menschlichen Erbgutes wird geboren.
1988	Beginn des amerikanischen Human-Genom-Projektes. Gründung der internationalen Human-Genom-Organisation.
1990	Offizieller Start des internationalen Human-Genom-Projektes. Gentechnikgesetz in Deutschland.
1992	Das erste Chromosom einer höheren Zelle, der Hefe, wird entschlüsselt.
1995	Mehrere Bakterienchromosomen werden vollständig sequenziert.

1995   Das Bundesministerium für Bildung, Wissenschaft,
        Forschung und Technologie stellt 200 Millionen Mark für
        die Human-Genom-Forschung in Deutschland bereit.
1996   Das Erbgut einer ersten höheren Zelle, der Bierhefe, liegt
        als vollständiger genetischer Text vor. Eine ausführliche,
        wenn auch noch nicht perfekte genetische Karte vom
        menschlichen Erbgut wird erstellt.

3   Es begann in einem Klostergarten: Eine Genesis der Genetik

Eng schmiegte sich der kleine Garten an die Klostermauer. 35 Meter breit und 7 Meter lang war das Areal, auf dem viele Hunderte von Erbsenpflanzen grünten und blühten. „In den fünfziger und sechziger Jahren des vorigen Jahrhunderts", schreibt Hugo Iltis, „konnte man hier an heiteren Frühlingstagen einen rüstigen, untersetzten Mann einer mühsamen und für den fremden Zuschauer verwunderlichen Beschäftigung obliegen sehen... Von einer Blüte zu andern bückt sich der stille Forscher, öffnet mit einer Pinzette die noch nicht vollkommen entwickelte Blütenknospe, entfernt das Schiffchen und nimmt alle Staubfäden... behutsam heraus. Dann streicht er mit einem feinen Pinselchen den gelben Blütenstaub einer anderen Pflanze sorgfältig auf die zarte Narbe und umhüllt nun sorgsam jede so behandelte Blüte mit einem weißen Tüll- oder Papiersäckchen, damit nicht irgendein unvorsichtiges Bienchen oder ein täppischer Erbsenkäfer den Pollen einer fremden Blüte auf die bereits bestäubte Narbe trage und so das Resultat der Kreuzungsversuche zunichte mache."

Der „stille Forscher", den der Biograph Hugo Iltis beschreibt, war der aus Österreich stammende Mönch Gregor Mendel. Acht Jahre lang erforschte Mendel im Klostergarten des Augustinerstifts St. Thomas in Brünn mit Hilfe der künstlichen Bestäubung die Vererbung bestimmter Merkmale bei der Gartenerbse Pisum sativum. Mehr als 10 000 Kreuzungsversuche soll Mendel durchgeführt haben, bis er sich im Jahr 1865 entschloß, seine Ergebnisse der Naturhistorischen Gesellschaft von Brünn vorzutragen. Ein Jahr später (1866) veröffentlichte er seine Resultate in den „Verhandlungen des Naturforschenden Vereins Brünn". Der Titel seiner 48 Seiten langen bahnbrechenden Arbeit lautete schlicht „Versuche über Pflanzenhybride". Doch Mendels Ideen blieben zu seiner Zeit weitgehend unbeachtet. Erst Anfang des 20. Jahrhunderts erkannte die Wissenschaft, welch zukunftsweisende Bedeutung die Mendelschen Experimente hatten.

Die Entdeckungen Mendels

Heute gilt Mendel (1822–1884) als unumstrittener „Vater der Vererbungslehre", vertrat er doch als erster die Ansicht, daß faßbare stoffliche Einheiten die Vererbung von Eigenschaften steuern. Dies stand im Widerspruch zu der Auffassung seiner Zeit, daß geheimnisvolle Lebenskräfte oder die Vermischung unbestimmter Blutfaktoren der Erblichkeit zugrundeliegen. Mendel behauptete, daß jedes Merkmal durch eine spezielle „Anlage" festgelegt werde. Diese Erbanlagen werden heute Gene genannt. Der Begriff „Gen" wurde nicht von Mendel, sondern von dem dänischen Biologen Wilhelm Johannsen geprägt. Er wählte das aus dem Griechischen stammende Wort im Jahr 1906, weil es „kurz" sei und zudem „Vorzüge wegen der leichten Kombinierbarkeit mit anderen Bezeichnungen" biete.

Was Mendel anhand seiner Kreuzungsversuche erkannt hatte, waren einige einfache Gesetzmäßigkeiten, die sich nur durch das Vorhandensein solch distinkter Erbanlagen erklären ließen. Jedes Lebewesen, schlußfolgerte Mendel aus seinen Experimenten, müsse von jedem Gen zwei Kopien besitzen. Eine Kopie erbt es von seiner Mutter, die andere von seinem Vater. Jedes Individuum, so seine Annahme, gebe nur eine Kopie jedes Gens an seine Nachkommen weiter. Die Kopie eines Gens – beispielsweise für die Farbe der Blüte einer Pflanze – könne dabei in unterschiedlichen Versionen auftreten, etwa in der Version weiß oder rot. Diese verschiedenen Varianten desselben Gens werden heute in der wissenschaftlichen Fachsprache „Allele" genannt. Mendel entdeckte auch, daß die Allele oft nicht gleichwertig sind: Ein Allel kann dominant über das andere sein und das „schwächere" – das rezessive – Allel überdecken.

Mendels Überlegungen erwiesen sich als korrekt. Er selbst erlebte die wissenschaftliche Anerkennung seiner Arbeiten nicht mehr. Er starb im Jahr 1884 als Prior des Augustinerklosters in Brünn; seine Forschertätigkeit hatte er nach einigen Rückschlägen zugunsten seiner Verwaltungspflichten aufgegeben. Wie sein Biograph Hugo Iltis berichtet, war Mendel selbst von der Bedeutung sei-

ner Erkenntnisse immer überzeugt. „Meine Zeit wird kommen", soll
er einmal zu einem Kollegen gesagt haben.

Seine Zeit kam, allerdings erst 16 Jahre nach seinem Tod.
Die Gesetze der Vererbung, die Mendel bereits 1865 vorgestellt hatte,
wurden im Jahr 1900 durch die europäischen Botaniker Carl Erich
Correns, Erich von Tschermak und Hugo de Vries neu entdeckt. Sie
zeigten unabhängig voneinander, daß Mendel recht hatte.

Entdeckungsreise in das Innere der Zellen

Als die Mendelschen Vererbungsgesetze wiederentdeckt und bestätigt waren, begannen sich die Forscher zu fragen, was denn eine erbliche Anlage, ein Gen, genau sein könnte. Wo finden sich die Gene,
und was sind ihre chemischen Eigenschaften?

Um diese Fragen zu beantworten, mußten die Ergebnisse
verschiedener Forschungsrichtungen zusammenfließen. Zur Jahrhundertwende war den Wissenschaftlern bekannt, daß jeder Pflanze,
jedem Tier und jedem Menschen ein gemeinsames Prinzip zugrun-
deliegt: die Zelle. Diese Erkenntnis verdankten sie den beiden deutschen Forschern Matthias Schleiden und Theodor Schwann. Sie beobachteten Froschlarven mit dem Mikroskop und zeigten im Jahr
1839, daß alle pflanzlichen und tierischen Organismen aus kleinen
Arbeitseinheiten, den Zellen, aufgebaut sind. Jede Zelle, erkannten sie
außerdem, enthält eine noch kleinere Einheit, den Zellkern oder Nukleus. Welche Bedeutung dem Nukleus zukommen könnte, blieb lange Zeit unklar. Schwann hielt ihn für ein „Gebilde aus Schleim und
Pflanzenleim" und meinte, daß er vielleicht als eine Art Speicher für
Nahrungsstoffe der Zelle dienen könnte.

Erst verbesserte Mikroskopiertechniken und leistungsfähi-
gere Mikroskope ermöglichten den Wissenschaftlern in den kommenden Jahrzehnten weitere aufschlußreiche Einblicke in das Innere
von Zelle und Zellkern. Sie beobachteten z. B., daß der Kern vorübergehend verschwindet, sobald Zellen sich teilen. An seiner Stelle tauchen eigenartige „Fäden" auf. Die einzelnen Kernfäden, stellte sich
bald heraus, lassen sich mit basischen Farbstoffen leicht anfärben.
Die Wissenschaftler nannten sie deshalb Chromosomen, gefärbte
Körper. Unbekannt blieb, welche Aufgabe die Chromosomen haben
könnten.

Die Chromosomen – Träger der Erbinformation

Zunächst erkannten die Forscher, daß jede Art eine ganz bestimmte
Anzahl von Chromosomen in ihren Zellen trägt und daß diese stets
in einer geraden Zahl auftreten. Die Zellen einer Fruchtfliege enthalten beispielsweise stets acht Chromosomen, in denen einer Honigbie-
ne sind 16 zu finden, menschlichen Körperzellen beinhalten immer
46 Chromosomen. Außerdem wurde klar, daß die Chromosomen
Paare bilden: Jedes Chromosom hat einen übereinstimmenden, einen
„homologen" Partner. In den achtziger Jahren des 19. Jahrhunderts
wurde schließlich beobachtet, daß sich auch die Chromosomen – einer exakten Choreographie folgend – während der Teilung einer Körperzelle teilen: Bei diesem als Mitose bezeichneten Vorgang entstehen zwei Tochterzellen, die mit der Ausgangszelle identisch sind.

Alle diese Beobachtungen wiesen darauf hin, daß es sich
bei den Chromosomen um Bestandteile der Zelle handeln mußte, die
von großer Bedeutung sind. Der deutsche Arzt und Zoologe August
Friedrich Weismann war einer der ersten Wissenschaftler, der in den
achtziger Jahren des 19. Jahrhunderts vermutete, daß das auffällige
Verhalten der Chromosomen während der Zellteilung etwas mit der
Weitergabe von Erbinformationen zu tun haben könnte. Der deutsche Zoologe Theodor Boveri begründete schließlich Ende des
19. Jahrhunderts die Chromosomentheorie der Vererbung. Die Chromosomen, lautete die These um die Jahrhundertwende, mußten die
Träger der von Mendel postulierten Erbfaktoren sein.

Wissenschaftlich belegt wurde diese Annahme durch die
Arbeiten des amerikanischen Biologen Thomas Hunt Morgan, einer
der wichtigsten Begründer der modernen Genetik. Er veröffentlichte
im Jahr 1915 sein heute als klassisch geltendes Werk über Genetik
„The Mechanism of Mendelian Heredity". Schwärme winziger Tau-
fliegen hatte Morgan in unermüdlicher Arbeit untersucht
und dabei bewiesen, daß die Mendelschen Regeln stimmen und die
Chromosomen der Sitz der Gene sind.

Die Chemie des Zellkerns

Jetzt war bekannt, daß es Gene gibt und wo sie zu finden sind. Was
Gene aber eigentlich sind, war nach wie vor eine offene und spannen-

de Frage. Welche materielle Substanz steckt hinter ihnen? Auf der richtigen Spur war Johann Friedrich Miescher, ein schweizerischer Biochemiker, schon im Jahr 1869. Miescher arbeitete damals im Laboratorium des deutschen physiologischen Chemikers Felix Hoppe-Seyler an der Universität Tübingen und interessierte sich für die Chemie des Zellkerns. Dazu isolierte er die Kerne weißer Blutkörperchen. Die weißen Blutkörperchen gewann er aus dem Verbandsmaterial eiternder Wunden. Das örtliche Krankenhaus in Tübingen stellte ihm die Bandagen zur Verfügung. Miescher hatte eigentlich vor, aus diesem Material Proteine (Eiweiße) in reiner Form zu gewinnen. Doch es gelang ihm nicht. Immer wieder machte ein Niederschlag seine Arbeit zunichte, der andere chemische Eigenschaften aufwies als die Proteine. Die störende organische Substanz enthielt außer Kohlenstoff, Sauerstoff, Wasserstoff und Stickstoff – den vier Elementen, die in Proteinen sehr häufig vorkommen – zusätzlich große Mengen an Phosphor. Da sie aus dem Zellkern (Nukleus) stammte, gab Miescher ihr den Namen „Nuklein". Später, als man den sauren Charakter des Stoffes erkannte, wurde der Name in „Nukleinsäure" umgewandelt.

Ab 1879 nahm sich ein weiterer Schüler Hoppe-Seylers, der deutsche Biochemiker und Physiologe Albrecht Kossel, des von Miescher entdeckten Nukleins an. Er isolierte die Substanz aus Hefezellen. Im Jahr 1882 veröffentlichte Kossel seine Ergebnisse unter dem Titel „Zur Chemie des Zellkerns". Kossel beschreibt darin, daß die „Nukleinstoffe wirklich dem Zellkern eigentümlich sind". Außerdem schreibt Kossel, daß die Nukleinsäure vier Basen – Adenin, Thymin, Guanin, Cytosin – und Zuckermoleküle enthält. Damit waren alle Bestandteile der Nukleinsäure bekannt, die wir heute als Desoxyribonukleinsäure kennen. Im Jahre 1910 erhielt Kossel für seine Arbeiten den Nobelpreis für Medizin. In seinem Nobelvortrag am 12. Dezember 1910 formulierte er bescheiden einige Gedanken über den Wert seiner Entdeckung: „Die heute gewonnenen Erkenntnisse, über die ich einiges zu berichten versuche, sind wohl geeignet, unsere Wißbegierde anzuregen, aber nicht, sie zu befriedigen. Es ist noch ein weiter Weg von der Betrachtung einzelner Bruchstücke des Apparates bis zum Verständnis seiner Wirkungsweise."

Die DNS – das Baumaterial der Gene

Bis die Wirkweise des Moleküls verstanden war, sollten tatsächlich noch einige Jahrzehnte vergehen. Schon zu Kossels Zeiten äußerten einzelne Wissenschaftler den Verdacht, daß die Desoxyribonukleinsäure – kurz DNS oder DNA (vom englischen deoxyribose nucleic acid) – etwas mit der Vererbung und den Genen zu tun haben könnte. Der Verdacht erhärtete sich in den zwanziger Jahren. Dem deutschen Chemiker Robert Feulgen war es gelungen, die DNS anzufärben. Dadurch demonstrierte er, daß die DNS nicht irgendein allgemeiner Bestandteil des Zellkerns, sondern auf die Chromosomen – die bereits seit langem verdächtigten Erbträger – beschränkt ist.

Doch es gab auch deutliche Gegenstimmen. Wie man es sich denn vorzustellen habe, fragte die Mehrzahl der Biologen in den ersten vier Jahrzehnten unseres Jahrhunderts, daß ein so simpel zusammengesetztes Molekül wie die DNS die unzähligen Eigenschaften höherer Organismen aufnehmen könne? Nicht die DNS, sondern nur die komplexen Proteine seien vielfältig genug, um als Trägersubstanz für die genetische Information in Frage zu kommen: Gene, lautete die Schlußfolgerung, müßten daher Proteine sein.

Die durchaus wohlbegründeten Einwände der Zweifler wurden schließlich durch eine Reihe verblüffender Experimente ausgeräumt. Mit ihnen konnte bewiesen werden, daß die DNS tatsächlich das Baumaterial der Gene ist.

Die Beweiskette nahm ihren Anfang mit einer Arbeit des britischen Wissenschaftlers Frederick Griffith über das Bakterium Pneumococcus. Von diesem Bakterium existieren zwei verschiedene Stämme; ein Stamm verursacht Erkrankungen, der andere nicht. Griffith stieß 1928 bei seinen Experimenten mit diesen Bakterien auf ein eigenartiges Phänomen. Er übertrug Mäusen lebende Bakterien des krankmachendes Stammes – die Mäuse erkrankten an einer Lungenentzündung. Injizierte er tote Bakterien des krankmachenden Stammes, erkrankten die Mäuse erwartungsgemäß nicht. Ebensowenig zeigten sich Anzeichen einer Erkrankung, wenn er den Tieren Bakterien des nicht-krankmachendes Stammes – ob lebend oder tot – einimpfte. Verabreichte er den Mäusen jedoch gleichzeitig tote, krankheitserregende und lebende, harmlose Bakterien erkrankten die Tiere. Eigentlich hätten den Mäusen nichts passieren dürfen. Der unerwartete Ausgang des Experimentes war nur dadurch zu erklären, daß die krankmachende „Information" von den toten Bakterien auf die lebenden übertragen worden war.

Griffith Arbeit stieß seinerzeit bei vielen seiner Kollegen auf ungläubige Kritik. Kaum anders erging es zunächst Oswald Avery, einem kanadischen Bakteriologen, der am Rockefeller Institute Hospital in New York arbeitete. Er hatte sich bereit erklärt, Griffith Ergebnisse zu prüfen. Avery fragte sich, welche Substanz den harmlosen Bakterienstamm in einen krankmachenden umwandelte. Was war das umwandelnde, das „transformierende Prinzip"? War es ein Protein, oder war es die DNS? Avery arbeite jahrelang und kam zu dem Schluß, daß das transformierende Prinzip die dns war. Seine Ergebnisse, die klar bewiesen, daß es sich bei der dns um das genetische Material handelte, veröffentlichte er im Jahr 1944 im „Journal of Experimental Medicine". Dort beschreibt Avery die dns als „faserige Substanz, die sich während des Rührens von selbst um einen Glasstab wickelt – wie der Faden um eine Spule". Der österreichische Biochemiker Erwin Chargaff, der wenig später die Voraussetzungen zur Aufstellung des Strukturmodelles der dns liefern sollte, kommentierte Averys Entdeckung rückblickend: Sie „machte sicherlich Eindruck auf manche, nicht auf viele, aber wahrscheinlich auf niemanden einen tieferen als auf mich... Ich erkannte in verschwommenen Umrissen den Beginn eines neuen Kapitels der Biologie. Avery gab uns den ersten Text einer neuen Sprache oder zeigte uns vielmehr, wo wir danach suchen mußten. Ich beschloß, nach diesem Text zu forschen."

Chargaff war in den vierziger Jahren an der Columbia Universität in New York tätig. Ihm gelang es, Methoden auszuarbeiten, mit denen er die Menge der vier wesentlichen stickstoffhaltigen Bestandteile der DNS – Adenin und Guanin sowie Thymin und Cytosin – genau bestimmen konnte. Dabei fiel ihm eine auffällige Regelmäßigkeit auf: Adenin ist immer so viel vorhanden wie Thymin, Guanin immer so viel wie Cytosin. Es schien eine Art von Paarung, eine Komplementarität, vorzuliegen. Diese Regelmäßigkeiten, die man später „Chargaff-Regeln" nannte, erwiesen sich als wesentlicher Mosaikstein, um das gesamte Bild der DNS zusammenzusetzen.

Weitere Mosaiksteine stammten aus der Röntgenstrukturanalyse, eine Technik, die Röntgenstrahlen nutzt, um Molekülstrukturen sichtbar zu machen. Die englische Biochemikerin Rosalind Franklin vom King's College in London arbeitete mit der neuen Methode. Darauf konnte sie gemeinsam mit ihrem Kollegen Maurice Wilkins Anfang der fünfziger Jahre gleich drei Mosaiksteine beisteuern. Ihren Ergebnissen nach hatte das gesamte DNS-Molekül die Form eine Spirale; bestimmte Strukturen wiederholten sich in regelmäßigen Abständen; einige Teile des Moleküls waren so angeordnet wie die Sprossen einer Leiter. Die entscheidenden Bauelemente und -prinzipien waren jetzt bekannt, dennoch gelang es nicht, sie lückenlos zu einem Gesamtbild der DNS zusammenzufügen.

Zwei Strassenhändler auf der Suche nach einer Helix

Der große Wurf blieb zwei Wissenschaftlern vorbehalten, die sich in den frühen 50er Jahren im Cavendish Laboratory der Cambridge Universität zusammengefunden hatten. Ihre Namen waren James Watson – ein Biologe, der zuvor über Viren geforscht hatte – und Francis Crick, ein Physiker. Beide interessierten sich für die Struktur der dns. Dazu bastelten sie verschiedene Modelle aus Holz und Papier, um sich besser vorstellen zu können, wie die dns aussehen müsse, um ihre biologische Funktion als Informationsträger zu erfüllen. Erwin Chargaff besuchte die beiden Wissenschafter Anfang der 50er Jahre in ihrer „Bastelstube" zu einem Gedankenaustausch. Danach notierte er ein wenig vertrauenserweckendes Urteil: „Soweit ich es verstehen konnte, wollten die beiden, von keinerlei Kenntnis der einschlägigen Chemie beschwert, dns irgendwie als Helix formulieren... Zwei Straßenhändler auf der Suche nach einer Helix."

Die „Straßenhändler" sollten fündig werden. Am 25. April 1953 erschien in der englischen Fachzeitschrift „Nature" ein 128 Zeilen langer Artikel des „schlecht zusammenpassenden Paares", wie Chargaff Watson und Crick charakterisiert hatte. Ihre Arbeit, die ihnen im Jahr 1962 den Nobelpreis für Physiologie und Medizin einbringen sollte, leiten sie mit den schlichten Sätzen ein: „Wir möchten hiermit eine Struktur für das Salz der Desoxyribonukleinsäure (DNS) vorschlagen. Diese Struktur besitzt neuartige Eigenschaften, die von beträchtlichem biologischen Interesse sind."

Watson und Crick beschrieben das DNS-Molekül als Doppelhelix, eine Art in sich verdrillte Leiter. Die Sprossen der Leiter bilden je zwei Basen; die Holme bestehen aus einer sich wiederholenden Folge von Phosphorsäure- und Zuckermolekülen. Dieser Grundbaustein der DNS, bestehend aus Zucker, Phosphatgruppe und Base, wird Nukleotid genannt. Die beiden Basen der Leitersprossen fügen sich paßgenau ineinander; sie sind „komplementär". Dabei bildet Adenin stets mit Thymin ein Basenpaar, ebenso paart sich Cytosin mit Guanin. Diese Komplementarität ist von entscheidender Bedeutung. Sie ermöglicht es der DNS, sich selbst zu reproduzieren: Dazu spaltet sie sich in zwei Hälften, wobei jede Hälfte als Schablone dient, um die fehlende Hälfte zu ergänzen. Diese Erkenntnis liest sich bei Watson und Crick so: „Es ist uns nicht entgangen, daß die spezifische Paarung, die wir postuliert haben, einen möglichen Kopiermechanismus unmittelbar nahelegt."

Jetzt war die Architektur der DNS bekannt: Die von Watson und Crick beschreibende Doppelspirale war die seit langem gesuchte Struktur der Gene. Die theoretischen Überlegungen Mendels konnten nun chemisch erklärt werden. Doch was im Buch der Gene geschrieben steht, vermochte noch immer niemand zu lesen. Francis Crick äußerte im Jahr 1953 in einem Brief an seinen Sohn Michael eine erste Vermutung: „Unsere Strukur ist sehr schön (...), sie ist wie ein Code. Wenn man eine Reihe von Buchstaben hat, kann man auch die anderen schreiben. Jetzt glauben wir daran, daß die DNS ein Code ist. Das heißt, die Reihenfolge der Basen (der Buchstaben) unterscheidet ein Gen von einem anderen Gen (genauso wie sich eine Druckseite von einer anderen unterscheidet)."

Die Sprache der Gene

Zu Beginn der sechziger Jahre (1961) gelang es dem Amerikaner Marshall Warren Nirenberg, Biochemiker an den nationalen Gesundheitsinstituten in Bethesda, das erste „Wort" der genetischen Sprache zu entziffern. Im Jahr 1965 war die komplette Gen-Sprache, der „genetische Code", entschlüsselt: Jeweils drei Basen – also drei genetische Buchstaben – bilden ein Wort. Jedes dieser Drei-Buchstaben- Worte steht für eine Aminosäure. Von den Aminosäuren wußten die Chemiker schon lange, da sie sich – wie die Glieder einer Kette – zu Proteinen (Eiweißen) zusammenfügen. Aminosäuren sind die Bausteine der Proteine – Proteine aber sind die Bausteine des Lebens. Kein Prozeß im lebenden Organismus läuft ohne sie ab. Sie werden als Rohstoffe für komplexe Bauvorhaben verwendet, dienen als Boten und fungieren als Werkzeuge. Welche ihrer vielfältigen Funktionen die Proteine einnehmen, hängt davon ab, aus welchen Aminosäuren sie zusammengesetzt sind. Zwanzig verschiedene Aminosäuren gibt es – und für jede gibt es in der Sprache der DNS mindestens ein eigenes Dreibuchstabenwort. Die Buchstabenfolge CGT – für die Basen Cytosin, Guanin, Thymin – ist beispielsweise das DNS-Wort für die Aminosäure Alanin. Die Wissenschaftler sagen: Die Basensequenz (die Buchstabenfolge) CGT „codiert" für die Aminosäure Alanin.

Daß Gene Proteine kodieren, hatte ein britischer Arzt namens Archibald Garrod übrigens schon im Jahr 1909 vermutet. Seiner Zeit weit voraus stellte Garrod damals die Hypothese auf, daß die äußeren Merkmale eines Lebewesens, sein Phänotyp, durch Erbanlagen bestimmt werden, die Enzyme, also eine bestimmte Klasse von Proteinen, kodieren. Die Enzyme würden dazu in der Zelle bestimmte chemische Reaktionen in Gang setzen. Garrod führte die Symptome von Erbkrankheiten auf die Unfähigkeit des Patienten zurück, ein bestimmtes Enzym herzustellen. Diese Krankheiten nannte er „angeborene Irrtümer des Stoffwechsels".

Wie Gene sich verwirklichen – der Weg vom Gen zum Protein

Wie gelingt es den Genen, ein Protein herzustellen? Von Anfang an war es den Wissenschaftlern klar, daß die DNS nicht direkt abgelesen werden kann, um Proteine zu produzieren. Denn die DNS kommt vor allem in den Chromosomen im Innern des Zellkerns vor. Die Proteine aber werden außerhalb des Zellkerns, im Zytoplasma der Zelle, aus den Aminosäuren zusammengebaut. Die Vermutung lag deshalb nahe, daß es irgendeine Struktur, eine Art Bote, geben muß, der die Anweisungen der Gene auf der DNS zum Ort der Proteinherstellung im Zytoplasma weiterreicht. Dieser Bote existiert in der Tat, es ist eine zweite Nukleinsäure: die Ribonukleinsäure, abgekürzt RNS. Aufgrund ihrer Funktion wird sie auch Boten-RNS oder mRNS (englisch messenger für Bote) genannt.

Den Nukleinsäuren und Proteinen ist gemeinsam, daß beide Moleküle Informationen enthalten – allerdings sind die Informationen in zwei unterschiedlichen Sprachen geschrieben. Um die Information von der Nukleinsäurensprache in die Sprache der Proteine zu übersetzen, sind zwei Zwischenschritte notwendig. Die Biologen nennen sie Transkription und Translation, zwischen beiden Schritten vermittelt der Bote, die mRNS.

Die mRNS entsteht im Zellkern als eine Art Kopie von bestimmten Abschnitten der DNS. Dieser Schritt ist die „Transkription" – die Überschreibung der in der DNS „festsitzenden" Information auf den beweglichen RNS-Boten. Dieser Bote verläßt den Zellkern durch kleine Poren und wandert ins Zytoplasma zu den Ribosomen, den zelleigenen Proteinfabriken. Dort dient die mRNS als schriftliche Vorlage für den Bau von Proteinen. Während dieser „Translation", wird das Protein – ähnlich wie eine Kette, die ein Juwelier aus einzelnen Gliedern zusammensetzt – Aminosäure für Aminosäure aufgebaut. Die Aminosäuren sind im Zytoplasma vorrätig und werden von weiteren molekularen Boten (t-RNS; Transfer-Ribonukleinsäure) angeliefert. Welche Aminosäuren zur Konstruktion des Proteins benutzt werden und in welcher Reihenfolge sie zu einer Aminosäurekette aneinanderschließen, bestimmt allein die DNS in den Chromosomen des Zellkernes. Den kompletten Weg vom Gen zum Protein bezeichnen die Wissenschaftler als „Expression" – als Ausprägung oder Ausdruck, man könnte auch sagen „Verwirklichung" der Gene.

Bemerkenswert ist, daß es die Sprache der Gene – im Gegensatz zur babylonischen Vielfalt menschlicher Sprachen – nur einmal gibt. Sie ist, bis auf wenige Ausnahmen, für alle Lebewesen, ob Bakterium, Regenwurm, Taufliege, Maus oder Mensch, universell gültig: Eine bestimmte genetische Buchstabenfolge wird immer in das gleiche Protein übersetzt. Lediglich die Anzahl und Art der Gene, die ein Lebewesen sein eigen nennt, ist unterschiedlic h. Einfach strukturierte Lebewesen, etwa Bakterien, kommen mit weniger Genen aus als höher strukturierte Organismen: Ein Bakterium begnügt sich mit rund 2 000 Genen, die Taufliege braucht 10 000, bei der Maus sind es 80 000 Gene, beim Menschen sollen es laut Schätzungen bis zu 100 000 Gene sein, die in jeder Körperzelle vorhanden sind.

Ebenso erstaunlich ist das Alter der Gensprache. „Wenn die Natur den genetischen Code über die niedrigsten und die höchsten Stufen hinweg bis heute unverändert erhält", schreibt der deutsche Genforscher Ernst-Ludwig Winnacker von der Universität München in seinem Buch „Das Genom", „dann folgt daraus, daß es ihn schon 3,5 Milliarden Jahre lang geben muß ... Die Natur hat also die biologische Schrift nur ein einziges Mal erfunden. Ob sie auch eine andere hätte erfinden können, darüber nachzudenken müssen wir der Spekulation überlassen."

Zensur auf höchster Ebene

Nachdem die Wissenschaftler in jahrzehntelanger Arbeit erkannt hatten, was der „Informationsspeicher" Gen genau ist und wie sich die Erbanlagen in Proteinen ausdrücken, drängte sich eine zentrale Frage auf, die mit einer grundlegenden Erkenntnis der Genforscher zunächst unvereinbar schien: Jede Körperzelle eines Lebewesens, wußten die Forscher, trägt stets den kompletten Gensatz in sich. Wie ist es dann aber zu erklären, daß bei mehrzelligen Organismen verschiedene Zelltypen völlig unterschiedliche Aufgaben wahrnehmen? Denn unübersehbar ist es ja so, daß in einer Hirnzelle nur die Informationen jener Gene abgelesen und in Proteine übersetzt werden, die für eine Hirnzelle von Bedeutung sind. Gleiches gilt für alle anderen Zelltypen, gleichgültig ob Nieren-, Leber-, Haut- oder Muskelzellen. Irgendein Mechanismus, vermuteten die Forscher, mußte existieren, der aus der Vielfalt der in Form von DNS gespeicherten genetischen Informationen jene auswählt, die für den jeweiligen Verwendungszweck der Zelle relevant sind. Anders ausgedrückt: Nicht alle Gene sind in allen Zellen aktiv – manche Gene sind vielmehr „angeschaltet", andere sind „abgeschaltet".

Doch wie funktioniert die Kontrolle darüber, welches Kapitel im Buch der Gene gelesen werden darf und welches nicht? Die Regulation der Genexpression zählt zu den Fragen, die für die Medizin und biologische Grundlagenforschung von größter Bedeutung sind. Denn wenn die Genexpression entgleist, entstehen schwerwiegende Ungleichgewichte mit bösen Konsequenzen.

Das „Jacob-Monod-Modell" der Genexpression

Der Mechanismus, der die Gene an- oder abschaltet, wurde von dem französischen Biochemiker Jacques Monod und dem Physiologen und Genetiker Francois Jacob Anfang der sechziger Jahre an einfach strukturierten Milchsäurebakterien entdeckt. Das Prinzip des Kontrollsystems gilt jedoch ebenso für komplexe mehrzellige Lebewesen. Im Jahr 1965 erhielten Monod und Jacob für ihre Entdeckung den Nobelpreis.

Das „Jacob-Monod-Modell" besagt, daß vor jedem Abschnitt der DNS, der als Gen wirkt – also die Information für ein Protein trägt-, ein weiterer Abschnitt zu finden ist, der als Kontrollregion fungiert. Diese Kontrollregion setzt sich aus verschiedenen Elementen zusammen, darunter eines, das „Promoter" genannt wird. Dieses kurze Stück DNS wird gezielt von bestimmten regulatorischen Proteinen erkannt: Sie heften sich an den Promotor. Die biochemische Maschinerie, die für das Ablesen des eigentlichen Genes zuständig ist, erhält dadurch die „Starterlaubnis": Das informationstragende Gen, auch Strukturgen genannt, wird abgelesen und in ein Protein übersetzt. Umgekehrt verhindert die Bindung eines hemmenden „Repressorproteins" an die vorgeschaltete Kontrollregion, daß ein informationstragendes Strukturgen abgelesen wird. Vereinfacht ausgedrückt ist jedes Gen zweigeteilt: Ein Teil trägt die Information für ein Protein, der zweite Teil ist mit einem Schalter vergleichbar, der je nach Bedarf auf Ein oder Aus gestellt werden kann.

Unerlässliche Helfer bei der Genexpression

Inzwischen konnten die Wissenschaftler noch sehr viel mehr Details über die Organisation und Expression des Genoms höherer Organismen in Erfahrung bringen. Möglich machten das die Methoden der modernen Gentechnik. Grundsätzlich folgt der Weg vom Gen zum Protein den Ebenen DNS–RNS–Protein. Doch wo auf der DNS-Ebene beginnt der Weg genau, und wo endet er? Woran erkennen die als Kontrolleure arbeitenden Proteine die Start- und Endpunkte? Gibt es Helfer und Helfershelfer, die an der Expression der Gene beteiligt sind, und wie arbeiten sie? Viele dieser Fragen konnten die Forscher mittlerweile beantworten. Sie brachten damit Licht in ein Dickicht, das noch vor kaum mehr als zwei Jahrzehnten als undurchdringlich galt.

Zu den unerläßlichen Helfern bei der Genexpression zählen die RNS-Polymerasen. Dabei handelt es sich um Proteine, die als Enzyme arbeiten. Die RNS-Polymerasen sind besonders wichtige Werkzeuge. Ohne sie kann die Transkription nicht funktionieren: RNS-Polymerasen trennen die beiden Stränge der DNS und fügen anschließend die Bausteine der mRNS entsprechend der Regeln der Basenpaarung aneinander.

Wo eine Polymerase mit ihrer Arbeit anfangen soll, erkennt sie an „Hinweisschildern" auf der DNS: Dabei handelt es sich um bestimmte Buchstabenfolgen, die markieren, wann die Abschrift eines Gens beginnt (Initiationsregion) und wann sie endet (Terminationsregion). Die gesamte Strecke auf der DNS, die mit Hilfe der Polymerase in ein mRNS-Molekül überschrieben wird, bezeichnen die Wissenschaftler als Transkriptionseinheit. Bei höheren Zellen (Eukaryoten) enthält jede Transkriptionseinheit jeweils ein Gen.

Um mit der Abschrift des Gens zu beginnen, muß die RNS-Polymerase an die DNS binden. Dies geschieht an den Promotoren. Ganz allein auf sich gestellt, können die RNS-Polymerasen die Promotoren jedoch nicht finden. Dazu bedarf es der Mithilfe weiterer Proteine. Diese Helfershelfer werden in der Fachsprache „Transkriptionsfaktoren" genannt, Hunderte von ihnen haben die Wissenschaftler mittlerweile in höheren Zellen entdeckt. Die Transkriptionsfaktoren helfen den RNS-Polymerasen bei ihrer Suche nach den Promotorregionen auf der DNS. Zunächst bindet ein Transkriptionsfaktor an den Promotor. Den Komplex Transkriptionsfaktor/Promotor kann dann die RNS-Polymerase identifizieren. Sobald die RNS-Polymerase dank dieser Hilfestellung am Promoter angedockt hat, beginnt sie, die Doppelhelix in ihre Einzelstränge aufzutrennen. Die Transkription, die Abschrift der mRNS, startet.

Wichtig an dieser komplexen Organisationsform des „Gene-Lesens" ist, daß kein Mitglied des dazu notwendigen Gesamtensembles arbeiten kann, ohne von anderen Mitgliedern kontrolliert und reguliert zu werden: Die Synthese der mRNS kann nur mit Hilfe der RNS-Polymerase beginnen; diese wiederum wirkt in einer konzertierten Aktion mit zahlreichen regulatorischen Proteinen, den Transkriptionsfaktoren, zusammen. Die vielen verschiedenen Transkriptionsfaktoren sind in der Lage, gezielt bestimmte Gene in bestimmten Entwicklungsstadien der Zelle zu aktivieren: Sie schalten ein Gen an. Die „Helfershelfer" sind also die eigentlichen Verantwortlichen für das Ablesen eines Gens. Fachsprachlich ausgedrückt: Die Kontrolle der Transkription hängt von den Transkriptionsfaktoren ab.

Nachdem ein Gen auf diese Weise zur Abschrift ausgewählt wurde, startet die RNS-Polymerase an ihrem Initiationspunkt: Schritt für Schritt bewegt sich das Enzym weiter auf der DNS fort und entspiralisiert dabei Windung für Windung. Rund zehn Basenpaare trennt die RNS-Polymerase bei jedem Schritt und legt sie zur Paarung mit den passenden RNS-Bausteinen frei. Während das Enzym über die Doppelhelix wandert, die DNS-Stränge auftrennt und RNS aneinanderfügt, löst sich in seinem „Kielwasser" das RNS-Molekül von seiner DNS-Matrize ab: In einer Sekunde wächst die mRNS um rund 60 Bausteine. Falls Bedarf dazu besteht, kann ein Gen von mehreren RNS-Polymerasen gleichzeitig abgelesen werden: Die Enzyme fahren dann wie Lastwagen in einem Konvoi hintereinander über die DNS hinweg.

Der Kopiervorgang setzt sich solange fort, bis die RNS-Polymerase auf ihrer DNS-Straße ein Stopp-Schild erreicht: Das Signal, die Transkription zu beenden, erhält das Enzym durch eine bestimmte Abfolge von Basen. Bei höheren Zellen scheint die Basenfolge AATAAA die am häufigsten verwendete Terminationssequenz zu sein.

Von Introns und Extrons: Eine neue Definition des Gens

Mit diesem Wissen um die Einzelheiten der Transkription muß die Definition dessen, was ein Gen ist, noch einmal präzisiert werden. Für Mendel waren Gene bestimmte, aber nicht weiter faßbare stoffliche Einheiten der Vererbung, Morgan und seine Kollegen wiesen den Genen bestimmte Orte auf den Chromosomen zu. Später erkannten die Wissenschaftler, daß ein Gen eine Region auf der DNS ist, die für ein bestimmtes Protein kodiert. Die detaillierte molekulare Definition lautet: Ein Gen ist ein Abschnitt der DNS, der zur Herstellung eines RNS-Moleküls benötigt wird. Dieser Abschnitt wird begrenzt von Regionen, die den Anfang und das Ende des Gens kennzeichnen. Dazwischen liegen DNS-Abschnitte – eine bestimmte Abfolge von Basen -, die für Aminosäuren kodieren. Die Molekularbiologen nennen die Basensequenzen, die in Aminosäuren übersetzt werden, Exons. Bei höheren Zellen finden sich zwischen den Exons immer wieder Abschnitte, die nicht für Aminosäuren kodieren. Das sind die sog. Introns. Beide, Exons und Introns, werden unterschiedslos von der RNS-Polyermase abgelesen. In der „reifen" mRNS erscheinen die Introns allerdings nicht mehr – sie werden während der abschließenden Bearbeitung aus der mRNS wieder herausgeschnitten.

Die Wissenschaftler schätzen, daß die eigentlichen Gene, also die Exons, nur zwei bis drei Prozent der gesamten Erbinformation des Menschen ausmachen. Der überwiegende Rest, die Introns, ist nach dem heutigen Wissensstand und von seltenen Ausnahmen abgesehen ohne Funktion. Er wird deshalb häufig als „Genmüll" bezeichnet. In diesem „Müll" dürfte nach Ansicht mancher Forscher das Potential für die Evolution höherer Lebewesen stecken.

Die Introns sind nicht die einzigen Besonderheiten des genetischen Materials höherer Zellen. Auffällig ist beispielsweise auch, daß im genetischen Text sehr häufig Wiederholungen auftreten: Rund 10–25 % der gesamten DNS, schätzen Wissenschaftler, besteht aus kurzen, typischerweise fünf bis zehn DNS-Bausteinen (Nukleotiden) langen Abschnitten, die sich tausendfach oder gar millionenfach wiederholen. Die Molekularbiologen nennen diese Abschnitte „repetitive Sequenzen". Die repetitiven Sequenzen haben eine andere Dichte als die übrige DNS und können deshalb als sog. „Satelliten-DNS" isoliert werden.

Repetitive Sequenzen finden sich bei höheren Zellen regelmäßig an den Enden der Chromosomen. Diese Endabschnitte heißen Telomere. In den Telomeren menschlicher Chromosomen wiederholt sich 250–1.500mal die Basensequenz TTAGGG. Die monotonen Wiederholungen scheinen in ihrer Gesamtheit eine Art „Schutzkappe" zu bilden, welche die Enden der Chromosomen vor Abnutzung schützt. Die Telomeren verhindern auch, daß sich verschiedene Chromosomen fälschlich aneinanderheften. Um den Erhalt der Telomere kümmert sich ein eigens dafür zuständiges Enzym: Die Telomerase heftet den Enden der DNS-Moleküle in den potentiell unsterblichen Keimzellen immer wieder repetitive Sequenzen an.

Zu den auffälligen repetitiven Sequenzen in den Zellen höherer Organismen zählen auch die Transposons, die „springenden Gene". Sie wurden erstmals im Jahr 1947 von der Biologin Barbara McClintock einer damals höchst skeptischen Forschergemeinde vorgestellt. McClintock hatte die springenden Gene bei ihren Untersuchungen an Maispflanzen gefunden. Für ihre Entdeckung erhielt sie 1983 den Nobelpreis für Medizin und Physiologie. Transposons sind DNS-Abschnitte, die sich von einen Ort des Genoms zu einem anderen bewegen können. Dieser Ortswechsel, die Transposition, kann ohne Konsequenzen bleiben; er kann aber auch ernste Folgen haben, etwa dann, wenn ein Transposon in die Steuerregion eines Gens springt und so dessen Abschrift stört. Transposons sind von den Wissenschaftlern mit einer Reihe von Krankheiten in Verbindung gebracht werden, etwa mit der Neurofibromatose, der „Elefantenmann-Krankheit", und verschiedenen Formen von Krebs.

FILIGRANE KETTEN, SPIRALEN UND SCHLEIFEN – VERPACKUNGSKUNSTWERK DNS

Eine weitere Auffälligkeit der DNS höherer Organismen ist, daß sie besonders sorgfältig und raffiniert verpackt ist. Die einmalige Art der Verpackung läßt die DNS auf kleinstem Raum Platz haben: Jedes Chromosom enthält eine einzige ununterbrochene DNS-Doppelhelix. Würde man das DNS-Molekül auseinanderfalten, wäre es rund sechs Zentimeter lang und damit tausendmal länger als der Durchmesser des Zellkerns. Die DNS aller 46 Chromosomen zusammen würde vier Meter messen.

Daß die große DNS in den kleinen Zellkern paßt, verdankt sie einem kunstvoll organisierten Verpackungsprinzip, das erst mit Hilfe des Elektronenmikroskops sichtbar wird. Die Grundeinheit der DNS-Verpackung ist ein „Nukleosom". Das Nukleosom besteht aus DNS, die wie der feine Faden einer Garnrolle um ein Eiweißkügelchen gewickelt ist. Die Nukleosomen reihen sich hintereinander auf und bilden eine Kette. Die Nukleosomenkette wiederum faltet sich auf weiteren Verpackungsebenen in komplizierte Spiralen und Schleifen zum kompakten Chromosom. Die Organisation der DNS in Nukleosomen ist nicht nur dafür da, die DNS auf kleinsten Raum zusammenzudrängen. Die Nukleosomen kontrollieren auch die „Zugänglichkeit" der DNS, beispielsweise für die Transkriptionsfaktoren. Sie nehmen damit Einfluß darauf, welche Gene wann abgelesen und in Proteine übersetzt werden.

Die komplexe Organisation der Gene und ihre streng regulierte Expression zeigt vor allem eines deutlich: Die Gesamtheit aller Gene, die in den Zellen eines mehrzelligen Organismus enthalten sind, ist nicht eine schlichte Anhäufung einzelner, getrennt voneinander agierender Gene. Das Genom ist vielmehr ein fein geknüpftes Netz, in dem Gene und ihre Produkte sich gegenseitig kontrollieren und regulieren. Dadurch ergeben sich unzählige verschiedene Möglichkeiten, die Aktivitäten einzelner Zellen in einem mehrzelligen Organismus aufeinander abzustimmen: Jede Körperzelle eines Menschen, eines Tieres oder einer Pflanze wird permanent durch eine Vielzahl von Proteinen, die in ihr selbst oder anderen Körperzellen gebildet werden, gehemmt oder stimuliert. Nur so können sich Zellen zu einem hochentwickelten vielzelligen Organismus, wie es auch der Mensch ist, organisieren und harmonisch zusammenarbeiten. „Menschen", schreibt Ernst-Ludwig Winnacker, „sind wir nicht wegen irgendwelcher einzelner Gene, denn diese sind ja im Einzelfall mit denen von Fliegen oder sogar von Hefezellen identisch; zu Menschen macht uns erst die Summe unserer Gene, das sog. menschliche Genom, dessen Erhalt denn in der Tat auch unsere ganze Aufmerksamkeit und Sorgfalt verdient."

4 Genomforschung in aller Welt

Nachdem in den Vereinigten Staaten die Finanzierung der staatlichen
Genomforschung geklärt war, gründeten als erstes die amerikanischen Nationalen Gesundheitsinstitute ein eigenständiges Zentrum
für die Erforschung des menschlichen Genoms, das National Center
for Human Genome Research in Rockeville im Bundesstaat Maryland. Seine Leitung übernahm Francis Collins, der am Identifizieren
der Erbanlage für das erbliche Lungenleiden Mukoviszidose maßgeblich beteiligt war. Andere Zentren entstanden in Los Alamos und an
verschiedenen Universitäten. Doch nach einer kurzen Verzögerungs-
phase wurden auch erste kommerzielle Unternehmen zum Entschlüsseln menschlicher Gene gegründet. 1993 entstand in Rockville
im Bundesstaat Maryland die Firma Human Genome Sciences (HGS).
Der Start wurde ihr leicht gemacht mit einer Investition von 125 Millionen Dollar durch die amerikanische Pharmafirma SmithKline.
Später wendeten noch andere große Pharmafirmen ebenfalls be-
trächtliche Summen auf, um an den Erkenntnissen von HGS teilzuha-
ben. Die Politik der Firma bestand darin, den Zugang zu ihren Sequenzdaten exklusiv an große Pharmafirmen zu verkaufen. HGS kann
für sich in Anspruch nehmen, der Welt größte Sammlung von Genstücken (cDNS) mit entsprechend immenser Datensammlung aufgebaut zu haben. In riesigen Fabrikhallen mit Dutzenden von Robotern
werden dort laufend zigtausend Fragmente des menschlichen Genoms sequenziert. Der wenig später entstandene Rivale Incyte
Pharmaceuticals im kalifornischen Palo Alto, der ebenfalls im Großmaßstab sequenziert, verkauft dagegen einen nichtexklusiven Zugang zu seinen Genomdaten.

 Als Gegengewicht gegen die kommerziellen Genomfirmen
mit ihrer Geheimhaltungsstrategie unterstützte die amerikanische
Firma Merck dagegen das inzwischen größte universitäre Genom-

zentrum in Amerika, das Genome Sequencing Center an der Washington Universität in St. Louis. Mercks Zuwendungen liegen in der gleichen Größenordnung wie die Risikokapitalbeträge, die kommerzielle Firmen erhalten. Auch die amerikanische Howard Hughes Stiftung stellte hohe Millionenbeträge zur Gründung von Genomzentren an Universitäten bereit, etwa an der kalifornischen Stanford Universität.

42

Genomics – Junge Forschungsfirmen in Amerika

Bald begannen in Amerika auch zahlreiche kleinere Biotechnologiefirmen aus dem Boden zu sprießen. „Genomics"-Unternehmen nannten sie sich, weil sie ihre Produkte in weitestem Sinne aus dem Genom gewinnen. Es fiel ihnen erstaunlich leicht, Risikokapital zu finden, denn zum einen waren viele Amerikaner überzeugt, daß die Genomforschung völlig neue Wege zu großen Gesundheitsproblemen wie Krebs, Herzinfarkt, Rheuma oder Fettsucht erschließen könnte. Zum anderen konnten die Firmen sehr schnell bereits mit einer ersten und zudem begehrten „Ware" aufwarten: genetischer Information. Die einzelnen Genomics-Firmen haben sich darauf spezialisiert, jeweils ganz bestimmte Genomabschnitte zu sammeln, zu sequenzieren und den Informationsgehalt zu erforschen. Die Umsetzung der gewonnenen Informationen in neue Medikamente oder Diagnostika überlassen sie in der Regel erfahrenen Pharmafirmen. Diese sind in der Tat ihre vorrangigen Kunden. Weltweit hat die Pharmaindustrie allein im Jahr 1996 bereits mehr als 1 Milliarde Dollar in die jungen Genom-Firmen investiert.

Das Unternehmen Genome Therapeutics in Waltham im amerikanischen Bundesstaat Massachusetts ist das erste Unternehmen, welches die gesamte Genomsequenz eines Krankheitserregers, des für Magen- und Zwölffingerdarmgeschwüre verantwortlichen Bakteriums Helicobacter pylori, an eine Pharmafirma verkauft hat. Der Handel mit der schwedischen Firma Astra AB brachte ihr nicht weniger als 22 Millionen Dollar ein.

Viele große Unternehmen, darunter auch deutsche Pharmafirmen, sind gleichzeitig an mehreren Genomfirmen beteiligt und versuchen, von jeweils besonderen Spezielkenntnissen zu profitieren. So entwickelt die Firma Affymetrix im kalifornischen Santa Clara

z. B. Genchips für die Suche nach bestimmten Genaktivitäten, Genset in Paris fahndet nach krankmachenden Genen und ihren genetischen Steuerungsmechanismen, Millenium Pharmaceuticals im amerikanischen Cambridge untersucht krankmachende Gene und entwickelt hochsensible Schnelltests für die Suche nach potentiellen Medikamenten und, um nur einige zu nennen, Myriad Genetics in Salt Lake City in Utah fahndet im Erbmaterial von Großfamilien nach Genen, die für bestimmte Krankheiten anfällig machen.

Nachdem anfangs die Gelder für die Genomforschung überwiegend von der Regierung kamen, hat zumindest in Amerika bald die private Industrie enorme Beträge in dieses neue Forschungsfeld investiert. Das hat den Fortgang der Genomforschung nicht nur beschleunigt. Es hat auch die Gefahr verstärkt, daß die gewonnenen Erkenntnisse nicht so schnell wie möglich allen Forschern zur Verfügung gestellt werden, sondern von den Pharmafirmen zumindest bis zur Patentierung unter Verschluß gehalten werden.

Außer den privaten Genomfirmen und spezialisierten Universitätsinstituten sind in Amerika auch einige gemeinnützige Zentren entstanden, die zur Erforschung des menschlichen Genoms einen wesentlichen Beitrag leisten. Am bekanntesten ist The Institute for Genomics Research (TIGR) in Rockeville in Maryland, dessen Leitung der berühmte Genomforscher Craig Venter übernahm, der von den Nationalen Gesundheitsinstituten kam. TIGR wird zum größten Teil von der kommerziellen Firma Human Genome Sciences, die im gleichen Ort ansässig ist, finanziert, außerdem erhält das Unternehmen Geld von der amerikanischen Regierung. Während HGS vor allem humane Gene sequenziert, hat sich TIGR auf das Entschlüsseln der Genome krankheitsverursachender Mikroorganismen spezialisiert. Doch weil HGS nicht erlauben wollte, daß die beim TIGR gewonnenen Genomdaten öffentlich zugänglich gemacht werden, hat Venter die Verbindung von TIGR zur Mutterfirma 1997 gelöst.

Genforschung mit Tradition in England

Nicht nur Amerika, auch England, Frankreich und Japan hatten schnell begriffen, wie wichtig es ist, in die Genomforschung einzusteigen. Sie wollten das anwendungsträchtige Feld nicht allein den Amerikanern überlassen. England und Frankreich haben schon sehr früh und etwa gleichzeitig sehr erfolgreiche Genomzentren aufgebaut. In Großbritannien hatten hervorragende Forscher bereits vor dem offiziellen Beginn der internationalen Human-Genom-Forschung wichtige Beiträge zur Entschlüsselung menschlicher Gene geleistet.

Walter Bodmer, der damalige Leiter des angesehenen Imperial Cancer Research Fund in London, und Ellen Solomon hatten Ende der siebziger Jahre etwa zur gleichen Zeit wie David Botstein in Amerika ein interessantes Verfahren entwickelt, um auf den schier unendlich langen Erbmolekülen mit Hilfe von DNS-Schnittmusteranalysen bislang unbekannte Gene immer enger einzukreisen und schließlich zu orten. Robert Williamson vom St. Mary's Hospital in London und Kay Davies von der Universität Oxford gelang es, mit Hilfe der neuen Methode einige wichtige krankmachende Erbanlagen zu identifizieren, beispielsweise das Gen für das erbliche Lungenleiden Mukoviszidose und das Gen für den erblichen Muskelschwund. Dies waren Meilensteine der modernen Genomforschung. Außerdem war von den Österreichern Hans Lehrach und Günther Zehetner am Imperial Cancer Research Fund Ende der achtziger Jahre eine Referenzbibliothek für menschliches Erbmaterial aufgebaut worden. Diese Materialsammlung von Genstücken hat sich als außerordentlich hilfreich bei der Suche nach unbekannten Genen erwiesen. Die Klon- und Datensammlung bildet heute den Grundstock des Berlin-Heidelberger „Ressourcenzentrums", das im Rahmen des deutschen Human-Genom-Projektes 1995 gegründet wurde.

Es lag für die in der Genforschung versierten britischen Wissenschaftler auf der Hand, sich von Anfang an für das internationale Human-Genom-Projekt stark zu machen. In der Nähe von Cambridge wurde aus einem heruntergekommenen Landsitz, Hinxton Hall, mit Hilfe der Wellcome Stiftung das eindrucksvolle Sanger Centre geschaffen. Der Stiftungsgründer, Sir Henry Wellcome, hatte hierfür 180 Millionen Englische Pfund zur Verfügung gestellt. Inzwischen wird am Sanger Centre mit großer Geschwindigkeit Erbmaterial des Menschen und auch verschiedener anderer Organismen entschlüsselt. Der Leiter des Genomzentrums ist John Sulston. An keinem anderen Institut der Welt wurden bislang soviele zusammenhängende Basen des menschlichen Erbgutes bestimmt wie am Sanger Centre. Eines der Renommierstücke des Forschungszentrums ist außerdem der winzige Fadenwurm Caenorhabditis elegans, der als einfacher Vielzeller auch beim Entziffern der menschlichen Gene weiterhelfen soll.

Kraftakt am französischen Genomzentrum

Frankreich stieß aus einer etwas anderen Ecke zur Human-Genom-Forschung vor. Der Nobelpreisträger Jean Dausset hatte in den sechziger Jahren eine einzigartige Sammlung von Blutproben vieler und vor allem sehr großer Familien angelegt. Er nutzte sie zunächst, um die Vielfalt sog. Transplantationsantigene zu studieren. Diese Molekülstrukturen auf der Oberfläche von Körperzellen verleihen den Organen einer Person gleichsam einen individuellen Charakter. Sie sind von Individuum zu Individuum verschieden und allenfalls bei engen Verwandten teilweise und sehr selten, etwa bei eineiigen Zwillingen, auch einmal völlig gleich. Sie sind dafür verantwortlich, daß es bei der Verpflanzung von Organen zu Abstoßungsreaktionen kommt. Für diese Erkenntnis ist Dausset 1980 mit dem Nobelpreis für Medizin und Physiologie ausgezeichnet worden.

Die Sammlung der Blutzellproben inspirierte den Immunologen, mit dem darin verborgenen genetischen Schatz noch etwas ganz Besonderes anzufangen. Gemeinsam mit seinem Mitarbeiter Daniel Cohen kam er auf die Idee, ihn für die Suche nach bislang unbekannten menschlichen Genen zu nutzen. Doch anders als die Amerikaner stießen die Franzosen mit diesem Vorhaben bei ihren Politikern zunächst auf taube Ohren.

Das Glück kam ihnen schließlich in Form einer unverhofften Erbschaft zu Hilfe. Eine reiche Kunstsammlerin hatte dem berühmten Nobelpreisträger 50 Millionen Francs vermacht. Mit dem Geld gründeten Dausset und Cohen südlich von Paris ein privates Genomzentrum, das Centre d'Études du Polymorphisme Humain, kurz CEPH genannt. „1978 hatte ich, ehrlich gesagt, null Ahnung von Genetik", bekannte Cohen einmal, als er seine Rolle bei der Gründung des CEPH-Instituts und der Genomforschung in Frankreich beschrieb. Cohen baute am CEPH das Mitte der achtziger Jahre modernste und produktivste Genlabor der Welt auf. Es wurde zur zentralen Sammelstelle für Zellen und DNS-Proben von genetisch interessanten Familien aus unzähligen Ländern. Jeder Forscher konnte dort Zellen oder Genmaterial von besonders großen Familien kostenlos erhalten.

Ein besonderes Kleinod des Instituts ist eine Sammlung von Erbmaterial, das Raymond White von der Universität in Salt Lake City im amerikanischen Bundesstaat Utah den französischen Kollegen großzügig überlassen hatte. Sie stammte von Mormonen, einer vor allem in Utah lebenden Sekte, bei der es außergewöhnlich große Familien gibt. Bei den Mormonen ist Polygamie erlaubt, was dazu beiträgt, daß die ohnehin meist sehr kinderreichen Familien besonders große Sippen bilden. Außerdem führen sie ihre Ahnentafeln sehr gewissenhaft, alles Besonderheiten, die den Genetikern die Arbeit erheblich erleichtert. Wer von den Schätzen des französischen Genomzentrums profitieren wollte, mußte sich lediglich verpflichten, die gewonnenen Daten zur Verfügung zu stellen. „Es mag seltsam klingen, aber unser System war im wissenschaftlichen Bereich originell, ja sogar revolutionär", kommentiert Cohen. „Es ist durchaus nicht üblich, daß irgendwelche Forscher ohne Gegenleistung kostenlos für andere Forscher arbeiten. Auf dem Gebiet der Erforschung des Genoms erscheint diese Aufteilung heute naheliegend. Damals jedoch, 1984, handelte es sich um ein in dieser Größenordnung noch nie dagewesenes Unterfangen." Nachdem es Jahre später schließlich gelang, den damaligen Staatspräsidenten Francois Mitterand persönlich für das Genomzentrum zu interessieren, kamen auch endlich Gelder vom französischen Staat hinzu. Doch das genügte dem kühnen Mediziner nicht, der davon besessen war, das Erbgut des Menschen möglichst schnell zu entschlüsseln.

Daniel Cohen zog schließlich den idealen Partner für seine gigantischen Pläne gleichsam an. Bernard Barataud, Präsident der französischen Selbsthilfegruppe für erblichen Muskelschwund und Vater eines an dieser grausamen Krankheit gestorbenen Sohnes, erkannte in der Genomforschung eine Chance, den Kampf gegen die schicksalhaften Erbkrankheiten voranzubringen. Die Menschheit von Erbkrankheiten befreien kann man nicht, das war dem Wissenschaftler Cohen klar. Aber er wollte alles tun, daß man die Leiden frühzeitig erkennt und wirkungsvolle Behandlungsmöglichkeiten findet. Er entwickelte die tollkühne Idee, auf privater Basis ein Institut für die Erforschung der erblichen Muskelkrankheiten zu gründen. Barataud hatte 1987 mit der Fernsehsendung „Téléthon" das französische Volk für die Unterstützung der medizinischen Grundlagenforschung, speziell für die Erforschung erblicher Muskeldystrophien, gewonnen. In der weltweit einmaligen Sendung wird im Talk-show-Stil ebenso über das Schicksal von Kindern und Erwachsenen mit Muskeldystrophie sowie über Neues aus der Wissenschaft berichtet. Auch neue Lebenshilfen, Spiel und Sport der Kranken bis hin zu Beiträgen berühmter Stars schließt die publikumswirksame Sendung ein. Die 30stündige Show, die jedes Jahr vor Weihnachten kommt, bringt jedesmal rund 300 Millionen Francs an Privatspenden ein. 100 Millionen bekam Cohen für seine Genforschung zur Verfügung gestellt, eine Summe, von der andere französische oder auch deutsche Genforscher nur träumen können. Eine „Aktion Sorgenkind", bei der um Spenden für die Genforschung gebeten wird, erscheint im deutschen Umfeld derzeit noch undenkbar.

Mit dem Geld von Téléthon gründete der französische Wissenschaftler tunesischer Abstammung in Evry bei Paris ein weiteres Genforschungszentrum, das „Généthon". Parterre befinden sich eine Begegnungsstätte und Behandlungsräume für die Kranken. Wenn die Forscher morgens in die oberen Stockwerke in ihre Labors gehen, wird ihnen tagtäglich das Ziel ihrer Bemühungen, die Heilung Kranker, vor Augen geführt. Das stärkt ihre Motivation. In den übrigen Stockwerken tun sich futuristische Laborhallen voller Automaten auf. Mit ihrer Hilfe haben die französischen Wissenschaftler fernab von der umtriebigen Genomforschung in der übrigen Welt und fast unbemerkt sogar von der amerikanischen Konkurrenz in aller Stille eine erste erstaunlich detaillierte Genkarte vom menschlichen Erbgut hergestellt. 1994 haben sie diese in der britischen Zeitschrift „Nature" der wissenschaftlichen Öffentlichkeit vorgestellt.

Cohens Ehrgeiz geht indessen noch weiter. Als er die seiner Ansicht nach erforderlichen Gelder für das Genomzentrum CEPH vom Staat nicht in voller Höhe bewilligt bekam, wechselte er 1996 kurzerhand in die Industrie. Er ging zu der internationalen Biotechnologiefirma Genset bei Paris, die sich vor allem durch die Produktion für die Genforschung nützlicher Reagenzien einen Namen gemacht hat. Dort will er sich nun ganz auf die Suche nach krankmachenden Erbanlagen konzentrieren.

Genforschung in Japan, Russland und anderen Ländern

Auch Japan war von Anfang an mit im Spiel. Es wollte vor allem die Automatisierung der Genomforschung voranbringen. Ähnlich wie früher in der Autoindustrie sahen die Japaner jetzt auch in der Genomforschung ein interessantes Feld für die Entwicklung von Robotern. Die Regierung stellte 5 Millionen Dollar zur Verfügung, um die Genomforschung in Gang zu bringen. Doch der Beitrag Japans an der Erforschung des menschlichen Genoms ist fünfzehn Jahre nach dem Beginn des Projektes eher gering. Zwar haben die Japaner eine eindrucksvolle Sequenzierfabrik namens HUGA-1 aufgebaut, in der auf kleinstem Raum ohne Menschenhand Erbmoleküle vollautomatisch entschlüsselt werden. Roboter analysieren Bakterienklone, isolieren das Erbmaterial und beschicken damit Sequenziermaschinen, die alle weiteren Schritte wie von Geisterhand ausführen. Doch an dem meist äußerst mühsamen Puzzlespiel, wie einzelne Genschnipsel bestimmten Stellen auf den Chromosomen zuzuordnen sind, haben sich die Japaner bislang kaum beteiligt. Sie haben hierbei häufig in die Schatztruhe der Amerikaner und Europäer gegriffen. Das hat den japanischen Genforschern wiederholt die Kritik ihrer amerikanischen Kollegen eingebracht. Wesentlich beteiligt waren die Japaner dagegen an der Entschlüsselung vom Erbmaterial des wohl berühmtesten Bakteriums, Escherichia coli.

Auch Rußland war Anfang der neunziger Jahre in die Genomforschung eingestiegen. Der Staat hatte 25 Millionen Rubel im Jahr bereitgestellt. Doch die mit der Auflösung der Sowjetunion einhergehenden finanziellen Schwierigkeiten haben dazu geführt, daß Rußland bislang keinen nennenswerten Beitrag zur Erforschung des menschlichen Genoms geleistet hat. Auch noch in vielen anderen europäischen und außereuropäischen Ländern sind staatlich unterstützte Genomzentren entstanden oder befinden sich in der Gründungsphase, so etwa in Dänemark, Italien, Israel, den Niederlanden, Schweden, Australien, China, Kanada, Korea und verschiedenen Staaten Südamerikas. Auch übergeordnete internationale Institutionen wie die Europäische Union, die UNESCO (United Nations Educational, Scientific and Cultural Organization) und die Weltgesundheitsorganisation WHO beteiligen sich inzwischen an der Finanzierung verschiedener Genomprojekte.

HUGOS GEBÜNDELTE KRÄFTE

James Watson, der erste Direktor des amerikanischen Genomprojektes, hatte schon frühzeitig immer wieder dazu aufgerufen, daß sich möglichst alle Nationen am Human-Genom-Projekt beteiligen sollten. Die Amerikaner wollten bei der Koordinierung selbstverständlich das Sagen haben. Doch das gefiel vielen Forschern außerhalb der Vereinigten Staaten nicht. Dennoch stimmten alle Beteiligten überein, daß ein gewisses Maß an Abstimmung für das Gelingen des Großprojektes unerläßlich sei.

Der Molekularbiologe Sydney Brenner von der englischen Universität Cambridge kam daher auf die Idee, eine unabhängige internationale Koordinierungsstelle einzurichten. Schon 1988, bald nachdem das Human-Genom-Projekt in Amerika aus der Taufe gehoben war, kam es zur Gründung der internationalen Human-Genom-Organisation, kurz HUGO genannt. Die Organisation wird aus privaten Mitteln bezahlt und vor allem vom amerikanischen Howard Hughes Medical Institute sowie von der britischen Wellcome Stiftung unterstützt. HUGO hat es sich zum Ziel gesetzt, den Austausch von Information und neuen Techniken innerhalb der internationalen Forschergemeinschaft zu erleichtern. Die Organisation richtete Büros in Europa, Amerika und Asien ein, zunächst in London und Washington, dann in Osaka und Moskau.

Die Institution war anfangs nicht bei allen Genomforschern gleichermaßen beliebt. Manche argwöhnten, die Organisation wolle sie wie eine Art „Zentralkomittee" zu gängeln versuchen. Doch für die Mehrzahl der Beteiligten überwogen schließlich die Vorteile, die ihnen die Koordinierungsstelle bot. HUGO vermittelt z. B. Absprachen, um Doppelarbeiten zu vermeiden, und organisiert nicht zuletzt große internationale Tagungen. Dort wird Bilanz über die Fortschritte beim Entschlüsseln der einzelnen Chromosomen gezogen, werden Schwierigkeiten besprochen, neue Methoden ausgetauscht und gesellschaftsrelevante Themen diskutiert.

James Watson, einer der glühendsten Verfechter des Human-Genom-Projektes, hat bereits 1971, also viele Jahre vor dem Start der modernen Genomforschung, gefordert, auch die ethischen, sozialen und rechtlichen Fragen über die Auswirkungen der Genforschung eingehend zu diskutieren. Bald nachdem er 1988 Direktor des amerikanischen Genomprogrammes geworden war, erklärte er deshalb, daß ein Teil der Gelder speziell für die Untersuchung ethischer Folgen des Unterfangens verwendet werden sollte. Nicht alle Biologen waren davon begeistert, einen nennenswerten Betrag aus dem Forschungsfonds für Untersuchungen und Debatten auszugeben, die ihrer Überzeugung nach wenig Aussicht auf konkrete Ergebnisse hätten. Den meisten war es fremd, sich mit ethischen Fragen ihrer Forschung auseinanderzusetzen. Doch Watson ließ nicht locker mit dem Argument: „Wir müssen uns der schrecklichen Vergangenheit der Eugenik bewußt sein, als unvollständiges Wissen auf anmaßende und fürchterliche Weise mißbraucht worden ist, sowohl in den USA als auch in Deutschland. Wir müssen den Menschen die Sicherheit geben, daß ihre DNS Teil ihrer Privatsphäre bleibt."

Wessen Erbgut wird entschlüsselt?

Nachdem der wissenschaftliche, finanzielle und zeitliche Rahmen gesteckt war, stand dem großen Vorhaben, das Erbgut des Menschen zu entschlüsseln, nichts mehr im Wege. Nur eine Frage galt es noch zu beantworten. Wessen Erbmaterial sollte entziffert werden? Diese Frage stiftete monatelang Aufregung und Verwirrung. Sollte es das Erbmaterial eines Weißen, eines Schwarzen, eines Amerikaners, eines Europäers oder eines Asiaten sein? Sollte man als erstes das Erbgut eines Mannes oder das einer Frau entschlüsseln? Wie immer die Entscheidung auszufallen drohte, zahlreiche gesellschaftliche Gruppen sahen sich diskriminiert. In diesem Debakel schlugen manche Forscher übermütig vor, es könne nur das Erbgut von James Watson, dem Nobelpreisträger und ersten Direktor des Human-Genom-Projektes sein! Auch zu skurrilen Situationen kam es, etwa als ein amerikanischer Millionär sich anbot, eine nennenswerte Summe für die Forschung zu stiften, wenn man sein Erbgut als erstes entschlüsselte.

Nachdem Genomforscher in aller Welt erst einmal emsig mit der Arbeit begonnen hatten, ergab sich die Antwort ganz von selbst. Die Wissenschaftler stürzten sich zunächst keineswegs wohlkoordiniert in die Arbeit, und so entzifferten die enzelnen Arbeitsgruppen Genomstücke der verschiedensten Menschen.

Doch amerikanischen Juristen kamen alsbald Bedenken, da man die Spender der Genomproben oft namentlich kannte. Sie sahen eine mögliche Verletzung der Persönlichkeitrechte für den Fall voraus, daß bei einem der Spender genetische Auffälligkeiten gefunden würden. Die Wissenschaftler einigten sich kürzlich daher weltweit auf eine Vorgehensweise, bei der die Anonymität der Spender gewahrt bleibt. Sie sammelten das Erbmaterial von zwanzig bis dreißig zufällig ausgewählten freiwilligen Personen. Zwei dieser Genome wurden blind ausgewählt. Sie dienen nun als Ausgangsmaterial für sämtliche Genomanalysen im Rahmen des internationalen Human-Genom-Projektes. Keiner der Forscher weiß, wer die beiden Spender sind. Doch sicherheitshalber hat man den Schlüssel zu ihrer Identifizierung in einem Safe hinterlegt.

Durch die Analyse des so ausgesuchten Erbmaterials hoffen die Genomforscher, eine Art Prototyp des genetischen Informationstextes vom Menschen zu gewinnen. Denn 99,9 Prozent der Erbinformation sind bei allen Menschen gleich. Ob an dieser oder jener Stelle – ähnlich wie ein Druckfehler – eine individuelle Abweichung vorkommt, ist insgesamt ohne Belang. Dem Sinn nach gilt der Text für alle Menschen gleichermaßen.

Einige wichtige Genomics-Firmen und ihre Kooperationspartner

Firma	Partner
Affymetrix in Santa Clara/Kalifornien	Hoffmann-LaRoche, Merck & Co, Glaxo Wellcome
Genome Therapeutics in Waltham/Massachusetts	Astra AB, Schering-Plough, Bristol Myers Squibb,
Genset in Paris	Johnson & Johnson, Synthelabo
Human Genome Sciences in Rockville/Maryland	SmithKline Beecham, Merck KgaA, Schering-Plough, Synthelabo
Incyte Pharmaceuticals in Palo Alto/Kalifornien	Pfizer, Upjohn, Hoechst Marion Roussel
Millenium Pharmaceuticals in Cambridge/Massach.	Hoffmann-LaRoche, Eli Lilly, Astra AB, American Home Products
Myriad Genetics in Salt Lake City/Utah	Novartis, Bayer, Eli Lilly
Sequana Therapeutics in La Jolla/Kalifornien	Boehringer Ingelheim, Glaxo Wellcome, Corange

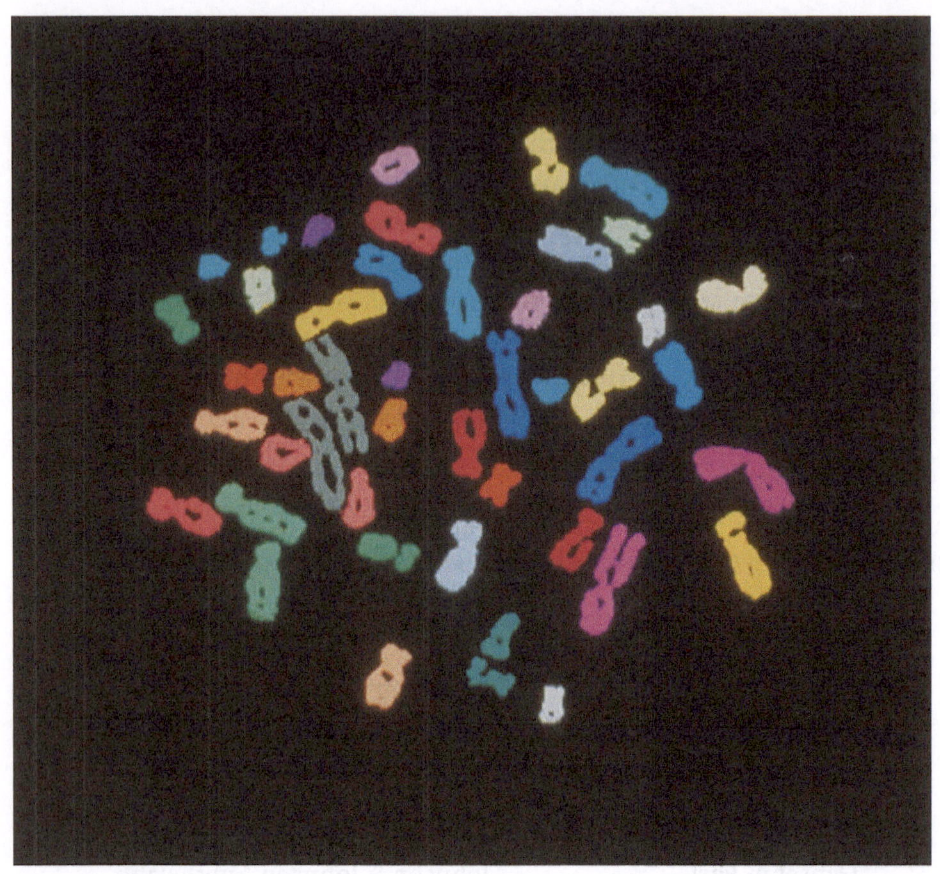

5 Dreistufenplan für das Human-Genom-Projekt

Für die Entschlüsselung des menschlichen Erbgutes haben sich die
Genomforscher einen Dreistufenplan ausgedacht. In der ersten Stufe
soll eine ausführliche genetische Karte erstellt werden. In der zweiten
Stufe geht es darum, das Erbmaterial systematisch in immer kleinere
wohldefinierte Teilstücke zu zerlegen und dadurch eine physikalische
Genkarte anzulegen. Die Teilstücke überlappen einander und tragen
außerdem besondere Kennzeichen, damit man sie in der genau richtigen Weise später einander zuordnen kann. In der dritten Stufe wird
die Bausteinfolge der einzelnen Fragmente bestimmt. Anschließend
wird das Puzzle zusammengesetzt, so daß ein durchlaufender genetischer Text entsteht. Diesen dann auch zu verstehen wird allerdings
die große Aufgabe der nächsten Jahrzehnte sein.

Anfangs träumten einige Forscher davon, völlig systematisch vorzugehen. Sie wollten an der Spitze von Chromosom 1 mit
der Bestimmung der Bausteinfolge beginnen und am Ende des Y-
Chromosoms aufhören. Doch dieser Plan war undurchführbar,
denn es gab kein Verfahren, mit dem man die in den einzelnen
Chromosomen enthaltenen riesigen Erbmoleküle hätte sequenzieren können. Nur Stücke von einigen hundert bis einigen tausend
Basenpaaren sind mit den derzeitigen Methoden zu entschlüsseln.
Erschwerend kam hinzu, daß die Gene im menschlichen Erbmaterial nur höchstens fünf Prozent ausmachen, bei den restlichen 95 %
handelt es sich um Basenfolgen, die wie Füllmaterial wirken. Genetische Information scheinen sie – von wenigen Ausnahmen abgesehen – nicht zu enthalten. Die eigentlichen Gene liegen also wie rät-
selhafte Inseln in einem Meer nichtssagender Erbbausteine. Wollte
sich ein Welteneroberer an die Erforschung verstreut liegender Inseln begeben, würde er sich als erstes eine möglichst genaue geogra-
phische Karte anlegen. Die Genomforscher einigten sich, nach der-

selben Strategie vorzugehen. „Erst die Karte, dann die Sequenz", wurde ihre Devise.

Genetische Karte mit vielen Wegmarken

Ähnlich wie bei einer geographischen Karte kann man sich auch bei der Landkarte der Gene besser orientieren, wenn man möglichst viele Wegmarken hat. Dafür bieten sich zum einen echte Gene an, doch davon kennt man erst vergleichsweise wenige. Die Kartierer sahen ihre große Chance daher in den Sequenzvariationen, die an Fragmentlängenpolymorphismen zu erkennen sind. Die Suche nach solchen charakteristischen Markierungen im Erbmolekül ist mit Hilfe spezieller Gensonden in den letzten Jahren sehr einfach geworden. Die Forscher haben nämlich entdeckt, daß ein Drittel des anscheinend nichtssagenden Füllmaterials im Erbgut des Menschen aus monoton wiederholten Bausteinfolgen besteht. Folgen von zwei oder mehr Basen wiederholen sich an manchen Stellen dreimal, an anderen einige Dutzend Mal und an noch anderen Stellen viele tausendmal. Im Erbmolekül tauchen dann Sequenzen wie ACACAC oder GTGTGTGTGTGTGTGTGTGTGTGTGT … auf. Weil bei bestimmten Trennverfahren die merkwürdigen Basenfolgen ähnlich wie winzige Satelliten abseits vom übrigen DNS-Material erscheinen, haben die Forscher die vielfach wiederholten Basenfolgen Mikrosatelliten-DNS genannt. Sie stellen sich vor, daß sich das Vermehrungsenzym bei der Verdoppelung des Erbmoleküls an diesen Stellen leicht verhaspelt, so daß gleichsam Druckfehler in der monotonen Buchstabenfolge der Genbausteine entstehen. Sie können zu Fragmentlängenpolymorphismen führen. Mit der Hilfe von Gensonden, die zu den AC- oder GT-Folgen passen, kann man die unterschiedlich langen, in einem Gel aufgetrennten Fragmente leicht nachweisen.

Die Suche nach Druckfehlern in den Mikrosatellitentexten hat die Zahl von Erbmerkmalen im menschlichen Genom in wenigen Jahren hochschnellen lassen. 1980 hatte man erst 100 Wegmarken, 1992 waren es schon 3 000 und im Frühjahr 1996 überraschte Jean Weissenbach vom französischen Genomzentrum CEPH seine Kollegen mit einer Genkarte, die bereits 5 000 Orientierungspunkte enthielt. Die Genomforscher in aller Welt waren begeistert. Denn damit war im Durchschnitt alle 1,5 Millionen Basenpaare ein Orientierungspunkt bekannt. Das Ziel, das sich die Wissenschaftler gesetzt hatten, bis zum Jahr 2003 alle 200 000 Basenpaare eine Wegmarke zu kennen, war damit z. T. schon lange vor der Zeit erreicht. In weiten Teilen betrug der Abstand zwischen zwei Orientierungspunkten bereits die gewünschte Länge. Doch trotz der Feingliederung in vielen Bereichen wies die genetische Karte in anderen Teilen noch eine Reihe gravierender Schönheitsfehler auf. Zuweilen betrugen die Abstände noch 2 Millionen, an anderen Stellen sogar 10 Millionen Erbbausteine. Zwar waren z. B. die Chromosomen 16 und 20 schon sehr gut mit Genorten bestückt, andere Erbträger wie Chromosom 19 oder Teile des X-Chromosoms waren hingegen erst dürftig markiert, und das Y-Chromosom glich noch fast einer Wüste ohne charakteristische Merkmale. Bis zum Frühjahr 1997 hatten die Kartographen aber fast alle Chromosomen gut vermessen und in regelmäßigen Abständen Orientierungspunkte eingetragen.

Jetzt scheint es nur noch eine Frage kurzer Zeit, bis man in alle 24 verschiedenen Chromosomen des Menschen in regelmäßigem Raster Kilometersteine eingetragen hat, mit deren Hilfe sich die eigentlichen Erbanlagen leichter finden lassen. Eine weitere Art von Wegmarken dürfte das ersehnte Ziel schon bald erreichen lassen. Die Wissenschaftler haben jetzt auch punktförmige Variationen im Erbmaterial als Orientierungspunkte zu nutzen begonnen, die Einzelnukleotidpolymorphismen (single nucleotide polymorphisms, SNPs). Auf solche Wegmarken trifft man etwa alle tausend Basenpaare im Erbmolekül. Sie haben den Vorteil, daß man mit ihrer Hilfe die Position eines Gens noch genauer orten kann als mit den Fragmentlängenpolymorphismen. Außerdem sind sie meist sehr stabil, jedenfalls viel zuverlässiger als die Nukleotidstrecken der leicht mutierenden hochvariablen Bereiche, die man bei den Fragmentlängenpolymorphismen untersucht.

Physikalische Genkarten zum Anfassen

Wirkt die genetische Karte wegen der Koppelungsgruppenanalyse, die nur relative Abstände zwischen den Genen angibt, auf viele Außenstehende äußerst abstrakt, so hat die physikalische Karte etwas Handfestes an sich. Hier geht es darum, das Erbmaterial in gut gekennzeichnete handliche Stücke zu zerlegen, so daß man jedes beliebige Teilstück aus der großen Masse der übrigen Fragmente leicht herausfinden kann. Außerdem müssen sich die Einzelstücke wie ein Puzzle in der einzig richtigen Weise zu den Erbmolekülen der 24 verschiedenen Chromosomen zusammensetzen lassen. Das ist wahrlich keine leichte Aufgabe, vergegenwärtigt man sich, daß man Millionen von Bruchstücken in einander überlappender Weise so ordnen muß, daß schließlich ein zusammenhängender Text entsteht. Im Idealfall wird das Erbmaterial zunächst in große Fragmente von rund 1 Million bis 500 000 Basenpaaren zerschnitten. Diese großen DNS-Stücke kann man mit Hilfe künstlicher Hefechromosomen, den sog. Yacs (englisch yeast artificial chromosomes) in Hefezellen klonieren und auf Vorrat halten. Die Yacs werden in kleinere Bruchstücke systematisch weiterzerlegt.

Jede Fragmentgröße wird in einen anderen Rahmen gespannt und mit einem anderen als Vektor bezeichneten Replikationsmotor verbunden, um ihn biologisch zu klonieren. Fragmente bis rund hunderttausend Basenpaare Länge passen in die immer beliebteren bakteriellen künstlichen Chromosomen, die sog. Bacs, die sich von den für die sexuelle Vermehrung wichtigen F-Faktoren ableiten; solche mit halb so großen DNS-Fragmenten werden in den vom Bakteriophagen P1 abgeleiteten Vektoren, den sog. Pacs, oder in Cosmiden kloniert. Hierbei handelt es sich um Plasmide, also ringförmige kleine Extra-Chromosomen von Bakterien, in die man Genstücke des Bakteriophagen Lambda integriert hat. Die Phagen-DNS enthält die Information, daß die Konstrukte in leere Bakteriophagenhüllen zu verpacken sind, so daß sie Bakterienzellen zu infizieren vermögen. Die Cosmide liefern ihren Inhalt, die Plasmid-DNS, an die Bakterienzellen ab. In ihnen wird das betreffende Genstück dann vermehrt, also kloniert. Jede dieser Klonsammlungen bezeichnen die Molekularbiologen als eine „Bibliothek", als Yac-, Bac-, Pac- oder Cosmid-Bibliothek. Jede dieser Klonsammlungen entspricht einer physikalischen Genkarte. Inzwischen gibt es zahlreiche solcher Genbibliotheken, vom Menschen, der Taufliege, der Zebrabarbe, verschiedenen Bakterien und anderen Organismen. Sie dienen den Genomforschern als Nachschlagewerk und auch als materielle Quelle, um einen ganz bestimmten Genbereich vom Erbgut des Menschen oder eines anderen Lebewesens genauer zu analysieren. Im Frühjahr 1997 ist es zudem gelungen, erstmals auch ein künstliches menschliches Chromosom herzustellen.

Das Erbmaterial wird unter Verwendung verschiedener Restriktionsenzyme stets so zerschnitten, daß sich die einzelnen Fragmente überlappen. Daraus ergibt sich eine sog. Contig-Karte, eine Genkarte lückenlos aneinanderzureihender (engl. contiguous) Fragmente. Sie hilft bei der Zuordnung der unendlich vielen DNS-Stücke einer Bibliothek zu einem durchlaufenden genetischen Text.

Bei dieser Zuordnung gehen physikalische und genetische Karte Hand in Hand. Um in einer Gen-Bibliothek jene Fragmente herauszufinden, auf denen sich eine bestimmte Erbanlage befindet, stützt man sich auf charakteristische Orientierungspunkte auf den einzelnen Fragmenten. Zwei Markierungsarten haben sich dabei als sehr hilfreich erwiesen, die Sequenzetikettierung und die Genetikettierung. Die Sequenzetikettierung („sequence tagged sites, STSs") beruht auf dem Nachweis kurzer charakteristischer Gensequenzen von einigen hundert Basenpaaren Länge, die jeweils nur ein einziges Mal im Erbmolekül vorkommen. Die Forscher bestimmen z. B. die charakteristischen Basenpaarfolgen am vorderen und hinteren Ende eines aus dem Genom herausgeschnittenen DNS-Fragments. Anhand dieser „Etiketten" können sie das entsprechende Stück mit Hilfe passender Gensonden in einer Bibliothek dann leicht finden und den betreffenden Klon aussortieren.

Bei der Genetikettierung („expressed sequence tags, ESTs") handelt es sich um eine Sonderform der Sequenzetikettierung. Als Etiketten dienen hier nicht die Endstücke mehr oder weniger zufällig aus dem Genom herausgeschnittener Stücke, sondern Abschnitte speziell solcher Bereiche, die für ein Protein kodieren. Diese Bereiche, die Genen entsprechen, lassen sich daran erkennen, daß sie mRNS bilden, – zur Expression bringen, wie die Fachleute sagen. In der Leber werden andere mRNS gebildet als in der Haut oder im Gehirn. Wenn man die mRNS aller Gewebe sammelt, erhält man ein Spektrum der menschlichen Gene. Weil die mRNS instabil sind und man nicht so gut mit ihnen experimentieren kann, übertragen die Genforscher sie zunächst in eine komplementäre DNS-Form, eine sog. cDNS. Bestimmt man über eine kurze Strecke deren Bausteinfolge, so erhält man Genetiketten für die entsprechenden Erbanlagen. Man kann sie mit Stichwörtern vergleichen, die einem in der Bibliothek den Weg zu einem bestimmten Kapitel weisen.

Es ist keine außergewöhnliche Fantasie erforderlich, um sich vorzustellen, wie groß die Zahl der Untersuchungsproben wird,

sobald man mit Sequenz- und Genetiketten in den verschiedenen
Genbibliotheken zu arbeiten beginnt. So ist es nicht verwunderlich,
daß vor allem in den Vereinigten Staaten schon bald nach dem Beginn des Human-Genom-Projektes kommerzielle Firmen aus dem
Boden schossen, die die Suche nach menschlichen Genen zur Fließ-
bandarbeit machten. Craig Venter vom Institute for Genomics Research in Rockville war dabei der wohl heftigste Verfechter der Strategie, zunächst nur nach den echten Genen zu suchen und die
nichtkodierenden Sequenzen völlig außer acht zu lassen. Er hat eine
besonders umfangreiche Sammlung von Genetiketten aufgebaut, unterstützt von einer Schar von Automaten und Computern.

Ein Lexikon der Gene

Der 28. September 1995 wird vielen Genomforschern als eine große
Überraschung im Gedächtnis bleiben. Damals erschien das erste „Lexikon der Gene", herausgegeben von dem britischen Wissenschaftsmagazin „Nature". In dem fast 400 Seiten starken Band sind eine genetische und eine physikalische Genkarte des Menschen abgebildet.
Sie zeigen, wie gewaltig die Fortschritte der vergangenen fünf Jahre
bei der Erforschung des menschlichen Erbgutes waren. Venter und
sein Stab von 84 Mitarbeitern erklärten darin: „Wir nehmen an, daß
wir nun schon die Hälfte der menschlichen Gene mit den hier be-
schriebenen Genetiketten gefunden haben."

Daniel Cohen und seine 62 Mitstreiter führen im selben
Band ihre Sammlung von 33 000 Klonen vor, in die sie das menschliche Genom systematisch aufgeteilt haben. Einander überlappende
Stücke mit einer Länge von rund 1 Million Bausteinen hatten sie jeweils in ein künstliches Hefechromosom eingefügt. Als tiefgefrorene
Proben warten diese nun in den Kühlfächern des französischen Instituts und in ähnlicher Form auch andernorts darauf, die Wünsche der
Forscher nach einem bestimmten Fragment des menschlichen Genoms zu erfüllen. Die Bruchstücke werden weiter fragmentiert und
schließlich vollständig sequenziert.

Anhand bunter Schautafeln kann man sich im Lexikon der
Gene orientieren und sehen, wie sich die klonierten Stücke wie ein
Puzzle zu den 24 verschiedenen Chromosomen des Menschen zu-
sammenfügen lassen. Doch so beeindruckend die ersten ausführli-

chen Genkarten sind, „sie sind noch zu unverdaulich, jetzt am Anfang", kommentierte der Herausgeber in einem Vorwort zu dem ungewöhnlichen Lexikon. Aber die historische Wende in der Genomforschung war anhand des Lexikons klar zu erkennen. „Der zeitraubende Kampf der Positionsklonierung ist jetzt jedenfalls vorbei", kommentierte vorausschauend Sir John Maddox, seinerzeit Chefredakteur des angesehenen britischen Wissenschaftsmagazins, die Datensammlung. „Die Jagd nach krankmachenden Genen dürfte nun um Größenordnungen schneller werden und den Forschern Zeit für wichtigere Fragen lassen."

Auch wenn seit dem Erscheinen des ungewöhnlichen Lexikons die Genkarten noch genauer geworden sind, eine Neuauflage des Werkes dürfte es kaum geben – jedenfalls nicht in gedruckter Form. Die Zeiten, in denen sich die Daten zum menschlichen Genom in einem handlichen Buch präsentieren ließen, sind vorbei. Inzwischen gibt es eine elektronische Version vom Lexikon der Gene. Tagtäglich können die Genomforscher den neuesten Stand bei der Erforschung des menschlichen Erbgutes darin über Internet abrufen.

DIE INTEGRIERTE GENKARTE

Der renommierte Genforscher Eric Lander vom Whitehead Institute for Biomedical Research in Cambridge im amerikanischen Bundesstaat Massachusetts hat eine Sammlung ganz besonderer Sequenzetiketten aufgebaut. Sie passen jeweils zu den von Daniel Cohen angefertigten Klonen und entsprechen damit Kennkarten für diese Fragmente. Es ist ihm dadurch gelungen, die genetische Karte mit der physikalischen Karte in einen überschaubaren Zusammenhang zu bringen. Der Aufwand war gewaltig: 15 Millionen Gensonden schickte der Forscher auf die Suche, um 15 000 Etiketten für die 30 000 Yac-Klone seines französischen Kollegen zu finden. Mit Handarbeit war das nicht mehr zu schaffen. Er begeisterte Ingenieure der Firma Intelligent Automation System Inc. aus dem amerikanischen Cambridge für sein Projekt. Der von den Fachleuten entwickelte Roboter mit dem Spitznamen „Genomatron" kann 150 000 Reaktionen gleichzeitig ausführen. Er hat es geschafft, für jeden Yac-Klon eindeutige Kennkarten zu finden. Mehr als 900 Seiten hätten die Ergebnisse in gedruckter Form gefüllt. Über das World Wide Web

stehen sie allen interessierten Genomforschern nun mit einem Maus-
klick zur Verfügung.

Zuweilen kann man den Eindruck gewinnen, daß die Genomforschung immer mehr in virtuelle Sphären abhebt. Im Gegensatz zu seinen Kollegen bewahrt Lander seine Etiketten nämlich nicht
in Tiefkühlfächern auf, sondern speichert sie als Sequenzdaten im
Computer. Will man ein bestimmtes Fragment des menschlichen
Erbgutes genauer untersuchen, gibt man die Basenfolge der betreffenden Etikette als Kennkarte ein und erfährt, wie der betreffende
Klon heißt. Diesen kann man dann aus entsprechenden Genbibliotheken beziehen.

Die Jagd nach den Genen

Manchem Außenstehenden mag es absurd erscheinen. Aber die meisten der mit Hilfe von Genetiketten lokalisierten menschlichen Erbanlagen sind den Forschern völlig unbekannt. Sie wissen in der Regel weder, wie groß die Gene sind noch welche Proteine sie bilden
oder wozu sie gut für den Menschen sind. Nur daß es die Gene tatsächlich gibt, wo sie auf einem der Chromosomen liegen und auf
welchem Puzzlesteinchen der Genbibliothek sie zu finden sind, das
ist ihnen genau bekannt. Nur etwa 2 500 der 100 000 Gene kennen
sie schon etwas genauer; von erst gut 700 ist bereits die Funktion
bekannt. Doch das wird sich bald ändern, denn die Jagd nach den
Genen hat mit voller Geschwindigkeit begonnen. Die Genetiketten
weisen den Forschern den Weg, auf welchem DNS-Stück sich eine
Erbanlage verbirgt. Die meisten Wissenschaftler sind überzeugt, daß
sie schon in wenigen Jahren nicht nur sämtliche Gene des Menschen
genau kennen, sondern daß sie alle 3 Milliarden Erbbausteine des
menschlichen Genoms Baustein für Baustein entschlüsselt haben.

Wie die gewaltige Arbeit bewältigt werden soll, läßt sich
bislang nicht recht ermessen. Einige industrielle Forschergruppen
haben sich das ehrgeizige Ziel gesetzt, das Sequenzieren bald auf
mehr als 100 Millionen Basenpaare pro Jahr zu steigern. Doch das ist
noch immer nicht genug, will man das Ziel in den verbleibenden sieben Jahren erreichen.

Manche Wissenschaftler setzen daher auf weitere Innovationen bei der Sequenzbestimmung. Einigen schwebt vor, Chips mit

kurzen Oligonukleotiden vorgegebener Bausteinfolgen zu entwickeln. Man will sie als Matrize verwenden, um nach passenden Fragmenten zu suchen; deren Sequenz hätte man dann entsprechend der komplementären Vorlage in Sekundenschnelle erfaßt. Andere schwärmen von einem Atommikroskop, mit dem man die vier verschiedenen Basen am durchlaufenden DNS-Faden direkt ablesen könnte. Wieder andere hoffen auf ein massenspektrometrisches Verfahren. Bei diesen großartigen Plänen wird jedoch allzu leicht vergessen, daß nicht die Geschwindigkeit des Sequenzierens der wichtigste Engpaß ist. Die aufwendigen Vorbereitungsarbeiten stellten bislang die größte Hürde für das Vorhaben dar, das Erbgut des Menschen im Eilschritt zu entschlüsseln. Im Sommer 1997 waren erst knapp zwei Prozent des menschlichen Genoms sequenziert, was aber immerhin schon rund 52,4 Millionen Basenpaaren entsprach. Die Forscher sind indessen zuversichtlich, mit weiterer Automatisierung das vorgegebene Ziel bis zum Jahr 2005 tatsächlich zu erreichen.

Ein Buch mit sieben Siegeln

Bei der Erforschung des menschlichen Genoms geht es derzeit darum, die Bausteinfolge der in den Chromosomen enthaltenen Erbmoleküle des Menschen so schnell wie möglich zu bestimmen. Doch wenn der genetische Text in einigen Jahren vorliegen wird, bleibt das Genom noch lange ein Buch mit sieben Siegeln. Ein Vergleich soll die kaum vorstellbare Textfülle, die es zu verstehen gilt, veranschaulichen. Wollte man den im Erbgut des Menschen niedergelegten genetischen Text der sich aneinanderreihenden Buchstaben A, T, C und G im Format des vorliegenden Buches drucken, würde er 10 000 Bände mit jeweils 300 Seiten und 1 000 Buchstaben je Seite füllen. Wenn man sich die Zeit nähme, jeden Abend 100 Seiten zu lesen, bräuchte man 30 000 Tage, um das Genombuch von Anfang bis zu Ende durchzulesen. Erst in knapp 100 Jahren hätte man es geschafft. Der Computer wird den Forschern helfen, den Text viel schneller durchzulesen. Doch wieviel man vom genetischen Text dann auch versteht, ist eine ganz andere Frage.

Zwar dürfte es den Forschern in absehbarer Zeit gelingen, sämtlichen Genen auch eine Funktion zuzuordnen. Erbinformationen anderer Lebewesen, von der Hefe über die Fliege bis zur Maus, werden dabei wertvolle Hilfe leisten. Doch niemand vermag sich bislang vorzustellen, wie man das Konzert der Gene, ihr Miteinander und Gegeneinander in den vielen verschiedenen Geweben und zu unterschiedlichen Zeiten im Leben eines Menschen jemals vollständig verstehen könnte. Die außerordentliche Komplexität im Zusammenspiel der hunderttausend oder noch mehr Erbanlagen macht völlig neue Formen der Datenverarbeitung notwendig. Ein Schlüssel, der das Tor zu dieser Welt öffnet, ist bislang noch nicht in Sicht. „Die Expedition ans Ende der Anatomie" wie der Konstanzer Physiker und Philosoph Ernst Peter Fischer die Entschlüsselung des menschlichen Genoms einmal nannte, wird noch lange nicht zu Ende sein.

Eine Lawine genetischer Informationen

Die unvorstellbare Fülle genetischer Informationen, die derzeit beim Entschlüsseln des menschlichen Erbgutes anfallen, vermag schon jetzt kein noch so begabter Genforscher mehr zu bezwingen. Schon vor Beginn des Human-Genom-Projektes waren Datenbanken speziell für genetische Informationen entstanden. Die wichtigsten sind die GenBank, die am amerikanischen Humangenomzentrum des Energieministeriums in Los Alamos gegründet worden war, die DNA Database in Japan und die EMBL Data Library, die am Europäischen Molekularbiologischen Laboratorium in Heidelberg entstand. Deren Zentrale befindet sich inzwischen am Europäischen Bioinformatik Institut in Hinxton in der Nähe der englischen Stadt Cambridge. Später sind viele weitere Datenbanken dazugekommen, einige haben sich auf bestimmte Organismen spezialisiert, etwa die Maus, die Taufliege oder das Darmbakterium Escherichia coli. Auch spezielle Datenbanken etwa über Genkarten gibt es, z. B. die Genome Database der amerikanischen Johns Hopkins Universität in Baltimore. Wichtige Informationsquellen sind außerdem Speicher speziell für Proteinsequenzen wie die SwissProt an der Universität Genf und die Bank des Münchner Instituts für Protein Sequenzen (MIPS), die aus einer Arbeitsgruppe am Max-Planck-Institut für Biochemie in Martinsried bei München hervorgegangen ist.

Die großen internationalen Datenbanken sind für jedermann zugänglich. Das Deutsche Krebsforschungszentrum in Heidelberg betreut den deutschen Knotenpunkt des europäischen EMBL-

Verteilernetzes, dessen Zentrale in England ist. Mit Unterstützung von Datenbanken können die Genomforscher z. B. untersuchen, ob das von ihnen entzifferte Genstück Ähnlichkeit mit einer bereits bekannten Erbanlage hat, bei welchem Organismus diese Erbanlage gefunden wurde, ob die Funktion des Gens bekannt ist und so fort. Leichte Suchaufgaben erledigt der Computer in Sekundenschnelle, bei komplexen Fragen kann er auch Minuten und bei besonders aufwendiger Datenverarbeitung auch schon einmal Stunden brauchen. „Ohne Experten der Datenverarbeitung ist Genomforschung überhaupt nicht vorstellbar", so Sándor Suhai, der Leiter der Abteilung molekulare Biophysik im Deutschen Krebsforschungszentrum. In einzelnen großen Forschungszentren, in denen Erbmaterial im großen Maßstab sequenziert wird, gibt es denn auch schon mehr Computerterminals als Laborplätze. „Nicht selten macht die Datenverarbeitung 70 bis 80 % der Analyse eines Genomabschnitts aus", kommentiert André Rosenthal vom Sequenzierzentrum in Jena die Situation.

    Wie wichtig die Rolle der Datenverarbeitung in der Genomforschung ist, zeigt sich nicht zuletzt auch daran, daß in den großen industriellen amerikanischen Genomzentren viele Mitarbeiter Bioinformatiker sind. Junge Molekularbiologen, Mediziner und Chemiker, die außer von ihrem Fach auch etwas von Informatik verstehen, sind sowohl in der pharmazeutischen Industrie als auch in akademischen Instituten im Rahmen von Genomprojekten derzeit sehr gefragt. „Die Menge der DNS-Information wächst alle 5 Jahre um den Faktor 10. Das heißt, im Jahr 1985 wußten wir ein Prozent von dem, was wir heute wissen. Ähnlich ist der Fortschritt bei den Computerchips. Das ist das einzige andere Feld, das sich ähnlich schnell wandelt." (Walter Gilbert, Nobelpreisträger, Harvard Universität).

Genomdaten im Geheimfach unerwünscht

Niemand zweifelt daran, daß die Entschlüsselung des menschlichen Erbgutes am schnellsten vorankommt, wenn alle Daten bestens sortiert vorliegen und allen Forschern gleichzeitig zur Verfügung stehen. Das vermeidet nicht nur teure Doppelarbeit, es kann auch die Beantwortung vieler Fragen beschleunigen. Doch die Wirklichkeit sieht anders aus. Wenn es um die Veröffentlichung von Sequenzdaten geht, prallen zwei Wissenschaftlertypen aufeinander. „Sequenzdaten müssen frei verfügbar und öffentlich zugänglich sein, um Forschung und Entwicklung voranzubringen und der Gesellschaft von größtmöglichem Nutzen zu sein", meinen die einen. „Wenn die Daten nicht geschützt sind, lohnt es sich für die Industrie nicht, auf der Basis bestimmter Gene neue Medikamente zu entwickeln", hört man die anderen sagen.

Einige Wissenschaftler haben von Anfang an in vorbildlicher Weise alle mit öffentlichen Geldern gewonnenen Daten offengelegt und Genkarten ebenso wie Gensequenzen jedem interessierten Kollegen zur Verfügung gestellt. Für Daniel Cohen vom französischen Genomforschungszentrum war es schon vor Jahren eine Selbstverständlichkeit, Daten und Genproben jedem Interessierten auszuhändigen. Auch am Sanger-Forschungszentrum in England, an dem von der amerikanischen Firma Merck gestifteten Genomzentrum an der Washington Universität in Saint Louis, am deutschen Ressourcenzentrum Berlin-Heidelberg und weiteren Institutionen wandern keine Gendaten in die Geheimfächer der Computer. Die überwiegende Mehrzahl der Wissenschaftler bekennt sich dazu, daß genetische Daten weltweit allen Forschern zur Verfügung gestellt werden sollen. Nur noch wenige Genomforscher beharren darauf, ein Anrecht auf die Daten zu haben, um sie vor der Veröffentlichung nach Patentmöglichkeiten abzutasten.

Deutschland hat zunächst versucht, eine Sonderrolle zu spielen, sehr zum Ärger der internationalen Gemeinschaft der Genomforscher. Die im Förderverein Humangenom zusammengeschlossenen deutschen Pharmafirmen hatten sich bei der Bundesregierung zunächst mit ihrer Forderung durchgesetzt, eine sechsmonatige Schonfrist zu erhalten, um die im Rahmen des nationalen Human-Genom-Projektes gewonnenen Daten nach wirtschaftlich interessanten Details abzusuchen. Sie begründeten ihre Forderung damit, daß sie einen ebenso großen finanziellen Beitrag zur deutschen Genomforschung leisten sollten wie die Bundesregierung und daher ein Anrecht auf die wirtschaftliche Nutzung hätten. Doch es kam zu einem vehementen internationalen Protest und Deutschland geriet in Gefahr, in der Genomforschung völlig isoliert zu werden. Erst nachdem der deutsche Genomforscher André Rosenthal aus Jena gemeinsam mit dem französischen Genomforscher Jean Weissenbach und dem Präsidenten der internationalen Human-Genom-Organisation Gert van Ommen dem Forschungsministerium dargelegt hatte, wie

eng verknüpft die weltweite Genomforschung untereinander ist und
keine Sonderrollen vertrage, zog die Bundesregierung die verspro-
chenen Privilegien zurück. Auch die Industrie gab schließlich nach.

Im Februar 1997 haben sich Genomforscher aus aller Welt
im Rahmen der Jahrestagung der Human-Genom-Organisation auf
den Bermudas zusammengetan, um sich über den Umgang mit Gendaten zu einigen. Sie haben festgelegt, daß zumindest die mit öffentlichen Geldern gewonnenen direkten Sequenzdaten des menschlichen
Genoms sofort allgemein zugänglich zu machen sind. Die Bermuda-
Konvention bezieht sich bislang nur auf Sequenzdaten, wie sie natürlicherweise im Genom des Menschen vorkommen. Viel interessanter
ist jedoch die Bausteinfolge von Genen im engeren Sinne, Basensequenzen von cDNS-Molekülen, die von aktiven Genen stammen.
Auch die an Modellorganismen gewonnenen Sequenzen fallen nicht
unter die Verpflichtung zur sofortigen Publikation. Doch der Jenaer
Genomforscher Rosenthal und viele andere Wissenschaftler kämpfen
dafür, daß auch alle cDNS-Sequenzen öffentlich gemacht werden. Nur
für Daten, die private Firmen mit ihrem eigenen Kapital erarbeitet
haben, scheint den meisten ein privilegiertes „Leserecht" der Industrie unumgänglich.

Aufwendige Maschinen wie dieser Roboter erleichtern es, die Abfolge der Bausteine der menschlichen Erbinformation zu entschlüsseln.

6 Spätes Bekenntnis zur Genomforschung in Deutschland

In Deutschland ist die Erforschung des menschlichen Erbgutes nur langsam in Gang gekommen. Wegen der ablehenden Haltung weiter Teile der Öffentlichkeit gegenüber der Gentechnik allgemein war das Umfeld denkbar ungünstig. Außerdem spielten historische Gründe eine wichtige Rolle. Die Schatten verbrecherischer Praktiken in der düsteren Zeit des Nationalsozialismus lasten noch immer auf unserem Land. Das macht die Öffentlichkeit hierzulande besonders sensibel für einen möglichen Mißbrauch der durch die Genomforschung erzielten Erkenntnisse. Anders als in den Vereinigten Staaten, wo das Genomprojekt der Bevölkerung als eine positive nationale Aufgabe, vergleichbar der Landung auf dem Mond, schmackhaft gemacht werden konnte, war in Deutschland nur schwer eine Akzeptanz für die Erforschung des menschlichen Erbgutes zu erreichen. Viele Menschen sehen überdeutlich die möglichen Gefahren, die sich aus der Entschlüsselung ergeben könnten. Sie befürchten, daß der immer genauere Einblick in die Erbanlagen des einzelnen Individuums in seine „guten" und „schlechten" Gene einer neuen Eugenik Vorschub leisten könnte.

Unter Eugenik versteht man das Ziel, die Menschen genetisch zu verbessern. Nach diesem Konzept sollen vermeintlich vorteilhafte Erbanlagen verbreitet und als nachteilig angesehene Gene aus der menschlichen Population beseitigt werden. Das wird niemals gelingen, weil immer wieder neue Erbänderungen spontan entstehen. Gedankenspiele, daß man den Menschen durch gentechnische Eingriffe verbessern könnte, nannte die Genetikerin Leena Peltonen von den finnischen Gesundheitsinstituten in Helsinki daher absurd. „Ob ein Gen gut oder nicht gut ist, entscheidet oft der Zusammenhang", sagte die Wissenschaftlerin auf einer HUGO-Tagung in Heidelberg.

„Einen Menschen mit 'den besten' Erbanlagen schlechthin gibt es nicht." Die Vielfalt des Homo sapiens zu erhalten, sei deshalb die beste Strategie, ihm das Überleben unter sich ändernden Bedingungen zu garantieren.

Verhängnisvolle Eugenik

Die Eugenik, die den deutschen Genetikern heute noch zu schaffen macht, war indessen keine Erfindung des Dritten Reiches. Ende des 19. Jahrhunderts gewann die Idee, die menschliche Art zu verbessern, in vielen Staaten der Welt Anhänger, vor allem in den Vereinigten Staaten von Amerika, in Großbritannien, Deutschland und anderen Ländern. Francis Galton, ein Vetter des genialen Evolutionsforschers Charles Darwin, hatte damals den Begriff „Eugenik" geprägt. Er kommt aus dem Griechischen und bedeutet soviel wie „gut im Erbgut". Die Anhänger der Eugenik sahen seinerzeit in den massiven sozialen Spannungen, die die Industrialisierung mit sich gebracht hatte, einen gesellschaftlichen Niedergang. Sie begründeten das Elend der Arbeiter mit einem schlechten Erbgut und nicht mit dem sozialen Umfeld. Mit fadenscheinigen Argumenten und oft wider besseres Wissen stuften immer mehr Wissenschaftler unschöne Realitäten wie Alkoholismus, Tuberkulose, Gewalt, Prostitution, Armut, Krankheit, hohe Kindersterblichkeit und viele andere soziale Probleme als erblich ein. Anfang des 20. Jahrhunderts entstanden in Europa und Amerika Forschungsinstitute, in denen die vermeintliche Erblichkeit sozial nachteiliger Eigenschaften „wissenschaftlich" untersucht wurde. Dazu gehörte das renommierte Galton Laboratory of National Eugenics am University College in London, das Eugenics Record Office in Cold Spring Harbor vor den Toren New Yorks und in Deutschland der Lehrstuhl für Rassenhygiene in München sowie das Kaiser-Wilhelm-Institut für Anthropologie, menschliche Erblehre und Eugenik in Berlin. Verblendet von sozialen Vorurteilen fanden die Wissenschaftler vermeintliche Erbgänge nach den Regeln Mendels bei all dem, was ihnen bei den in Elend und Armut lebenden Menschen ins Auge fiel. Dazu gehörten sogar Infektionskrankheiten; und das zu einer Zeit und in einem Land, in dem der Bakteriologe Robert Koch gerade den Tuberkuloseerreger und andere Krankheitskeime entdeckt hatte!

Eugenische Vorstellungen hatten sich zunächst vor allem bei Medizinern und Biologen breitgemacht. Doch unter dem Druck zunehmender wirtschaftlicher Schwierigkeiten fanden sie Ende der zwanziger Jahre dieses Jahrhunderts auch bei Politikern und in der allgemeinen Bevölkerung immer mehr Anhänger. Viele wollten durch eugenische Maßnahmen die Gesundheit der Bevölkerung verbessern, nicht zuletzt, um nicht „unnütze Esser" mit durchfüttern zu müssen.

Zwei Möglichkeiten wurden konkret ins Auge gefaßt: die positive und die negative Eugenik. Die positive Eugenik sah vor, daß die Tüchtigen besonders viele Nachkommen haben sollten. Die negative Eugenik verlangte dagegen, daß es Kranken, beispielsweise Geisteskranken, und als minderwertig eingestuften Menschen verboten sein sollte sich fortzupflanzen. Diese Vorstellung wurde sehr populär. In mehreren Ländern wurden Sterilisierungsgesetze verabschiedet, in der Hoffnung, daß man sich auf diese Weise von Kranken und Schwachen befreien könnte. Doch angesichts der dubiosen wissenschaftlichen Daten, die man zusammentrug, begannen sich bei vielen Wissenschaftlern vor allem in den Vereinigten Staaten und Großbritannien schließlich doch Zweifel zu regen. Sie distanzierten sich Anfang der 30er Jahre von der Eugenik. Dagegen kam es in Deutschland zu dieser Zeit, die mit der Machtübernahme der Nationalsozialisten zusammenfiel, erst recht zu einem unheilvollen Bündnis zwischen Politik und Eugenik. 1933 wurde das „Gesetz zur Verhütung erbkranken Nachwuchses" erlassen. Was als erbkrank anzusehen sei, bestimmte die Politik, die jedoch von Humangenetikern und Ärzten beraten wurde. Hunderttausenden wurde das Recht auf Nachkommen genommen. Sie wurden zwangssterilisiert. Das war allerdings nicht nur in Deutschland so. Noch 1939 wurden in Kalifornien, wo die Eugenik ebenfalls sehr hoch im Kurs stand, mehr Männer und Frauen gegen ihren Willen unfruchtbar gemacht als in allen anderen amerikanischen Bundesstaaten zusammen. In Schweden gab es sogar bis 1976 Zwangssterilisierungen bei Behinderten, in Japan bis 1995.

Besonders radikal wurden die Vorstellungen zur Eugenik indessen nur in Deutschland während des Dritten Reiches. Zunächst ging es darum, Leben zu verhindern. Doch dann wurde bei einem harten Kern von Fanatikern der Ruf nach Lebensvernichtung laut. Als „lebensunwert" wurden Geisteskranke, Menschen mit schwerer körperlicher oder geistiger Behinderung und chronisch Kranke erklärt.

Viele ließ man in den Heimen verhungern, andere wurden getötet, oft noch vor oder unmittelbar nach der Geburt. Doch die Vernichtung „lebensunwerten Lebens" ging dem größten Teil der Bevölkerung zu weit. So mancher mag die Gefahr gewittert haben, vielleicht auch selbst als sozial schwach und „lebensunwert" erklärt zu werden. Es kam zum öffentlichen Protest. Weil die Aktion politisch untragbar wurde, ließ man sie teilweise fallen. Doch fernab von den großen Städten in den Konzentrationslagern im Osten Deutschands war der Fanatismus nicht mehr zu stoppen. Hier wurden Millionen Juden und andere Menschen, die als rassisch unerwünscht galten, ermordet, die Kranken und Erschöpften oft zuerst.

Schweres Erbe

Vor dem Hintergrund der Verbrechen während des Nationalsozialismus wird verständlich, daß die Bedenken gegenüber der Erforschung des menschlichen Erbgutes in der deutschen Öffentlichkeit größer sind als anderswo. Auf der Humangenetik in Deutschland lastet zudem das besonders schwere Erbe, daß es Ärzte, Biologen und Humangenetiker waren, die sich daran beteiligten, wehrlose Kranke zu töten und im Namen der Wissenschaft menschenverachtende Experimente an Gefangenen in Konzentrationslagern vorzunehmen. Nach dem Ende des Zweiten Weltkrieges blieb eine reinigende Aufarbeitung der Genetik aus. Einzelne Humangenetiker, die sich durch ihre Forschungspraktiken und Gutachten während des Dritten Reiches am Tod vieler Menschen schuldig gemacht hatten, konnten wie Ottmar von Verschuer am Institut für Humangenetik an der Universität Münster nach dem Krieg als Institutsleiter einfach weiterarbeiten. Das hat den Anschluß der deutschen Humangenetiker an die internationale Gemeinschaft der Wissenschaftler erheblich erschwert. Deutschland, einst führend auf dem Gebiet der Genetik, wurde zu einem der Genetik besonders feindlich gesinnten Land.

Inzwischen ist eine neue Generation von Humangenetikern herangewachsen. Rassenhygienisches Gedankengut gibt es bei ihr nicht mehr. Die Öffentlichkeit ist zudem hellhöriger als je zuvor für alle Anzeichen geworden, die darauf hindeuten könnten, daß sich Mißbrauch unter dem Vorwand vermeintlicher Verbesserungen des Menschen einschleicht.

Da vor diesem historischen Hintergrund große Teile der deutschen Bevölkerung der Erforschung des menschlichen Erbgutes ablehnend gegenüberstanden, hielt sich die Bundesregierung lange Zeit zurück, sich für diese Forschungsrichtung zu engagieren. Nur die Analyse von Genen, die schwere Erbkrankheiten verursachen, wurde unterstützt. Als der internationale Druck, auch Deutschland müsse seinen Beitrag zur Erforschung des menschlichen Genoms leisten, stärker wurde, gab das Bundesministerium für Bildung, Wissenschaft, Forschung und Technologie einen Schritt nach. Es stellte mit dem Programm „Biotechnologie 2000" Geld für die Genomforschung zur Verfügung, allerdings zog sich das Ministerium im wesentlichen auf die Förderung unverfänglicher Gebiete wie die Bioinformatik oder die Entwicklung von Diagnose und Beratung bei Erbkrankheiten zurück. Vorschläge der Wissenschaftler, sich systematisch am Human-Genom-Projekt zu beteiligen, wurden mit der Begründung abgelehnt, daß diese Forschung derzeit nicht in die politische Landschaft passe.

Erst im Juni 1995 kam die Wende. Nicht zuletzt angesichts der überwältigenden Erfolge der Genforschung in den Vereinigten Staaten, Großbritannien und Frankreich entschloß sich die Bundesregierung, auch in Deutschland die Genomforschung mit Millionenbeträgen zu unterstützen. Forschungsminister Jürgen Rüttgers machte den überraschten Genforschern Mut: „Bis zum Jahr 2000 soll Deutschland die Nummer eins in der Biotechnologie sein", sagte der Minister auf einer Pressekonferenz in Heidelberg.

Deutsche Genomforschung im Aufwind

Manche Genforscher blieben zunächst skeptisch. Wird Deutschland jemals das Versäumte aufholen können, fragten sie sich? Andere Länder hatten in den vergangenen fünf Jahren bereits viel Erfahrung im Umgang mit dem menschlichen Genom gesammelt. Außerdem hatten sie unzählige Teilstücke des Erbmoleküls in Kühlschränken hinterlegt und viele Patente auf Gene erhalten oder zumindest angemeldet. In den Vereinigten Staaten, England und Frankreich waren „Genfabriken" entstanden, in denen das Erbmaterial mit Hilfe von Automaten in halbindustriellem Maßstab bearbeitet wurde. Detaillierte Genkarten waren angefertigt worden und riesige Genbibliotheken mit Tausenden von Klonen einzelner Genomfragmente geschaffen worden. Wo würde da ein Platz für Deutschland sein? „Ist es sinnvoll, nach Jahren des Zögerns und Zauderns ein nationales kostspieliges Genomprogramm zu entwickeln, wo doch vor allem in den Vereinigten Staaten, aber auch in Frankreich, bereits enorme Kapazitäten an Personal und Mitteln im Einsatz sind?", fragte 1995 Harald zur Hausen, Leiter des Deutschen Krebsforschungszentrums in Heidelberg. Er hatte ebenso wie Ernst-Ludwig Winnacker vom Genzentrum München und einige andere Wissenschaftler jahrelang die Politiker für die Genomforschung in Deutschland zu überzeugen versucht. „Wo liegen überhaupt die Perspektiven der Genomforschung in Deutschland, in einem Land, in dem sich zwar eine gute Grundlagenforschung allen Anfeindungen zum Trotz erhalten konnte, in dem aber begleitende Industrieforschung und mit ihr die gentechnologische Produktion im wesentlichen ins Ausland abgewandert ist?", fragte zur Hausen weiter.

In Deutschland gab es nur wenige Wissenschaftler, die sich speziell mit der Entschlüsselung menschlicher Gene befaßten. Zu ihnen gehörte Annemarie Poustka vom Deutschen Krebsforschungszentrum, die nach der Ursache des erblichen Schwachsinns auf einem zerbrechlichen X-Chromosom suchte und dabei die Methode der Positionsklonierung weiterentwickelt hatte. In den Vereinigten Staaten lief die Jagd nach den Genen indessen unaufhörlich weiter. Der Konkurrenzkampf wurde immer schärfer, ging es vielen Genforschern doch vor allem darum, sich durch Patente besonders interessante Erbanlagen zu sichern. Das bekamen mitunter auch die deutschen Genforscher zu spüren. „Ohne jede Anmeldung tauchten in manchen Labors Wissenschaftler auf, die überaus interessiert an unseren Forschungsergebnissen waren und alles wissen wollten, von ihren eigenen Sachen aber kaum etwas erzählten. Niemand kannte sie und niemand erwartete sie", beschrieb Reinhard Grunwald, seinerzeit administrativer Vorstand des Deutschen Krebsforschungszentrums, die Situation. Die seltsamen Besucher waren Vertreter amerikanischer Pharmafirmen. Sie waren offensichtlich als Späher unterwegs, um in deutschen Labors Ausschau nach interessanten Genen zu halten.

Auch wenn in Deutschland großer Nachholbedarf herrscht, der späte Einstieg in das Human-Genom-Projekt könnte auch Vorteile haben. Fehler, die andere Länder in der Aufbauphase gemacht haben, kann Deutschland vermeiden und sich mehr auf die Funktionsanalysen konzentrieren, spekulieren manche Forscher. Doch nach Ansicht von zur Hausen kann Deutschland trotz seines späten Einstiegs in die Genomforschung nicht auf die Entwicklung neuer Basistechnologien verzichten. „Abgesehen von dem Verlust an technologischem Wissen, das gerade mit der Sequenzier- und Kartierungsanalytik verbunden ist, abgesehen auch von patentrechtlichen Sicherungen zu erwartender Entdeckungen, droht uns hier ein breites Spektrum wissenschaftlicher Aktivitäten verlorenzugehen – bei gleichzeitigem Verlust von gleichwertigen Wechselwirkungen mit ausländischen Forschergruppen", schrieb der Wissenschaftler einige Monate nach dem Start des deutschen Genomprojektes in der „Frankfurter Allgemeinen Zeitung".

Es war nicht leicht, Anschluß an die internationale Genomforschung zu finden. Zum einen empfanden es die deutschen Forscher als einen gewissen Trost und ermutigenden Vertrauensbeweis, daß die internationale Tagung der Human-Genom-Organisation 1996 in Deutschland, und zwar in Heidelberg stattfand. Andererseits aber setzten ihnen die Kritiker zu. Im Mai 1997 beklagte sich James Watson auf einer internationalen Tagung über molekulare Medizin, die am Max-Delbrück-Centrum in Berlin stattfand, bei den deutschen Genomforschern: „Ihr Budget ist noch immer völlig unzureichend, wenn Deutschland tatsächlich einen ernsthaften Beitrag leisten will. Sie stecken Geld hinein, um das Genom zu nutzen, nicht um es sich selbst anzueignen." Doch Watson gab den deutschen Forschern auch unmißverständlich zu verstehen, daß sie vor allem deshalb so große Schwierigkeiten auf dem gesamten Gebiet der Gentechnologie hätten, weil sie es nach dem Krieg versäumt hätten, sich in ihrer akademischen Gemeinschaft von Genetikern und Ärzten zu befreien, die während der Nazizeit verbrecherisch gehandelt hätten. Der Genforscher mahnte die deutschen Kollegen, Hitler endlich hinter sich zu lassen und die Genetik zum Wohl der Menschen zu nutzen. „Genetik an sich kann niemals schlecht sein. Erst wenn wir sie nutzen oder mißbrauchen, bekommt sie einen moralischen Wert", sagte der Wissenschaftler.

Ein Ressourcenzentrum für Erbmaterial

Großen Auftrieb erhielten die deutschen Genomforscher schließlich durch die Gründung eines Ressourcenzentrums, das im Rahmen des nationalen Human-Genom-Projektes im Herbst 1996 offiziell eröffnet wurde. Das Zentrum hat zwei Zweigstellen, eine in Berlin, die andere in Heidelberg. In Berlin werden standardisierte Genbibliotheken hergestellt und auf Wunsch an Wissenschaftler in aller Welt versandt. An der Entschlüsselung bestimmter Chromosomenstücke beteiligte Forscher können nun alle mit dem gleichen Material arbeiten. Das macht die Analysen nicht nur billiger, weil Doppelarbeit verhindert wird. Die Ergebnisse lassen sich auch besser vergleichen.

Das Ressourcenzentrum wird wissenschaftlich von Rudi Balling vom GSF-Forschungszentrum Neuherberg bei München, von Hans Lehrach vom Berliner Max-Planck-Institut für molekulare Genetik und von Jens Reich vom Max-Delbrück-Centrum für molekulare Medizin in Berlin-Buch koordiniert. Lehrach hatte mit dem Aufbau von Genbibliotheken schon vor vielen Jahren begonnen, als er in London am Imperial Cancer Research Fund tätig war. Dort hatte er auch mit der Entwicklung leistungsfähiger Roboter begonnen, die das Herstellen von Genbibliotheken erheblich erleichterten.

Bei den Genbibliotheken handelt es sich um geordnete Sammlungen Tausender kleiner Stücke Erbmaterial, die in ihrer Summe dem Erbgut des Menschen oder auch anderer Lebewesen entsprechen. Doch während die Bücher einer klassischen Bibliothek in Regalen stehen, befinden sich in Berlin die einzelnen Bände der Genbibliotheken in winzigen becherförmigen Eindellungen von Plastikplatten. Diese werden auch als Mikrotiterplatten bezeichnet, weil man sie ursprünglich dazu benutzte, um die Menge (den „Titer") von Antikörpern im Blut zu bestimmen. Jedes Genomfragment, das einem Bibliotheksband entspricht, liegt eingespannt in einem Klonierungsvektor in einer Bakterienzelle vor. Zehntausende Fragmente vom menschlichen Erbmaterial haben Lehrach und seine Mitarbeiter in Bakterienzellen kloniert und verteilen sie an interessierte Forscher in aller Welt.

Das Berliner Ressourcenzentrum hält Mikrotiterplatten mit geordneten Genbibliotheken in Tiefkühlschränken bei minus 80° Celsius auf Vorrat. Von diesen Bibliotheken werden Kopien für den Versand angefertigt. Eine Mikrotiterplatte wird zunächst aufgetaut.

Ein Roboter entnimmt dann jeder Delle eine winzige Bakterienprobe und überträgt den Klon auf einen Nylonfilter. Bis zu 60 000 Klone werden auf den Filter als winzige Flecken systematisch aufgetragen. Die Proben werden getrocknet und dann in einem großen Briefumschlag an den interessierten Forscher verschickt. Man kann die Genbibliotheken auch in einer noch weiter aufgearbeiteten Form beziehen, bei der die Bakterienzellen bereits aufgebrochen und ihr Genfragment freigelegt worden ist. Das erleichtert die Suche nach einem gewünschten Genomfragment noch mehr.

Die Filter lassen sich nutzen, um z. B. jenes DNS-Fragment herauszufinden, auf dem sich eine bestimmte krankheitsverursachende Erbanlage befindet. Man beschickt das Filter, dessen DNS-Fragmente man durch Erwärmen in seine beiden Einzelstränge aufgetrennt hat, mit einer zu dem gesuchten Gen passenden Sonde. Sie ist mit einem Fluoreszenzfarbstoff markiert. Über komplementäre Basenpaarbildung heftet sich die Sonde an jene Fragmente, die das passende Gen enthalten, und gibt diese anhand eines Farbsignals zu erkennen.

Die Genbibliotheken stehen allen Beteiligten des deutschen Human-Genom-Projektes kostenlos zur Verfügung. Doch auch Forscher aus der Industrie und aus dem Ausland können die Bibliotheken beziehen, allerdings gegen Rechnung. Jeder Forscher, der eine Genbibliothek erhält, verpflichtet sich, seine Ergebnisse in der Datenbank des Ressourcenzentrums zu hinterlegen. „Das beschleunigt die Entschlüsselung des Genoms und hilft Doppelarbeit zu verhindern", sagte Lehrach bei der Eröffnung der in Deutschland einmaligen Einrichtung in Berlin. Der Wissenschaftler ist froh, daß auch die deutschen Genomforscher nun von den leistungsstarken Robotern profitieren, die weltweit schon lange in zahlreichen Genlabors stehen.

In der Heidelberger Abteilung des Ressourcenzentrums, die am Deutschen Krebsforschunszentrum angesiedelt ist, wird mit Hilfe der Filter nach bestimmten Genen gesucht, auch im Auftrag anderer Forschergruppen. Außerdem werden Schulungskurse angeboten, wie die Filter mit den Genblibliotheken bei der Suche nach einer bestimmten Erbanlage auszuwerten sind und wie man die interessanten DNS-Fragmente weiter analysiert.

Sequenzierzentren in der Bundesrepublik

Als im Sommer 1997 die Genomforscher zu ihrem jährlichen Treffen in Cold Spring Harbor im Bundesstaat New York zusammenkamen, zeigte sich, daß Deutschland im Sequenziermarathon inzwischen einen überraschend guten Platz einnimmt. Unter den fünfzehn Sequenzierzentren, die sich mit öffentlichen Geldern im Großmaßstab an der Entschlüsselung des menschlichen Genoms beteiligen, nahm die Bundesrepublik mit dem Institut für molekulare Biotechnologie in Jena Platz neun ein. Inzwischen sind die deutschen Sequenzierer sogar auf Platz fünf vorgerückt. „In Europa liegen wir direkt hinter dem internationalen Spitzenreiter, dem Sanger Centre in Hinxton, also auf Platz zwei", sagte nicht ohne Stolz André Rosenthal, der Leiter der Abteilung Genomanalyse am Jenaer Institut. Dreizehn Millionen Basen des menschlichen Genoms hatte das Sanger Centre Ende 1997 entschlüsselt, die Gruppe in Jena fünf Millionen.

Rosenthal, der Anfang der neunziger Jahre vier Jahre am Medical Research Council und an der Cambridge Universität forschte, hat in den vergangenen Jahren in Jena von der bundesrepublikanischen Öffentlichkeit kaum beachtet ein international anerkanntes deutsches Sequenzierzentrum aufgebaut. Beim Institut für molekulare Biotechnologie handelt es sich um ein Institut der Blauen Liste; es wird also sowohl vom Bund als auch vom Land Thüringen finanziert. Beachtliche Geldbeträge erhält Rosenthal für seine Genomforschung außerdem vom Forschungsministerium in Bonn, von der Deutschen Forschungsgemeinschaft und der Europäischen Union. Mit mehr als sechzig Mitarbeitern ist das Jenaer Institut zwar deutlich kleiner als so manche amerikanische Sequenzierfabrik, doch die Effizienz ist hoch. Die Forscher sequenzieren im Rahmen des deutschen Human-Genom-Projektes gemeinsam mit Hans Lehrach in Berlin und mit der von Helmut Blöcker geleiteten Abteilung für Genomanalyse bei der Gesellschaft für Biotechnologische Forschung in Braunschweig einen großen Teil des X-Chromosoms, sowie bestimmte Bereiche der Chromosomen 7, 11 und 21. Das etwa 10 Millionen Bausteine umfassende Stück vom langen Arm des X-Chromosoms, das die Forscher gemeinsam entschlüsseln wollen, ist besonders interessant. Es enthält zahlreiche Gene für wichtige Erbkrankheiten wie die Farbenblindheit, den erblichen Schwachsinn und viele andere Leiden.

Andere Forschergruppen analysieren außerdem Teilbereiche weiterer Chromosomen. Insgesamt beteiligen sich fast 50 deutsche Arbeitsgruppen am deutschen Human-Genom-Projekt.

Genomfirmen in der Bundesrepublik

War vor allem in den Vereinigten Staaten die Pharmaindustrie von Beginn an eine wichtige treibende Kraft, die neben staatlichen Organisationen viel Geld in die Genomforschung steckte, so dauerte es in Deutschland lange, bis sich Großunternehmen der pharmazeutischen Industrie hierzulande in diesen neuen Forschungszweig involvierten. Weil die Umsetzung der in der Genomforschung erzielten Erkenntnisse in die Praxis aber zwingend erschien, hat Ernst-Ludwig Winnacker vom Genzentrum München 1994 gemeinsam mit anderen Wissenschaftlern auch in Deutschland eine erste private Genomfirma gegründet. Die Firma MediGene, die in Martinsried in der Nachbarschaft des Genzentrums, des Universitätsklinikums Großhadern und des Max-Planck-Instituts für Biochemie liegt, ist ganz nach amerikanischem Vorbild entstanden. Junge Postdocs aus der Molekularbiologie, also Wissenschaftler, die nach der Promotion in selbständiger Arbeit schon Erfahrung auf dem Gebiet der Genomforschung gesammelt hatten, haben sich zusammengetan, um ihre Erkenntnisse in die Entwicklung neuer Diagnose- und Therapieverfahren einzubringen. Die Firma bietet Serviceleistungen wie die Herstellung von Oligonukleotiden, die Sequenzierung von Erbmolekülen und spezielle Datenverarbeitungen an. Wichtige Schwerpunkte ihrer Forschung liegen zudem in der Entwicklung von Impfstoffen gegen Krebs und von Therapien bislang kaum behandelbarer Herzerkrankungen wie der Herzinsuffizienz. Im Herbst 1997 hatte die Firma bereits 34 Angestellte, davon 13 promovierte Wissenschaftler. Finanziert wird MediGene vor allem durch Risikokapital, Geld vom Freistaat Bayern und aus Bonn. Rund 22 Millionen Mark stehen der Firma inzwischen zur Verfügung. Über einen Mangel an Venturekapital, das in Deutschland anders als in Amerika keine Tradition hat, hat MediGene interessanterweise nie zu klagen gehabt. Die Firma kooperiert auch mit dem Pharmaunternehmen Hoechst AG, mit dem sie zusammen beispielsweise Vektoren für Gentherapien entwickelt. Auch mit dem amerikanischen Gerätehersteller Perkin Elmer/Applied Biosystems besteht eine Zusammenarbeit, um die Methoden automatischer DNS-Analysen weiter zu verbessern. Nicht zuletzt bleibt MediGene eng mit Universitäts-, Max-Planck- und anderen akademischen Instituten verbunden, wie man das auch von den amerikanischen Genomics-Firmen kennt.

Es dauerte indessen recht lange, bis auch die großen Pharmafirmen in Deutschland Tochterfirmen mit dem Schwerpunkt Genomforschung gründeten. In den Vereinigten Staaten hatten die deutschen Firmen schon sehr frühzeitig Millionenbeträge in junge Genfirmen investiert. Erst Ende 1996 hat die BASF schließlich mit der amerikanischen Biotechnologiefirma Lynx Therapeutics auch hierzulande, in Heidelberg, ein Gemeinschaftsunternehmen, die BASF-Lynx Bioscience, gegründet. Mit einem von Lynx in den Vereinigten Staaten entwickelten Verfahren wollen die Forscher die Genaktivitäten gesunder und kranker Gewebe miteinander vergleichen und für die Entwicklung neuer Medikamente beispielsweise gegen Krebs nutzen. Auch die Firma Hoechst Marion Roussel kooperiert mit der Firma Lynx.

Bald folgten weitere Firmengründungen. Im Frühjahr 1997 hat die Berliner Pharmafirma Schering eine Tochterfirma ins Leben gerufen, die metaGen Gesellschaft für Genomforschung. Ihr Geschäftsführer ist André Rosenthal, der auch das Jenaer Sequenzierzentrum leitet. MetaGen will vor allem nach den genetischen Ursachen von Brust- und Prostatakrebs suchen und zu deren Behandlung neue Therapieansätze entwickeln. Wenig später folgte die Gründung eines Zentrums für angewandte Genomforschung durch die Pharmafirma Hoechst Marion Roussel in Martinsried in unmittelbarer Nachbarschaft zum Max-Planck-Institut für Biochemie.

Dort hatten sich in der jüngsten Zeit in einem Gebäude der Max-Planck-Gesellschaft schon eine ganze Reihe weiterer kleiner Biotechnologiefirmen rund um das Thema Genforschung angesiedelt. Gegründet wurden sie jeweils von jungen Genforschern, die oft gerade von der Hochschule kamen. Viele dieser jungen Unternehmen profitierten bei ihrer Gründung von einer Initiative des bayerischen Staates, der Kapital zu günstigen Bedingungen bereitstellte. Auch aus dem Förderprogramm „BioRegio" der Bundesregierung flossen Millionen in die Gründung dieser Firmen. Im November 1996 waren München, die Region Rhein-Neckar (Heidelberg, Mannheim) und das Rheinland (Aachen, Düsseldorf, Köln) aus dem

„BioRegio"-Wettbewerb der Bundesregierung als die drei ersten Sieger hervorgegangen, was ihnen jeweils eine Summe von 50 Millionen Mark vom Bundesforschungsministerium einbrachte. Berlin/Brandenburg und Jena erhielten als eine Art „Trostpreis" später ebenfalls besondere Fördermittel. Im Sommer 1997 haben sich die jungen Biotechnologiefirmen im Münchner Raum zu der Interessengemeinschaft „BioᴹAG" zusammengeschlossen. Sie dürfte für ganz Deutschland Modellcharakter haben.

Vor dem Hintergrund der neuen staatlichen Förderung und der lokalen Besonderheit mit zahlreichen molekularbiologisch forschenden Institutionen zogen bald auch die Regionen Heidelberg/Mannheim sowie Berlin/Brandenburg mehrere Genom-Neugründungen an. Dazu gehört die Firma Lion AG in Heidelberg, die von Wissenschaftlern der Universität Heidelberg und vom Europäischen Molekularbiologischen Labor gegründet wurde. Zu ihren Mitbegründern zählt Wilhelm Ansorge vom EMBL, der besonders leistungsfähige Sequenzierautomaten entwickelt hat. Die Firma hat sich daher auf ein äußerst schnelles und effektives Sequenzieren spezialisiert. Ihre besondere Stärke sieht die Firma außerdem in einem umfassenden Bioinformatikservice.

Rund 250 moderne Biotechnologiefirmen waren bis Mitte 1997 in Deutschland entstanden, die sich direkt oder indirekt an der Erforschung des menschlichen Genoms beteiligen. Die schon in den achtziger Jahren gegründete Firma Qiagen mit Stammsitz in Hilden, die sich sowohl an der Sequenzierung beteiligt als auch als ein wichtiger Lieferant für hochspezialisierte Reagenzien der Genomforschung dient, ist als bislang einzige der jungen deutschen Genfirmen auch schon auf internationaler Ebene tätig.

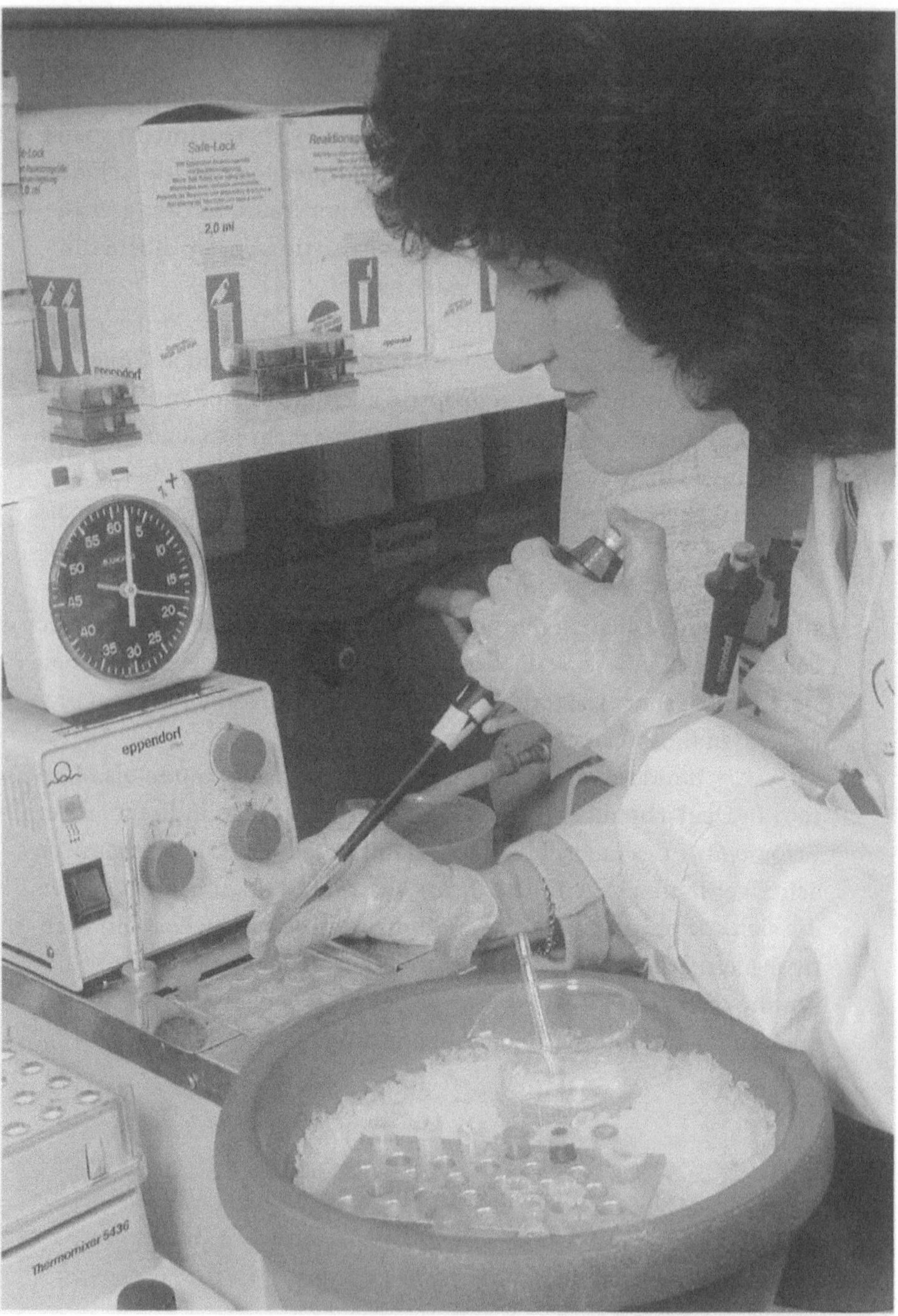

Safe-Lock
2,0 ml
eppendorf
Thermomixer 5436

7 Das Handwerkszeug der Molekularbiologen

Mühsames Entziffern geheimnisvoller Schriften

Brillante Ideen haben in der Molekularbiologie zwar seit jeher eine
große Rolle gespielt, doch neue Techniken waren es letztlich, die der
Genomforschung zum Durchbruch verhalfen. Noch in den sechziger
Jahren meinten die Experten, daß es unmöglich sei, jemals ein ganzes
Erbmolekül Baustein für Baustein zu entschlüsseln. Doch nach und
nach haben sie Methoden entwickelt, mit denen sich die Basenfolgen,
die Sequenz, von DNS-Molekülen inzwischen fast wie im Handstreich
bestimmen lassen. Den Anfang machte ein RNS-Molekül. Dem Chemiker Robert Holley von der Cornell Universität in Ithaka im amerikanischen Bundesstaat New York gelang es Mitte der sechziger Jahre,
die Bausteinfolge eines an der Proteinsynthese beteiligten kleinen
RNS-Moleküls, einer Transfer-RNS, zu bestimmen. Sie war nur 77 Nukleotide lang. Dennoch war die Arbeit damals kaum zu bewältigen
gewesen. Noch schwieriger war es zu jener Zeit, DNS-Moleküle zu
entschlüsseln. Ende der sechziger Jahre hatten Ray Wu und Dale Kaiser von der amerikanischen Stanford Universität in einer wahren Si-
syphosarbeit erstmals ein winziges DNS-Stück sequenziert. Es handelte sich um die Endstücke eines Virusgenoms vom Bakteriophagen
Lambda, ein aus heutiger Sicht winziges Stück Erbmaterial. Rund
zwei Jahre brauchten sie für das nur 12 Genbausteine lange Stück.
Rückblickend betrachtet war das Ergebnis noch dazu eher blamabel,
erwies sich die Sequenz doch später größtenteils als falsch.

Der Durchbruch gelang Mitte der siebziger Jahre. Walter
Gilbert und sein Mitarbeiter Allan Maxam sowie der englische Chemiker Frederick Sanger hatten unabhängig voneinander zwei verschiedene Verfahren entwickelt, mit denen sich die Basenfolge in einem DNS-Molekül erstmals routinemäßig bestimmen ließ. Gilbert

und Sanger wurden 1980 für ihre Sequenziermethoden mit dem Nobelpreis für Chemie ausgezeichnet. Sanger erhielt den Nobelpreis bereits zum zweiten Mal; das erste Mal war er für die Entwicklung einer Methode zum Sequenzieren von Proteinen ausgezeichnet worden.

Das Verfahren von Gilbert und Maxam nutzt zahlreiche chemische Tricks, um die DNS-Kette an den vier verschiedenen Nukleotiden in jeweils spezifischer Weise zu durchtrennen. Mit der Maxam-Gilbert-Methode waren in den siebziger Jahren große Fortschritte bei der Analyse interessanter Genbereiche, vor allem von genetischen Steuerungselementen, erzielt worden. Die Methode war zwar raffiniert und auch genau, für Routineanalysen war sie vielen Forschern aber zu aufwendig. Inzwischen hat sich daher das von Fred Sanger entwickelte Sequenzierverfahren durchgesetzt, zumal es sich gut automatisieren ließ. Der Engländer drehte bei seinem Verfahren den Spieß einfach um. Statt die DNS zu zerlegen, vermehrte er sie. Entlang einem DNS-Einzelstrang füllte er den komplementären Gegenstrang auf und achtete darauf, welcher Baustein dabei Schritt für Schritt verwendet wurde.

Bausteinanalysen im Automaten

Sangers Sequenzieren durch Synthetisieren beruht auf einer eleganten Idee: Dem Reaktionsgemisch fügt man außer den normalen vier Genbausteinen (in Form der Nukleotidtriphosphate Adenosin-, Cytidin-, Thymidin- und Guanosintriphosphat) zusätzlich jeweils eines der vier Nukleotide auch noch in abgewandelter (modifizierter) Form bei. Das sog. Didesoxynukleotid kann zwar wie ein normaler Erbbaustein in die wachsende DNS-Kette eingebaut werden. Es enthält jedoch eine Schutzgruppe, die wie ein Schlußlicht wirkt, an das kein weiterer Genbaustein mehr anzuhängen ist. Sobald statt des normalen ein modifizierter Genbaustein in die Kette eingebaut wird, kommt es zum Abbruch der Synthese. Es entsteht ein kurzes Stück doppelsträngiger DNS, dessen Schlußbaustein man kennt. Sanger verteilte die zu sequenzierenden DNS-Moleküle auf vier Reagenzgläser. Jedem fügte er ein anderes Didesoxynukleotid bei. Das modifizierte Nukleotid ist in jedem Gemisch stets in der Minderheit vorhanden. In zufälliger Verteilung kommt es daher immer nur bei einigen Molekülen zum Kettenabbruch. Bei den Ketten ohne Schlußbaustein läuft

die Synthese weiter, bis auch hier zufällig ein Baustein mit einer
Schutzgruppe eingefügt wird, so daß die Kette nicht mehr weiter-
wachsen kann. So entsteht ein Gemisch vieler verschieden langer
DNS-Moleküle, die alle an einer anderen Stelle abgebrochen sind. Sie
lassen sich in einem makromolekularen Netz, einem Gel aus dem
Naturstoff Agarose oder dem synthetischen Polymer Acrylamid, der
Länge nach auftrennen. Die kurzen Ketten wandern schneller durch
das Gel als die langen, die sich mühsam durch das Dickicht schlän-
geln müssen.

Noch eine weitere technische Neuerung war in diesem Zusammenhang von großer Bedeutung. Die Wissenschaftler hatten
schon vor längerer Zeit herausgefunden, daß man eine besonders
saubere Auftrennung der DNS-Stücke in einem Gel erhält, wenn man
eine hohe Spannung anlegt und Strom durch das zu trennende Gemisch fließen läßt. Dann wandern die Ketten wie von magischen
Schnüren gezogen alle in derselben Bahn. Sie bilden eine Reihe, in
der die kürzesten Stücke am weitesten von der Startstelle entfernt liegen und in der Nähe des Starts die größten. Beim Sequenzieren werden alle vier Gemische mit einem anderen modifizierten Genbaustein in separaten Bahnen eines Gels nebeneinander aufgetrennt.
Jeder Schlußbaustein war in einer ersten Version des Verfahrens ra-
dioaktiv markiert. Ein empfindlicher Röntgenfilm, den man auf die
Gelplatte legte, färbte sich daher in vier Bahnen an der Position der
DNS-Fragmente unterschiedlicher Länge jeweils schwarz an. Es entstanden schwarzweiße unterschiedlich quergestreifte Bahnen, die
entfernt an die Codestreifen von Supermarktware erinnern. Die einzelnen Streifen einer Bahn nennen die Molekularbiologen „Banden".
Aus der Position der Banden in den gleichzeitig gelesenen vier Bahnen ergibt sich dann die Basenfolge des untersuchten Erbmoleküls.

Ein wichtiger Fortschritt, der vor allem die Automatisierung des Systems erleichterte, bestand schließlich in der Verwendung
von Fluoreszenzfarbstoffen anstelle der radioaktiven Markierung.
Mit ihrer Hilfe entwickelte Leroy Hood, der damals am California Institute of Technology in Pasadena wirkte, den ersten computerge-
steuerten Automaten zum Sequenzieren von DNS-Molekülen. Zunächst wird der Automat mit dem DNS-Material und den entsprechenden Reagenzien beschickt. Alle weiteren Schritte laufen elektro-
nisch gesteuert ab. Ein Laserstrahl erfaßt die Leuchtsignale, der Computer wertet sie aus. Am Bildschirm kann man dann genau verfolgen,

in welcher Reihenfolge die einzelnen Basen aufeinanderfolgen. Die amerikanische Firma Applied Biosystems hat das Verfahren vermarktet und beliefert heute weltweit unzählige Genlabors mit ihren Sequenziermaschinen.

Später entwickelte der aus der Tschechoslowakei stammende Physiker Wilhelm Ansorge vom Europäischen Molekularbiologischen Labor in Heidelberg, einen anderen Sequenzierautomaten, der noch weitere Vorteile hatte. Mit ihm wird die Bausteinreihenfolge in den beiden Strängen eines Erbmoleküls mit zwei verschiedenen Fluoreszenzfarbstoffen sowie mit zwei Laserstrahlen gleichzeitig sequenziert. Mit dem Verfahren kann man gut 2 000 Basenpaare mit hoher Präzision in einem Ansatz sequenzieren. Die meisten anderen Automaten bewältigen bislang höchstens halb so lange DNS-Fragmente.

Weil die Zahlen in der Genomforschung immer größer werden, haben es sich die Wissenschaftler seit einiger Zeit angewöhnt, statt Angaben wie 20 000 Basen nur noch schlicht 20 kb (Kilobasen) und statt 40 Millionen Basen 40 Mb (Megabasen) zu sagen. Das ist symptomatisch für den Versuch, die zunehmende Datenfülle besser in den Griff zu bekommen.

Ein Schnellkopierer für die Erbsubstanz

Will man die Bausteinfolge von Erbmolekülen entschlüsseln, ist man auf größere Mengen von einheitlichem Ausgangsmaterial angewiesen. Einzelne Gene in nennenswerter Menge und in reiner Form aus einem Körpergewebe zu gewinnen, ist praktisch nicht durchführbar. 1973 entwickelten Herbert Boyer von der kalifornischen Universität in San Francisco und Stanley Cohen von der Stanford Universität eine biologische Methode zum Vervielfältigen von Erbsubstanz. Mit Hilfe von Enzymen schnitten sie als Plasmide bezeichnete winzige ringförmige Extra-Chromosomen von Bakterien auf, paßten ein beliebiges Stück fremdes Erbmaterial ein, schlossen den DNS-Ring wieder mit Enzymen und schleusten das Plasmid mit dem neukombinierten Erbmaterial in Bakterienzellen ein. Da bei der Teilung der Zellen die Plasmid-DNS ebenfalls vermehrt und auf die Tochterzellen verteilt wird, kann man auf diese Weise Erbmaterial biologisch vermehren. Diese Art der Vervielfältigung von Genstücken bezeichnet man als das Klonieren von Erbsubstanz. Zehn Jahre später kam ein chemisches Verfahren dazu. Beide Verfahren haben sich als außerordentlich hilfreich für die Erforschung von Genen erwiesen.

1983 erfand der amerikanische Chemiker Kary Mullis, seinerzeit Mitarbeiter der Firma Cetus Corporation in Emeryville in Kalifornien, die chemisch-enzymatische Methode zum Vermehren von Erbmaterial, die inzwischen hochberühmte Polymerasekettenreaktion (engl. polymerase chain reaction, PCR). „Manchmal kommt einem eine gute Idee, wenn man gar nicht danach sucht. Durch eine unwahrscheinliche Kombination von Koinzidenz, Naivität und glücklichen Fehlern hatte ich eine solche Erleuchtung eines Freitag nachts im April 1983, als ich das Steuer meines Autos ergriff und mich entlang einer mondbeleuchteten Bergstraße durch die Redwood County im nördlichen Kalifornien schlängelte", erinnert sich der Forscher. „So kam ich auf die Idee für ein Verfahren, mit dem man beliebig viele Kopien von Genen machen kann, ein Vorgang, der jetzt als Polymerasekettenreaktion bekannt ist."

Mit der PCR-Methode lassen sich Erbmoleküle in einem Tag millionenfach vermehren. Das gelingt erstaunlicherweise auch dann, wenn man zunächst nur ein einziges Exemplar des gewünschten DNS-Stückes zur Verfügung hat. Im Gegensatz zum Klonieren, bei dem das Vervielfältigen im Innern von Zellen passiert, handelt es sich bei der PCR-Methode um ein chemisch-synthetisches Verfahren, das im Reagenzglas abläuft.

Das zu vervielfältigende DNS-Molekül wird durch Erhitzen zunächst in seine beiden Einzelstränge aufgetrennt. An jeden Strang lagert man eine kurze komplementäre Gensonde (engl. „primer") an. Sie dient als Startstück, an der das zugefügte Vermehrungsenzym, die Polymerase, ansetzt und den Einzelstrang nach den Regeln der Basenpaarung zum Doppelstrang auffüllt. So entstehen in der ersten Runde aus einem DNS-Molekül zwei identische Kopien. Diese Doppelstrangmoleküle werden wiederum in zwei Moleküle aufgeschmolzen, neue Startstücke werden zugegeben und die Stränge wieder zum Doppelstrang aufgefüllt. So entstehen von einem DNS-Molekül erst 2, 4, 8, dann 16 und logarithmisch steigend immer mehr identische Kopien. Für die Erfindung dieses Schnellkopierers für die Erbsubstanz erhielt Mullis 1993 den Nobelpreis für Chemie.

Ohne die PCR-Methode ist moderne Genforschung nicht mehr vorstellbar. Sie hat die Analyse menschlicher Gene entscheidend vorangebracht und den Umgang mit Erbmaterial auch auf vielen Gebieten außerhalb der reinen Genomforschung erleichtert. Ob ein am Tatort hinterlassenes Haar den Weg zu einem Gewaltverbrecher zeigt, Erbmaterial ausgestorbener Tiere gleichsam wieder zum Leben erweckt wird, im Erbgut von Patienten nach krebsauslösenden Genen gesucht wird oder schwer nachweisbare Krankheitserreger dingfest gemacht werden, in all diesen Fällen kann man ein charakteristisches Stück Erbmaterial mit der PCR-Methode so weit vermehren, bis ausreichend Material für umfassende Untersuchungen zur Verfügung steht.

Gensonden nach Mass

Bei der Analyse von Erbmaterial spielen Gensonden eine große Rolle. Sie werden wie Detektive auf die Fährte einzelner Gene in einem Gemisch vieler Gene gesetzt oder dazu verwendet, bestimmte Genbereiche in einem unübersichtlich langen Erbmolekül haarscharf anzupeilen. Sie bestehen aus einer Folge von typischerweise etwa zwei Dutzend Nukleotiden und werden als Oligonukleotide bezeichnet, was soviel wie „einige Nukleotide" bedeutet. Die Synthese kurzer DNS-Stücke mit einer bestimmten Bausteinreihenfolge war anfangs eine wahre Kunst. In den siebziger Jahren hat der amerikanische Chemiker indischer Abstammung Gobind Khorana mit 25 Mitarbeitern noch fast fünf Jahre gebraucht, um ein kleines DNS-Stück definierter Bausteinreihenfolge durch chemische Synthese herzustellen. Anfang der 80er Jahre entwickelte der amerikanische Chemiker Marvin Carruthers eine elegante Methode, mit der Oligonukleotide schnell und in beliebiger Bausteinfolge herzustellen sind. Er band den ersten Genbaustein an eine feste Trägersubstanz und fügte dann die nächsten Nukleotide in der gewünschten Reihenfolge hinzu. Schutzgruppen sorgten dafür, daß jeweils nur der als nächstes gewünschte Baustein sich an die wachsende Kette anlagern konnte. Gemeinsam mit seinem Kollegen Leroy Hood, der damals ebenfalls am California Institute of Technology in Pasadena forschte, hat Carruthers das Verfahren automatisiert.

Oligonukleotide sind zu einem unverzichtbaren Werkzeug der Genforscher geworden. Man benötigt sie nicht nur als Startstücke für die Polymerasekettenreaktion; sie sind auch für die Suche nach Orientierungspunkten auf dem Erbmolekül oder zum Aufspüren ei-

nes bestimmten DNS-Fragments unerläßlich. Weltweit sind zahlreiche mittlere und kleine Biotechnologiefirmen entstanden, die rund
um die Uhr auf Bestellung Oligonukleotide in gewünschten Bausteinreihenfolgen herstellen. Dutzende Firmen in den Vereinigten Staaten,
Frankreich, England und andernorts wetteifern miteinander, die saubersten „Oligos", wie die Forscher die kurzen synthetischen DNS-
Stücke im Laborjargon nennen, in der kürzesten Zeit und zum niedrigsten Preis anzubieten. Auch in Deutschland gibt es bereits ein
halbes Dutzend Firmen, die täglich jeweils mehrere Hundert verschiedene Oligonukleotide herstellen.

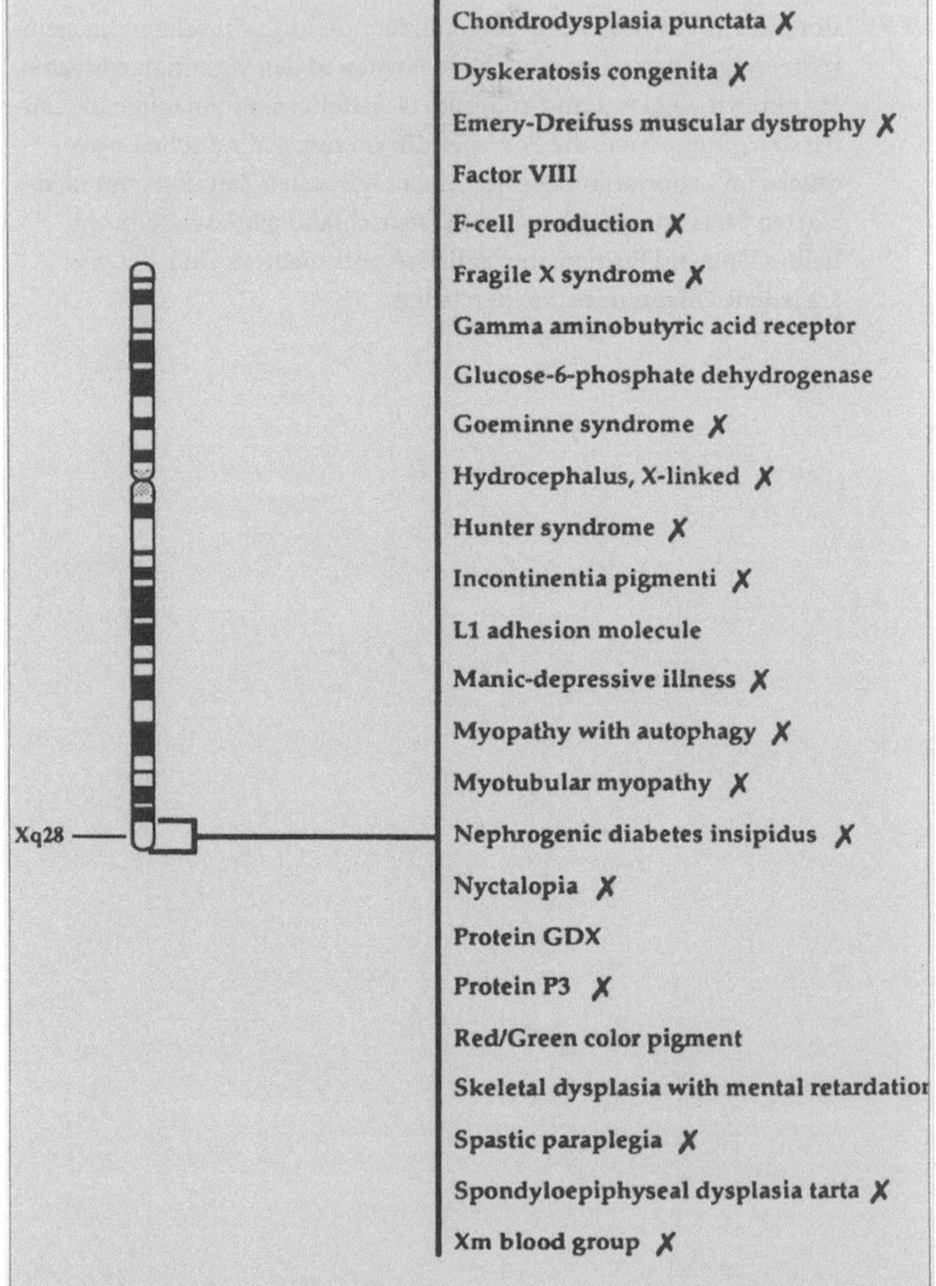
Adrenoleukodystrophy ✗
Chondrodysplasia punctata ✗
Dyskeratosis congenita ✗
Emery-Dreifuss muscular dystrophy ✗
Factor VIII
F-cell production ✗
Fragile X syndrome ✗
Gamma aminobutyric acid receptor
Glucose-6-phosphate dehydrogenase
Goeminne syndrome ✗
Hydrocephalus, X-linked ✗
Hunter syndrome ✗
Incontinentia pigmenti ✗
L1 adhesion molecule
Manic-depressive illness ✗
Myopathy with autophagy ✗
Myotubular myopathy ✗
Nephrogenic diabetes insipidus ✗
Nyctalopia ✗
Protein GDX
Protein P3 ✗
Red/Green color pigment
Skeletal dysplasia with mental retardation
Spastic paraplegia ✗
Spondyloepiphyseal dysplasia tarta ✗
Xm blood group ✗
Xq28
✗ Gene not cloned

Durch das Zuordnen von Krankheitsgenen zu einem Chromosom erhält man
„genetische Karten". Auf dem X-Chromosom des Menschen befinden sich besonders
viele Erbanlagen.

8 Kompliziertes Werk der Kartographen

Im ersten „Lexikon der Gene" hat der Herausgeber Nicolas Short die
wichtigsten Etappen der Genomforschung 1995 noch einmal zusammengefaßt: „Immerhin ist es erst 130 Jahre her, daß Mendel den Begriff eines Gens entwickelte, 85 Jahre seit Morgan erkannte, daß sie li-
near auf den Chromosomen angeordnet sind, und 50 Jahre seit der
Entdeckung Averys, daß Gene aus DNS bestehen."

1865 hatte Mendel die Vererbungsgesetze aufgestellt. Anfang dieses Jahrhunderts wurden sie schließlich wiederentdeckt
und erstmals wissenschaftlich ernst genommen. Die Forscher begannen sich dann genauer dafür zu interessieren, wie die erblichen
Anlagen für äußerlich erkennbare Merkmale bestimmten Erbträ-
gern, den Chromosomen, zugeordnet werden könnten. Ohne daß es
ihnen damals bereits bewußt war, machten sie sich auf den Weg, das
aufzubauen, was wir heute eine genetische Karte nennen. Der Gedanke an die Erforschung menschlicher Gene lag damals allerdings
noch in weiter Ferne. Beim Menschen ließen sich lange Zeit noch
nicht einmal die Erbträger unter dem Mikroskop klar erkennen
oder gar voneinander unterscheiden. Dagegen erwies sich die Taufliege Drosophila melanogaster für die Suche nach Erbanlagen anfangs als besonders vorteilhaft. Sie besitzt in den Speicheldrüsen
ungewöhnlich große Exemplare ihrer Erbträger, sog. Riesenchro-
mosomen. Sie sind in Gestalt und Größe unter dem Mikroskop gut
voneinander zu unterscheiden. Die Taufliege wurde daher in der ersten Hälfte dieses Jahrhunderts zum beliebtesten Untersuchungsobjekt der Genetiker. Außerdem ist die Fliege im Labor einfach zu
halten und billig mit einem Zuckervitamingemisch zu füttern. Sie
vermehrt sich zudem nicht nur schnell, sondern hat eine riesige
Nachkommenschaft von jeweils mehreren hundert Söhnen und
Töchtern. In einem einzigen Jahr konnten die Genetiker daher

leicht Populationen von einer Million oder noch mehr Fliegennachkommen analysieren.

Die kleine Fliege Drosophila, die man im Spätherbst gut beobachten kann, wenn sie überreifes Obst umschwirrt, darf für sich in Anspruch nehmen, daß bei ihr erstmals eine Erbanlage einem bestimmten Chromosom zugeordnet wurde. Der amerikanische Biologe Thomas Hunt Morgan interessierte sich zu Beginn dieses Jahrhunderts zunächst dafür, warum die einen Fliegen weiblich und die anderen männlich sind. Er fand unter einer Heerschar von Tieren mit den üblichen roten Augen gelegentlich männliche Fliegen, die weiße Augen hatten. Durch Kreuzungsexperimente wies er schließlich nach, daß die Erbanlage für die weiße Augenfarbe stets gemeinsam mit dem männlichen Geschlecht vererbt wurde. Die Genetiker nennen diesen gemeinsamen Weg eine Koppelung der Erbanlagen. Morgan kam zu dem Schluß, daß die Augenfarbe bei Drosophila an das X-Chromosom gekoppelt ist. Kurz zuvor hatten andere Wissenschaftler herausgefunden, daß männliche Fliegen ebenso wie der Mann ein X- und ein Y-Chromosom besitzen, weibliche Tiere hingegen wie die Frau zwei X-Chromosomen. Die weiblichen Tiere vermochten die von einem männlichen Tier geerbte (rezessive) Anlage für weiße Augenfarbe mit ihrem zweiten X-Chromosom zu kompensieren und hatten daher rote Augen. Später fand man auch beim Menschen an das X-Chromosom gekoppelte Erbanlagen. Dazu gehören beispielsweise die Gene für die Farbenblindheit, die Bluterkrankheit und den Duchenneschen Muskelschwund.

Die erste Zusammenstellung über gekoppelt vererbte Gene veröffentlichte Alfred H. Sturtevant, ein Schüler Morgans, im Jahr 1913. Dies war die erste genetische Karte, die man heute kennt. Sie war allerdings noch sehr primitiv, enthielt sie doch gerade einmal sechs Genorte. Sie lagen alle auf dem X-Chromosom. Doch ein Anfang war gemacht und bald gelang es, auch auf den nicht geschlechtsgebundenen Chromosomen, den Autosomen, Erbanlagen festzumachen. Das Lokalisieren (von lat. locus der Ort) von Genen wurde immer einfacher. Heute kennt man viele tausend Genloci auf den 4 Chromosomen der Taufliege.

Koppelungsgruppen zum Vermessen von Erbmolekülen

Dem jungen Sturtevant war bei seinen Kreuzungsexperimenten mit Drosophila schon bald aufgefallen, daß verschiedene Erbanlagen häufig gemeinsam an die Nachkommen weitergegeben wurden, andere aber fast nie. Er zog aus seinen Beobachtungen den Schluß, daß Gene so nahe beieinander liegen können, daß es zwischen ihnen nicht genügend Platz für einen leichten Austausch zwischen den beiden Exemplaren eines Chromosomenpaares gibt. Je weiter die Gene auseinander lagen, um so häufiger kam es hingegen zu einem Austausch der Gene, zu einer Rekombination. Die Genetiker nutzten die Unterschiede in der Austauschhäufigkeit später als ein Maß für die relative Lage der Gene zueinander. Auch die relativen Abstände zwischen den einzelnen Genen konnte man mit Koppelungsanalysen bestimmen. Ähnlich wie man im 18. Jahrhundert das Meter als ein Längenmaß festgelegt hatte, einigten sich die Genetiker Anfang des 20. Jahrhunderts darauf, die Abstände zwischen Genen in Centimorgan-Einheiten zu messen. Mit der Maßeinheit ehrten sie den berühmten Genetiker Morgan. Ein Centimorgan entspricht der Wahrscheinlichkeit von 1 Prozent, daß zwischen zwei Erbanlagen eine Rekombination stattfindet. Anders ausgedrückt: Unter hundert Zellen, in denen das Erbmaterial bei einer Kreuzung neu kombiniert wird, kommt es in einer einzigen Zelle zur Rekombination zwischen zwei Erbanlagen, wenn der Abstand zwischen diesen 1 Centimorgan beträgt. Bei einem Abstand von 10 Centimorgan kommt es bei zehn von hundert Zellen beziehungsweise Nachkommen zu einer Rekombination.

Die Centimorgan-Einheit hat sich in der Genetik als außerordentlich hilfreich erwiesen. Koppelungsanalysen machten es möglich, die ungefähren Abstände zwischen zwei Genen zu bestimmen, ohne daß man deren Position auf dem Chromosom genau kannte. Mit Hilfe gekoppelt vererbter Gene kann man Genkarten anfertigen, auf denen die relative Lage der Gene zueinander eingetragen ist. Die Karte sagt nichts über die tatsächlichen Abstände zwischen den Genen aus. Dennoch ist sie recht genau, wenn man sehr viele Genorte auf ihr festgelegt hat. Die Centimorgan-Einheit wird auch in der modernen Genetik noch viel benutzt. Inzwischen hat das Maß jedoch genauere Konturen angenommen. Auf der Basis molekulargenetischer Analysen hat sich ergeben, daß der Abstand von einem Centimorgan einer Strecke von etwa einer Million Basenpaaren entspricht.

Die Auflösung der Genkarten des Menschen liegt derzeit bei etwa 1
bis 2 Centimorgan. Das ist schon recht gut, auch wenn im Idealfall eine Auflösung angestrebt wird, bei der auf allen Chromosomen spätes-
tens alle 0,5 Centimorgan ein Genort bekannt ist. Dann wäre das
menschliche Erbgut gleichsam in Abschnitte von jeweils rund
500 000 Basenpaaren eingeteilt. Solche Stücke sind gerade klein genug, daß man sie klonieren und dann systematisch weiter untersuchen kann.

Verschlungene Wege zu den Erbanlagen

Von der Erfindung der Centimorgan-Einheit zu Beginn dieses Jahrhunderts bis zur ersten genaueren Genkarte des Menschen war dennoch ein weiter Weg. Die größte Schwierigkeit bestand darin, daß
man mit Menschen im Gegensatz zu Fliegen keine beliebigen Kreuzungsexperimente vornehmen kann. Das verbietet sich von selbst.
Die Genetiker mußten also andere Möglichkeiten finden, die Erbanlagen auf den 23 Chromosomenpaaren des Menschen zu finden.

Ähnlich wie die Fliegengenetiker wurden auch die Humangenetiker zunächst vor allem auf dem X-Chromosom fündig. Sie kamen dort zahlreichen Erbanlagen auf die Spur, weil sich Fehler in
diesen Genen beim männlichen Geschlecht zeigten, bei dem die Defekte nicht durch ein intaktes zweites X-Chromosom ausgeglichen
werden konnten. Später entdeckten die Genetiker unter dem Mikroskop Abweichungen in der Zahl der Chromosomen oder in deren
Form, die sie als Wegweiser zu Erbanlagen nutzen konnten. Bei der
Trisomie 21 (Mongolismus) fanden sie z. B. drei Exemplare von Chromosom 21 anstelle der üblichen zwei. In anderen Fällen waren Genstücke zwischen zwei Chromosomen kreuzweise oder einseitig ausgetauscht. Bei manchen Menschen ist beispielsweise ein großes Stück
von Chromosom 22 auf Chromosom 9 verlagert. So entsteht ein
Chromosom von ungewöhnlicher Gestalt, das sog. Philadelphia-
Chromosom. Ein solches Chromosom kommt häufig bei Patienten
mit einer bestimmten Form von Blutkrebs, der chronisch-myeloi-
schen Leukämie, vor. Bei dem als Translokation bezeichneten Vorgang wird zufällig ein Gen, das die Zellteilung kontrolliert (ein Onkogen), in einen genetisch aktiven Bereich auf Chromosom 9 verlagert.
Das führt dazu, daß die weißen Blutzellen laufend den Auftrag erhal-

ten sich zu teilen. So kommt es zur hemmungslosen Wucherung dieser Zellen und damit zu Krebs.

Auffällige Fehler im Bau der Chromosomen wie im Fall des Philadelphia-Chromosoms sind allerdings viel zu selten, als daß man sie für die Suche nach Tausenden von Genen systematisch nutzen könnte. Anfang der siebziger Jahre gelang es schließlich, Feinstrukturen im Aufbau der menschlichen Chromosomen zu erkennen, die die Suche nach Erbanlagen erleichterten. Diese Strukturen treten als unregelmäßige, aber für jedes Chromosom charakteristische Querstreifen zutage, wenn man die Erbträger mit dem Farbstoff Giemsa anfärbt. Anhand abweichender Streifenmuster ließ sich in vielen Fällen herausfinden, auf welchem Chromosom die Anlage etwa für eine Erbkrankheit liegt. Manchmal fehlten kleine Stücke oder waren in ihrer Orientierung umgedreht, in anderen Fällen waren Abschnitte innerhalb eines Chromosoms auch verdoppelt. All diese Anomalien ließen sich als Orientierungspunkte nutzen, um einzelne Gene bestimmten Plätzen auf einem bestimmten Chromosom zuzuordnen. Diese Form der Analyse wurde zur Spezialität eines neuen Zweiges der Vererbungsforschung, der Zytogenetik.

Chromosomen in fremden Zellen

Einen wesentlichen Aufschwung nahm das Lokalisieren menschlicher Gene schließlich auch, als die amerikanischen Wissenschaftler Mary Weiss und Howard Green 1967 die als somatische Zellhybridisierung bezeichnete Methode entwickelten. Die Zellbiologen hatten entdeckt, daß man zwei völlig fremde Zellen, z. B. eine Zelle vom Menschen und eine vom Hamster, mit einem eleganten Trick miteinander verschmelzen kann. Als Vermittler verwendeten sie ein Virus, das Sendaivirus. Es besitzt die Eigenart, sich in großer Zahl an die Oberfläche beider Zellarten anzuheften. Bei entsprechend hoher Dichte können sich die Viren an beiden Zellen gleichzeitig festklammern. Die winzigen Viren bringen die beiden vergleichsweise riesigen Zellen dann so eng zueinander, daß deren Hüllen verschmelzen, sobald man sie mit einem chemischen Mittel etwas aufweicht. Aus den beiden Zellen wird dann ein einziger riesiger Ballon. Viele Zellen kostet dieses Experiment das Leben, doch einige überstehen die Tortur und leben als Mischzellen, als Hybridzellen, weiter.

Die Hybridzellen enthalten zunächst zwei komplette Zellkerne, den vom Hamster und den des Menschen. Doch sobald sich die Zelle zu teilen beginnt und die Kernhüllen sich auflösen, verheddern sich die ungleichen Chromosomen. Die Chromosomen des Hamsters gehen aus dem Wettstreit meist als die Sieger hervor, die menschlichen Chromosomen gehen dagegen eines nach dem anderen verloren. Doch in manchen Zellen stabilisiert sich ein Zustand, in dem sich ein zufällig übriggebliebenes menschliches Chromosom behauptet und fast ebenso zuverlässig weitervererbt wird wie die Hamsterchromosomen. Unter dem Mikroskop sind die Chromosomen von Mensch und Hamster gut zu unterscheiden. Man kann die Technik daher dazu nutzen, um einzelne Chromosomen des Menschen zu gewinnen und ihnen bestimmte Erbanlagen zuordnen. Später haben die Genetiker das Verfahren noch weiter verfeinert. Sie ließen Röntgenstrahlen auf die Hybridzellen einwirken, so daß von den einzelnen menschlichen Chromosomen viele kleine Stücke entstanden. Manche Fragmente konnten sich in den Zellen über einige Generationen halten. Mit dieser sog. Strahlen-Hybrid (Radiation Hybrid)-Technik läßt sich mit Hilfe von Gensonden die Lage einzelner Erbanlagen auf immer kleinere Bereiche eines Chromosoms einengen.

Mit Hilfe von Hybridzellen haben die Genetiker Anfang der siebziger Jahre eine erste noch grobe Genkarte vom Menschen angefertigt, die sämtliche Chromosomen einschloß. Ganz ohne Kreuzungsexperimente, allein mit Hilfe der Querstreifenanalyse gefärbter Chromosomen in Familien mit Erbkrankheiten und mit der Zellhybridisierung hatten sie es geschafft, eine Reihe von Erbanlagen bestimmten Plätzen auf den Chromosomen zuzuordnen. Zunächst waren es ausschließlich „Fehlerkarten". Noch bis Ende der siebziger Jahre konnte man nur solche Gene des Menschen identifizieren, die sich durch Fehler, also über eine Erbkrankheit bemerkbar machten. Die Wissenschaftler verwendeten in der Regel Zellen von erbkranken Personen und ihren Angehörigen, um in den angefärbten Chromosomen oder in kleinen Teilstücken davon nach auffallenden Bandenmustern zu suchen. Doch die anfängliche Begeisterung, wie gut man Genorte auf diese Weise identifizieren kann, schlug bald in Ernüchterung um. Bis Mitte der achtziger Jahre waren zwar bereits 3 000 Gene des Menschen einem bestimmten Ort auf einem bestimmten Chromosom zugeordnet worden. Aber wie sollte man mit diesen Verfahren in absehbarer Zeit jemals die Lage der insgesamt 50 000 bis

100 000 menschlichen Gene herausfinden, fragten sich die Forscher voller Sorge. Der Aufwand schien unendlich groß.

Einen wesentlichen Fortschritt bedeutete schließlich die Verwendung von Gensonden, die man mit einem Fluoreszenzfarbstoff markierte. Mit ihrer Hilfe gelingt es, bestimmte Gene oder auch kleine Genstücke größeren DNS-Fragmenten oder auch einzelnen Chromosomen sicher zuzuordnen. Die Fluoreszenzhybridisierung ist daher zu einem wichtigen Hilfsmittel beim einzig richtigen Zusammensetzen der unzähligen Genomfragmente zu den verschiedenen chromosomalen Erbmolekülen geworden. Dennoch erschien das Orten sämtlicher Gene zunächst schier hoffnungslos kompliziert.

WEGMARKEN IN UNBEKANNTEM TERRAIN

Wieder einmal kam den Wissenschaftlern eine Entdeckung zu Hilfe, für die die Zeit anscheinend reif geworden war. Die Wende bahnte sich unmerklich bereits in den sechziger Jahren an. Der schweizerische Mikrobiologe Werner Arber von der Universität Basel hatte bei seinen Untersuchungen mit Bakteriophagen entdeckt, daß manche Bakterien höchst wählerisch damit sind, welchen Viren sie eine Chance geben, sich in ihrem Innern zu vermehren. Manche Zellen lassen die Eindringlinge praktisch nicht zum Zuge kommen, während andere sich gegen sie kaum wehren können. Von den nicht zugelassenen Viren schaffen es sehr selten aber doch einige Exemplare, sich in der befallenen Wirtszelle zu vermehren. Interessanterweise haben ihre Nachkommen es dann sehr leicht, sich in demselben Bakterienstamm ungehindert zu vermehren. Arber fand heraus, daß manche Bakterien eine Art Enzymschere besitzen, mit der sie das eindringende Erbmaterial von Bakteriophagen kurzerhand zerstückeln. Der Erreger vermag ihnen dann nichts mehr anzuhaben. Diesen Schutzmechanismus können einzelne Viren jedoch unterlaufen, indem sie ihr Erbmolekül so tarnen, daß es den Bakterien nicht mehr als fremd erscheint. Es wird von der enzymatischen Schere dann nicht mehr zerstört. Die Einschränkung der Viren, nur bestimmte Bakterienstämme befallen zu können, nannten die Forscher Restriktion, die enzymatischen Scheren entsprechend Restriktionsenzyme. Der Amerikaner Hamilton Smith von der Johns Hopkins Universität in Baltimore hat erstmals eine solche spezifisch schneidende DNS-Schere isoliert. Gemeinsam mit Arber und Daniel Nathans erhielt er 1978 den Nobelpreis für Medizin und Physiologie.

Der Zerstückelungstrick ist unter den Bakterien sehr beliebt. Inzwischen haben die Forscher schon mehr als hundert Restriktionsenzyme gefunden. Jedes von ihnen zerschneidet das Erbmolekül
an einer anderen Stelle, einer Sequenz von typischerweise sechs Basenpaaren. Die Enzyme heften sich an diese Stellen und durchtrennen das Erbmolekül in beiden Strängen. Sie zerschneiden aber nicht
nur Bakteriophagen-DNS, sondern jedwedes Erbmaterial, das die passende Erkennungssequenz enthält. Da auch im langen Erbmolekül
des Menschen viele solcher Erkennungssignale zufällig vorkommen,
sind die Restriktionsenzyme zu einem der wichtigsten Handwerkszeuge der Genforscher geworden. Mit ihrer Hilfe lassen sich die riesigen in den einzelnen Chromosomen enthaltenen DNS-Moleküle in
handliche Stücke zerlegen, die man dann näher untersuchen kann.
Weil es viele verschiedene Schneideenzyme gibt, lassen sich sogar
Fragmente gewünschter Größe gewinnen, je nach Bedarf große, mittlere und kleine.

Daß die Restriktionsenzyme auch die Herstellung einer genetischen Karte des Menschen erheblich beschleunigt haben, geht auf
die Entdeckung einer amerikanischen und einer britischen Forschergruppe zurück. Walter Bodmer, der seinerzeit Leiter einer der renommiertesten Forschungsstätten Großbritanniens, des Imperial Cancer
Research Fund in London, war, und seine Mitarbeiterin Ellen Solomon hatten ebenso wie David Botstein und seine Mitarbeiter vom
Massachusetts Institute of Technology im amerikanischen Cambridge menschliches Erbmaterial schon zahllose Male mit verschiedenen Restriktionsenzymen in Stücke zerlegt. Plötzlich entdeckten
sie einen ungeahnten Zusammenhang, den der amerikanische Molekularbiologe Mark Scolnick bereits vorbereitet hatte. Einigen wachsamen Molekularbiologen war schon etwas früher aufgefallen, daß
im menschlichen Erbmaterial gelegentlich Bereiche auftauchen, die
ungewöhnlicherweise von Individuum zu Individuum unterschiedlich sind. Es handelte sich um kurze Folgen von zwei oder etwas
mehr Basenpaaren, die oftmals hintereinander wiederholt auftraten,
sich dabei aber individuell in der Zahl der Wiederholungen und auch
in der Art gelegentlicher Variationen des wiederkehrenden Themas
voneinander unterschieden. Bodmer und Botstein hatten unabhängig
voneinander die Idee, daß sich diese hochvariablen Bereiche mögli

cherweise zusätzlich zu den klassischen Genorten als Orientierungspunkte im Erbmaterial nutzen ließen. Immerhin wurden die charakteristischen Basenfolgen nach den Gesetzen Mendels vererbt und waren damit in gewissem Sinne einer Erbanlage gleichwertig.

Die Vorstellung, bestimmte Bereiche des Erbmaterials allein anhand ihrer molekularen Struktur wie Gene zu behandeln, war damals völlig neu. Doch die Wissenschaftler erkannten sofort, daß die variablen Bereiche als Orientierungspunkte gegenüber klassischen Genen nicht nur nützlich, sondern in mancher Hinsicht sogar von Vorteil sind. Krankheitsgene kommen in der Regel nur in zwei Zuständen vor, dem gesunden und dem krankheitsverursachenden. Nur gelegentlich, etwa bei den Blutgruppen, treten mehrere Varianten auf, die auf verschiedene Formen (Allele) der Erbanlagen zurückgehen. Die klassischen Genetiker hatten die alternativen Zustandsformen von Erbanlagen als polymorph bezeichnet, was soviel wie vielgestaltig bedeutet. Die modernen Molekulargenetiker übernahmen den Begriff und bezeichneten die hochvariablen Stellen im Genom als Polymorphismen. Bodmer und Botstein hatten die Idee, daß man diese DNS-Polymorphismen mit Hilfe von Restriktionsenzymen erfassen könnte.

Die beiden Wissenschaftler, die lange nichts von ihrem Wettlauf ahnten, gingen von folgender Überlegung aus: Wenn eine Variationsstelle im Erbmolekül zufällig in einer Erkennungsstelle für ein Restriktionsenzym liegt, dann kann die Schere dort nicht mehr ansetzen. Dann muß ein Enzym, das hier nicht mehr wie gewohnt schneiden kann, ein entsprechend größeres DNS-Fragment liefern. Entsteht durch eine Variation des vorgegebenen Themas dagegen in einer Basenfolge zufällig eine neue Erkennungssequenz für ein Enzym, kann die Enzymschere zusätzlich eingreifen, so daß kleinere Fragmente auftauchen. Die unterschiedlichen Fragmente sollten sich durch Auftrennen in einem Gel nachweisen lassen. Die dem Gedankenspiel folgenden Experimente gaben den Forschern recht. So entstand der Begriff des Restriktionsfragment-Längenpolymorphismus. Er ist ein neues Maß für Basenpaarvariationen. Der Fragmentlängenpolymorphismus hat bei der Erkundung des menschlichen Genoms eine herausragende Rolle gespielt. Doch weil sich der Fachausdruck sogar für die Molekularbiologen als zungenbrecherisch kompliziert erwies, haben ihn die Forscher als RFLP abgekürzt. Da die RFLPs als Sequenzvariationen erblich sind, lassen sich die Fragmentlängenpolymorphismen wie Erbmerkmale werten. Sie eignen sich daher für Koppelungsanalysen und machen es möglich, im Genom des Menschen Tausende von Orientierungspunkten festzulegen, die die weitere Analyse des Erbmaterials erheblich erleichtern, ohne zusätzliche Gene zu identifizieren.

Da bei der Bestimmung der Fragmentlängen auch recht große DNS-Stücke anfallen können, war es sehr wichtig, die Auftrennung der Fragmente in den Gelen zu verbessern. Zunächst konnte man nur Stücke von maximal 25 000 Basenpaaren sauber voneinander trennen. Die amerikanischen Biochemiker David Schwartz und Charles Cantor entwickelten jedoch ein Verfahren, die Impulsfeld-Gelelektrophorese, bei der es mit Hilfe pulsierender Stromstöße gelingt, Fragmente bis zu 10 oder sogar 100 Millionen Basenpaaren als klare Banden in den Gelen darzustellen.

RÜCKWÄRTS ZU DEN ERBANLAGEN

Bei der Suche nach Genen im Erbgut des Menschen sind die Forscher jahrzehntelang den „klassischen" Weg gegangen. Sie identifizierten bei Personen mit einer Erbkrankheit einen veränderten oder fehlenden Zellbestandteil, charakterisierten ihn biochemisch und suchten dann mit Hilfe von Erbgängen in betroffenen Familien nach dem verantwortlichen Gen auf einem der Chromosomen. Nach diesem Prinzip sind sie beispielsweise bei der Aufklärung erblicher Störungen im roten Blutfarbstoff, dem Hämoglobin, vorgegangen oder auch bei der Stoffwechselkrankheit Phenylketonurie. Fehler (Mutationen) im Hämoglobin haben sie schon Ende der fünfziger, Anfang der sechziger Jahre identifiziert. Doch es dauerte noch mehr als zehn Jahre, bis sie auch die verantwortlichen Erbanlagen auf den Chromosomen fanden.

Die Entdeckung der Fragmentlängenpolymorphismen hat die Suche nach menschlichen Genen revolutioniert. Man konnte jetzt nach Sequenzvariationen suchen, die zufällig gemeinsam mit einem krankheitsverursachenden Gen vererbt wurden und konnte sich anhand auffälliger Fragmente in DNS-Schnittmusteranalysen an eine Erbanlage vortasten, von der man weder wußte, auf welchem Chromosom sie liegt noch wie sie aussieht oder welches Proteinprodukt sie bildet. Eines der ersten Beispiele, wie die Genomforscher mit Hilfe von Sequenzvariationen bis dahin völlig unbekannte Gene aufspürten, ist das Gen für die Chorea Huntington, die im Volksmund „Veitstanz" heißt (siehe Kap. 12).

Weil man mit Hilfe der RFLPs nicht zuerst die Funktion und dann das Gen bestimmt, sondern umgekehrt zunächst das Gen sucht und erst danach dessen Produkt identifiziert, nennen die Forscher das Vorgehen reverse (umgekehrte) Genetik. Später haben sie das Verfahren auch als Positionsklonierung bezeichnet. Denn sobald die Lage der Erbanlage annähernd feststeht, wird das Gen kloniert, um es genauer zu untersuchen und sein Proteinprodukt zu bestimmen. Mit der reversen Genetik haben die Genomforscher schon mehrere, bis dahin unbekannte zelluläre Proteine entdeckt, z.B. das Dystrophin, das bei Patienten mit einer schweren Form von Muskelschwund, der Duchenneschen Muskeldystrophie, fehlt. „Mit Hilfe der Positionsklonierung wurden einige der wichtigsten krankheitsverursachenden Gene gefunden", berichtet die Molekulargenetikerin Annemarie Poustka vom Deutschen Krebsforschungszentrum in Heidelberg. Sie hat mit Hilfe dieses Verfahrens die Ursache der häufigsten erblichen Form von Schwachsinn, das Marker X-Syndrom (engl. fragile X-syndrome), aufgeklärt.

Die Fruchtfliege Drosophila melanogaster ist eines der wichtigsten „Haustiere" der Molekular- und Entwicklungsbiologen.

9 Erbanlagen mit Modellcharakter

Probelauf mit einfachen Erbmolekülen

Auch wenn das Erbgut des Menschen derzeit besonders viel von sich reden macht, es ist keineswegs das einzige Genom, dessen genetischer Informationstext die Wissenschaftler interessiert. Der erste Organismus, dessen Erbgut von einem bis zum anderen Ende sequenziert wurde, war ein Virus, der Bakteriophage PhiX-174. Sein Genom umfaßt 5.375 Basenpaare und wurde in mühsamer Kleinarbeit bis zum Jahr 1977 aufgeklärt. Heute schaffen erfahrene Genforscher Hunderttausende von Basenpaaren in einem Jahr, manchmal mit nur ein oder zwei Mitarbeitern. Mit speziellen Automaten können sogar mehrere Millionen Genbausteine entschlüsselt werden.

Inzwischen liegt der genetische Text von vielen anderen Viren Buchstabe für Buchstabe vor, Dutzende sind noch in der Bearbeitung. Der Beitrag dieser winzigen Lebewesen zur Human-Genom-Forschung erscheint auf den ersten Blick gering. Dennoch haben die Viren den Weg zu einigen besonders wichtigen menschlichen Genen gewiesen, beispielsweise zu Erbanlagen, welche die Zellteilung steuern und daher bei der Krebsentstehung eine wichtige Rolle spielen.

Im Juli 1995 hatten die Genforscher erstmals das Erbgut eines zellulären Organismus, eines Bakteriums, entschlüsselt. Diesen Sieg trug Haemophilus influenza davon, ein Bakterium, das vor allem bei Kindern schwere Lungenentzündungen verursachen kann. In einem gewaltigen, nur 18 Monate dauernden Sequenziermarathon haben Craig Venter vom Institute for Genomic Research und der Mikrobiologe Hamilton Smith von der Johns Hopkins Universität zusammen mit drei Dutzend Mitarbeitern die 1,8 Millionen Basenpaare des Bakteriums bestimmt. „Einen gewaltigen Erfolg" nannte ein begeisterter Kollege das Erreichte seinerzeit. Inzwischen wurde der genetische Text von dreizehn weiteren Bakterien entschlüsselt. Die Genome von Mycoplasma genitalium, das Infektionen der Geschlechtsorgane verursacht und wegen seines winzigen Genoms attraktiv erschien, und von Methanococcus jannaschii, das in Sümpfen lebt, waren in Venters Sequenzierfabrik als nächste in ihrer Bausteinreihenfolge bestimmt worden. Auch deutsche Forscher lagen bei den Bakterien vorn im Rennen. Richard Herrmann vom Zentrum für molekulare Biologie der Universität Heidelberg hat mit nur wenigen Mitarbeitern den gesamten genetischen Text von Mycoplasma pneumoniae, einem weiteren Erreger von Lungenentzündungen, lesbar gemacht. Doch während die amerikanischen Kollegen vor allem mit Robotern arbeiteten, setzten die Heidelberger Forscher auf viel Handarbeit. Ihre Stärke lag in der systematischen Vorbereitung Tausender sich überlappender Teilstücke des Bakteriengenoms. „Wir wußten zu jedem Zeitpunkt des Sequenzierens genau, an welcher Stelle wir uns im Genom befanden. Das hat unsere Arbeit erheblich erleichtert", kommentierte Herrmann seine erfolgreiche Strategie.

Escherichia coli – Liebling der Molekularbiologen

Als sich die Genomforscher vor knapp zehn Jahren daranmachten, das Erbgut des Menschen zu entschlüsseln, hatten sie noch kaum Erfahrung im Umgang mit großen Erbmolekülen. Sie kamen daher auf die Idee, als erstes das Chromosom eines einfachen Lebewesens zu analysieren, gleichsam als Probelauf. Ihre Wahl fiel auf den Liebling der Molekularbiologen, den Laborstamm K12 vom Darmbakterium Escherichia coli. Das Koligenom sollte das erste Erbmolekül einer lebenden Zelle sein, dessen genetischer Text durchlaufend zu lesen wäre. E. coli, wie die Molekularbiologen ihr „Haustier" kurz nennen, hatte sich in den zurückliegenden Jahren bereits als ein überaus ergiebiges Untersuchungsobjekt erwiesen. An ihm haben die Forscher zahlreiche Prinzipien von Lebensvorgängen erschlossen, die identische Verdoppelung des Erbmaterials ebenso wie die Speicherung und Übersetzung von genetischer Information und die Steuerung von Genaktivitäten. Auch die Gentechnik wurde mit Hilfe von Kolibakterien erfunden. Es lag daher nahe, das Genom von E. coli als erstes zu sequenzieren. Doch es sollte anders kommen.

Als die Forscher mit der Entschlüsselung des Koligenoms begannen, waren die Sequenzierungstechniken noch keineswegs ausgereift. Fred Blattner von der Universität von Wisconsin in Madison, einer der ehrgeizigsten Akteure des Koliprojektes, ließ als erstes aufwendige Roboter entwickeln, um die gewaltige Arbeit zu erleichtern. Doch die teuren Prototypen waren nach kurzer Zeit schon veraltet. Sie behinderten die Erforschung des Koligenoms mehr als daß sie sie unterstützten. Auch die Organisation des Projektes ließ viel zu wünschen übrig. Nachdem anfangs zahllos viele verschiedene Arbeitsgruppen kleine Stücke des Koligenoms sequenziert hatten, konzentrierte sich die systematische Entschlüsselung später im wesentlichen auf Blattners Labor und auf japanische Arbeitsgruppen um Takashi Horiuchi vom National Institute for Basic Biology in Ozaka und Hirotada Mori vom Nara Institute of Science and Technology. Doch statt zu kooperieren, haben die amerikanischen und japanischen Gruppen eher gegeneinander gearbeitet. Jeder wachte eifersüchtig über die Ergebnisse aus dem eigenen Labor. Daten wurden nicht ausgetauscht, so daß das Koligenom ohne Absicht letztlich doppelt sequenziert wurde.

Außerdem hatten sich die Forscher nicht auf ein und denselben Bakterienstamm geeinigt. Das hat den Vergleich der Daten erschwert und Streit vorprogrammiert. „Was wie ein Sequenzfehler aussah, erwies sich in vielen Fällen als eine Stammvariation", kommentierte Manfred Kröger vom Institut für Mikrobiologie und Molekularbiologie der Universität Giessen die mißliche Lage. Kröger hat fast von den ersten Anfängen an sämtliche verfügbaren Kolisequenzen in einer eigenen Datenbank gespeichert, die aus den unterschiedlichsten Quellen stammenden Ergebnisse geordnet und nicht zuletzt von viel Ballast wie Doppelbestimmungen befreit. Mitte Januar 1997 wurde die komplette Bausteinfolge des Koligenoms schließlich in der amerikanischen Datenbank GenBank öffentlich vorgestellt.

Gut zehn Jahre haben die Forscher für das Entschlüsseln der etwas mehr als 4,5 Millionen Basenpaare des Koligenoms gebraucht. Den Wettlauf um den ersten Platz hat der Star der Molekularbiologen verloren. Er wurde im Eilschritt vom Bakterium Haemophilus influenzae überrundet. Dessen Entschlüsselung ging schon weitaus professioneller vonstatten als der Probelauf mit den Kolibakterien. Dennoch hat E. coli allen anderen Organismen viel voraus. Von keinem Organismus kennt man die Lage der Erbanlagen, deren

Produkt und Funktion bislang so genau wie bei dem Darmbakterium. Von den Informationen, die im elektronischen Katalog der E. coli-Datenbank gespeichert sind, können daher alle Genforscher profitieren. Er ist das bislang beste Nachschlagewerk, um unbekannte Erbanlagen anderer Organismen zu identifizieren.

Die Bierhefe – Stolz der europäischen Genomforscher

Am 24. April 1996 gab eine internationale Gruppe von Genomforschern in Brüssel der Öffentlichkeit einen triumphalen Erfolg bekannt: Sie hatten die Bausteinfolge sämtlicher Chromosomen eines ersten höheren Organismus, einer Hefe, entschlüsselt. Weitab vom Wirbel um das Human-Genom-Projekt hatten sich einige Forschergruppen in Europa, Nordamerika und Japan zusammengetan, um die Basenpaarfolge des Hefegenoms zu bestimmen. Ihr Star war die Bier- und Bäckerhefe, die den wissenschaftlichen Namen Saccharomyces cerevisiae trägt. Deren Erbmaterial ist auf 16 Chromosomen verteilt. Sie befinden sich wie beim Menschen und allen anderen höheren Lebewesen in einem Zellkern. Man bezeichnet die höheren Organismen daher auch als Eukaryoten, was so viel wie „die mit dem guten Kern" bedeutet.

Der Bier- und Bäckerhefe die Ehre zu geben, als erstem von allen höheren Organismen den Lebenstext zu erforschen, hatte praktische Gründe. Der Einzeller ist im Reagenzglas in einer einfachen Nährlösung leicht zu vermehren. Die klassischen Genetiker hatten außerdem bereits eine recht ausführliche genetische Karte von der Hefe angefertigt. Man kannte in ihrem Genom also schon viele hilfreiche Orientierungspunkte. Eine Erfindung der modernen Molekulargenetik hatte es zudem möglich gemacht, beliebige Genstücke mit hoher Präzision aus dem Hefegenom herauszuschneiden. So ließ sich die Lage der darin enthaltenen Erbanlagen einfach überprüfen.

Die Idee, das Erbgut der Hefe systematisch zu ergründen, stammt ursprünglich von Maynard Olson von der Universität von Washington in Seattle. Er hatte bereits Anfang der achtziger Jahre vorgeschlagen, vom Erbgut eines einfachen Eukaryoten, der Bäckerhefe, eine physikalische und eine genetische Karte zu erstellen. Doch die Idee, das Hefegenom in einem abgesprochenen Zeitraum in gut koordinierter Weise durchzusequenzieren, stammte von europäischen Wissenschaftlern. Sie beschäftigten sich seit Jahren mit der Erforschung der biochemischen und molekularbiologischen Besonderheiten der Bierhefe und wollten nun genauer wissen, „was die Welt (der Hefe) im Innersten zusammenhält". 35 Forschergruppen aus 11 Ländern haben sich dann zusammengetan, um die gewaltige Arbeit zu bezwingen. Dazu gehörten auch mehrere Forschergruppen aus Deutschland, und zwar von den Universitäten Düsseldorf, Giessen, Konstanz und München sowie vom Deutschen Krebsforschungszentrum; außerdem Wissenschaftler einiger junger Biotechnologiefirmen. Die europäischen Forscher konzentrierten sich zunächst auf die Entschlüsselung eines einzigen Hefechromosoms, von Chromosom III. Es ist das kleinste der Hefechromosomen und erschien daher geeignet, ein so gewaltiges Unterfangen wie die Sequenzbestimmung eines kompletten Chromosoms erstmals in Angriff zu nehmen. Im Januar 1989 begannen die Hefeforscher mit der Sequenzierung von Chromosom III, im Mai 1991 war ihr Werk vollendet. Aus heutiger Sicht sei die Zeit um 1990 noch so etwas wie das „dunkle Mittelalter" der Genomforschung gewesen, erinnert sich der belgische Biochemiker André Goffeau sechs Jahre später ein wenig wehmütig, als sämtliche Chromosomen der Hefe fertig entschlüsselt sind.

Solide Handarbeit

Die Amerikaner, die bereits um 1990 damit begonnen hatten, die Genomforschung im halbindustriellen Maßstab durchzuführen, waren über die Entschlüsselung des Hefechromosoms perplex. Wie war es möglich, daß ihre Kollegen jenseits des Atlantik sie einfach überholten und die Ehre einstrichen, als erste ein komplettes Chromosom in seiner Bausteinfolge zu bestimmen? Die Antwort war einfach und sehr europäisch: mit Fleiß, handwerklichem Geschick und, wie manche ein wenig spöttisch sagten, praktisch im Hinterhof. Fleißig wie die Bienen haben die Europäer fast alle Gensequenzen in Handarbeit bestimmt. Oft saßen sie in engen veralteten Labors, die in großem Kontrast zu den blitzenden Roboterhallen vieler ihrer amerikanischen Kollegen standen. Doch die europäischen Pioniere profitierten auch von ihren ausländischen Kollegen. Amerikanische und japanische Hefeforscher hatten ihnen definierte DNS-Stücke als Ausgangsmaterial für die Analysen zur Verfügung gestellt. Nicht zu unterschätzen für das Gelingen der beispielhaften internationalen Zusammenarbeit war aber vor allem die gute Koordination durch den Belgier Goffeau von der Universität Löwen. Er leitete das Unternehmen mit straffer Hand.

Jedem beteiligten Labor wurde das zu sequenzierende Stück von Steven Oliver vom Institut für Wissenschaft und Technologie der Universität Manchester zugeteilt. Alle Labors verpflichteten sich, die Reihenfolge von durchschnittlich 10 000 Basenpaaren in einem vorgegebenen Zeitraum zu bestimmen. In einander überlappender Weise wurden kleine Bereiche doppelt sequenziert. Dadurch ließen sich die Fragmente später leichter zu einem durchlaufenden Text zusammenfügen. Außerdem dienten sie der Qualitätskontrolle. Das war den Forschern besonders wichtig, denn sie setzten ihre ganze Ehre darein, am Ende eine möglichst fehlerfreie Bausteinfolge zu präsentieren. „In diesem Punkt wollten wir einfach besser als viele amerikanische Genomforscher sein, denen es vor allem auf Schnelligkeit ankam", meint dazu Hans Hegemann, der ein Stück vom Hefegenom an der Universität Giessen bearbeitete.

Finanziert hat das Hefeprojekt vor allem die Europäische Gemeinschaft, und zwar im Rahmen des Biotechnology Action Programme (BAP). Die deutschen Hefeforscher hat auch das Bundesforschungsministerium unterstützt. Je Basenpaar gab es aus Brüssel zwei Ecu, damals also rund vier Mark Forschungsgeld. Das war üppig bemessen. Und es ist längst kein Geheimnis mehr, daß so mancher Hefeforscher mit den Mitteln zusätzlich auch noch einer besonderen Liebhaberei, etwa einer speziellen Fragestellung im Leben der Hefe, nachgegangen ist. Ging er sparsam mit dem Geld aus Brüssel um, blieb ein Rest für seine übrige Forschung. Das hat unter den Genforschern außerhalb des Hefeprojektes auch manchen Neid erregt. Der angebliche Luxus der europäischen Hefeforscher wurde fast zum geflügelten Wort. Sobald andere auf ihre Sequenzierungsarbeit zu sprechen kamen, hörte man oft, daß sie „hierfür jedenfalls nicht die exorbitante Summe wie die Hefeforscher" zur Verfügung hätten.

Auch wenn es die Entschlüsselung des Hefegenoms vielleicht billiger hätte geben können, sind sich die europäischen Forscherkollegen in einem Punkt doch völlig einig: Nämlich daß die Europäische Gemeinschaft mit dem Hefeprojekt zum richtigen Zeitpunkt die richtige Idee unterstützt hat; sie ermöglichte dadurch, fern vom Rummel des von Amerika dominierten Human-Genom-

Projektes ein eigenes Programm in die Wege zu leiten und das erste Chromosom einer höheren Zelle zu entschlüsseln. Die konzertierte Aktion vieler verschiedener europäischer Staaten beim Hefeprojekt war nicht zuletzt ein schöner Beweis, wie ein ehrgeiziges Ziel die Mitglieder der Europäischen Union zur mustergültigen Zusammenarbeit bringen kann.

Kaum war das erste Hefechromosom gebührend gefeiert, begaben sich die Forscher wieder ins Labor, um auch die restlichen 15 Chromosomen dieses Organismus zu entschlüsseln. Die Europäische Gemeinschaft versprach, auch die zweite Etappe zu finanzieren. Auch amerikanische und japanische Forschergruppen beteiligten sich nun. Jeder bekam wiederum bestimmte Chromosomenstücke zugewiesen. Als Ziel wurde vorgegeben, bis zum Jahr 2002 das Erbgut der Hefe vollständig zu entschlüsseln. Doch die Forscher haben sich selbst übertroffen. Schon im Frühjahr 1996 waren alle Chromosomen der Bier- und Bäckerhefe vom einen bis zum anderen Ende durchsequenziert. Hundertprozentig perfekt ist das Hefegenom allerdings bis heute nicht. An den Chromosomenenden gibt es noch winzige unfertige Stellen. Dort befinden sich kurze Basensequenzen, die sich Dutzende von Male monoton hintereinander wiederholen. Selbst mit größter Akribie sind sie mit den derzeitigen Methoden nicht genau auseinanderzuhalten. Die Forscher können das verschmerzen, denn die Chromosomenenden enthalten vermutlich keine genetische Information. In dem insgesamt 12,6 Millionen Basenpaare langen Text fallen die winzigen Schönheitsfehler außerdem überhaupt nicht ins Gewicht.

Insgesamt 600 Forscher hatten sich am Hefeprojekt beteiligt, soviel wie noch an keinem biologischen Forschungsprojekt. Etwas mehr als die Hälfte der knapp 13 Millionen Basenpaare hat das europäische Netzwerk entschlüsselt, den Rest amerikanische, kanadische und japanische Wissenschaftler. Deutschland hat rund 40 % des europäischen Beitrags geleistet, fast die Hälfte davon steuerten eine mittelgroße und mehrere kleine Biotechnologiefirmen bei, die Firma Diagen in Hilden, die Gesellschaft für Analyse, Technik und Consulting GATC in Konstanz, die TIB Molbiol GmbH in Berlin und die FZB Biotechnik GmbH in Altstralau bei Berlin.

Wie schon beim ersten Hefechromosom haben die europäischen Forscher auch bei den übrigen wieder viel auf Handarbeit gesetzt, ihre nordamerikanischen und japanischen Kollegen dagegen

weitgehend mit automatischen Analysen gearbeitet. In Europa fand
die Entschlüsselung bezeichnenderweise in insgesamt 92 meist kleinen Arbeitsgruppen statt, in Nordamerika und Japan in wenigen großen Zentren, die in halbindustriellem Maßstab arbeiteten. Viele der
in den „Fabriken" arbeitenden amerikanischen und japanischen Molekularbiologen, Bioinformatiker und technischen Angestellten seien
außer beim Bäcker oder bei einer Maß Hefeweizen der Hefe vermutlich noch nie bewußt begegnet, konnte man die europäischen Experten zuweilen spotten hören. Ihnen war die Hefe bereits aus biochemischen und genetischen Untersuchungen vertraut. Ihre Kollegen in
Amerika und Japan erhielten aber selbst zum Sequenzieren keine
vollständigen Hefezellen, sondern nur Fragmente vom Erbmaterial.

So unterschiedlich die Voraussetzungen in den Großlabors
und den kleinen europäischen Arbeitsgruppen auch waren, die Qualität der Ergebnisse genügte bei allen den höchsten Ansprüchen. Nur
schätzungsweise zwei bis drei Fehler je 10 000 Basenpaare enthält die
veröffentlichte Sequenz, meint die Seele des Unternehmens, André
Goffeau, in seinem Abschlußbericht. Der gesamte genetische Text der
Bäckerhefe liegt zwar nicht in Buchform vor. Er kann aber über Internet von jedem Interessierten eingesehen werden.

Die Teilnehmer des einzigartigen Hefeprojektes waren
beim Abschluß ihrer Arbeit stolz auf ihr Werk. Sie haben als erste bewiesen, daß es grundsätzlich möglich ist, die Bausteinfolge Millionen
von Basenpaaren langer Erbmoleküle zu bestimmen. „Enthusiasmus,
Zielbewußtsein und Kooperation – Eigenschaften, die bei Pionieren
unerläßlich sind – haben das Unternehmen vorangebracht. Diese
treibenden Kräfte werden uns auch in Zukunft weiter beflügeln und
durch die nächste Phase des Projektes tragen." Mit diesen Worten
schloß Goffeau den zusammenfassenden Bericht über die Entschlüsselung des Hefegenoms.

Leben mit 6 000 Genen

„Leben mit 6 000 Genen", so überschrieben die Hefeforscher ihren
Abschlußbericht zum Hefegenom. Alles, was die Bäckerhefe kann –
sich vermehren, Zucker zu Alkohol vergären, Nährstoffe und Salze
aufnehmen, Vitamine herstellen, Abfallstoffe ausscheiden und vieles
mehr – ist in ihrem genetischen Informationstext mit seinen rund

6 000 Kapiteln, den Genen, niedergelegt. Erst einen kleinen Teil dieser geheimen Schrift haben die Hefeforscher freilich bislang entziffert. Sie können den Text lesen, begreifen seinen Inhalt zum größten Teil aber noch nicht. Erst den Sinn von rund 1 000 Kapiteln verstehen sie schon genau. Bei jedem zweiten Kapitel können sie sich immerhin ungefähr vorstellen, wovon es handeln könnte. Der Vergleich mit verwandten Genen anderer Organismen gibt ihnen die entsprechenden Hinweise. Doch auch eine Überraschung hielt die Entschlüsselung bereit. Das Hefegenom enthält offenbar viel mehr Erbanlagen als die Forscher vorausgesagt hatten.

Was sich hinter den vielen noch unbekannten Genen und ihren Produkten verbirgt, liegt noch im dunkeln. Außer Erbanlagen für Proteine haben die Forscher im Hefegenom auch eine ganze Reihe von Genen entdeckt, die Ribonukleinsäuren liefern. Diese werden als Werkzeuge bei der Proteinsynthese benötigt, z. B. als ribosomale RNS zum Aufbau der Ribosomen, als Transfer-RNS für die Übersetzung der Codewörter einer mRNS in eine Aminosäurekette oder als Bestandteil von RNS-Scheren, welche die an den Genen gebildeten Ribonukleinsäuren erst noch auf die richtige Form einer mRNS trimmen.

So stolz die Hefeforscher auf ihr vollendetes Werk blickten, die eigentliche Arbeit mußte danach erst noch beginnen. In der nächsten Etappe geht es darum, die Funktion der rund 5 000 für ein Protein kodierenden Gene zu bestimmen. Die Europäische Union will auch dieses Projekt unterstützen. Sie hat bereits ein passendes Förderprogramm gegründet, das EUROFAN (European Functional Analysis Network) heißt. Parallel dazu haben einzelne Länder gesonderte Projekte ins Leben gerufen. Denn sämtliche Gene des kleinen Einzellers will man nun so schnell wie möglich ganz genau kennen. Auch das Bundesforschungsministerium unterstützt das Projekt. Es hat bis Mitte 1997 neun Millionen Mark für Funktionsanalysen bereitgestellt. Das Pilotprojekt, in dessen Rahmen die Forscher nach völlig neuen Wegen suchen wollen, um die Rolle unbekannter Erbanlagen zu enträtseln, wird wissenschaftlich von Albert Hinnen vom Hans-Kröll-Institut für Naturstoff-Forschung in Jena betreut. Nicht zuletzt wollen die Forscher auch industrielle Testsysteme entwickeln, um der Rolle der Hefegene schneller auf die Spur zu kommen. Man will die Gene letztlich nutzen, um neue Medikamente zu entwickeln, denn die Gene der Hefe sind vielen Genen des Menschen sehr ähnlich. „Die Beteiligung der Industrie ist sehr erwünscht. Doch bislang ist deren Interesse eher gering", meint Susanne Kiefer vom Forschungszentrum Jülich, die das Verbundprojekt koordiniert.

Hefe – Urahn des Menschen

Die wohl nachhaltigste Entdeckung, die sich aus der Entschlüsselung des Hefegenoms ergab, war die Erkenntnis, daß man viele Gene der Hefe beim Menschen wiederfinden kann. Alles deutet darauf hin, daß sich die meisten Hefegene während der Evolution erhalten haben und sich offensichtlich auch bei den höheren Organismen einschließlich des Menschen bewährten. „Fast die Hälfte der Proteine, von denen man weiß, daß sie bei Krankheiten des Menschen eine Rolle spielen, haben Ähnlichkeit mit einem Hefeprotein", faßt der Bioinformatiker Hans-Werner Mewes vom Martinsrieder Institut für Proteinsequenzen seine Computeranalysen zusammen.

Die überraschend nahe Verwandtschaft zwischen dem einfachen Einzeller und dem Mensch hat die Forschung an der Hefe in ein völlig neues Licht gerückt. Die Hefeforscher erscheinen nicht länger als Exoten, die ihre ganze Arbeitskraft einem unscheinbaren Lebewesen widmen. Ihre Forschung hat sich als weit mehr als ein reines „l'art pour l'art"-Unternehmen erwiesen. Denn die an der Hefe gewonnenen Erkenntnisse können auch dem Menschen dienen. Diese Einsicht hat die Human-Genom-Forschung beflügelt. Die Wissenschaftler haben neuen Mut gefaßt, die rund 100 000 Gene des Menschen nicht nur zu finden, sondern auch deren Funktion eines Tages zu verstehen. Am Beispiel der Hefe haben sie gelernt, daß ihnen die Erforschung anderer Lebewesen bei der Suche nach dem Sinngehalt der Gene große Hilfe leisten kann. So gehen die Genforscher bei immer mehr Organismen auf die Jagd nach Erbanlagen, beim Darmbakterium Escherichia coli ebenso wie bei der Taufliege Drosophila, dem Fadenwurm Caenorhabditis elegans, einem Fisch, der Maus und vielen weiteren Tieren und Pflanzen.

FLIEGE UND FADENWURM

Jedes Lebewesen weist mit Blick auf die Genomforschung ihm eigene
Vorteile auf. Der Fadenwurm und die Taufliege besitzen etwa dieselbe
Anzahl von Genen – und haben dennoch eine höchst unterschiedliche Gestalt und Lebensweise. Durch die Untersuchung ihrer Erbanlagen hoffen die Wissenschaftler vor allem, Grundprinzipien der Embryonalentwicklung zu enthüllen. Die Taufliege eignet sich hierfür
besonders gut, kennt man bei ihr doch soviele an der Entwicklung
beteiligte Erbanlagen wie bei keinem anderen Tier.

In den zwanziger Jahren dieses Jahrhunderts hatte der
amerikanische Genetiker Hermann J. Muller damit begonnen, durch
Röntgenbestrahlung Fliegen mit Änderungen im Erbgut zu gewinnen. Inzwischen sind Tausende von Mutationen bei diesem Lebewesen bekannt. Durch die Beobachtung von Fehlentwicklungen, etwa
der Ausbildung von Beinen statt der Antennen am Kopf, kennt man
bereits die Rolle zahlreicher Erbanlagen bei der Embryonalentwicklung. Doch vom Fliegengenom ist erst ein winziger Teil entschlüsselt.
Bislang stand Drosophila vor allem bei den klassischen Genetikern
und den Entwicklungsbiologen hoch im Kurs. Erst vergleichsweise
spät haben sich auch Gen-Sequenzierer für diesen Organismus zu interessieren begonnen. Viele Erbanlagen, die an Entwicklungsvorgän-
gen beteiligt sind, hoffen sie nun auch bald als genetischen Text, als
Gensequenz, zu kennen.

Der winzige Fadenwurm, der sich im Boden tummelt, lockt
die Genomforscher aus einem ähnlichen Grund. Bei keinem anderen
Lebewesen kennt man das Schicksal jeder einzelnen der 959 Körperzellen während der Embryonalentwicklung so genau wie bei diesem
durchsichtigen Bodenbewohner, der nur einen Millimeter lang ist. Jede Zelle enthält 6 Chromosomen, deren Erbmoleküle nicht nur kleiner, sondern viel kompakter als die des Menschen sind. Wie bei der
Taufliege kommen auch im Erbgut des Fadenwurms nur wenige Abschnitte vor, die informationsleer erscheinen und nicht in ein Genprodukt übertragen werden. Die Wissenschaftler hoffen daher, daß
ihnen der kleine unscheinbare Wurm die Suche nach menschlichen
Genen erleichtert. Das Erbmolekül des Wurms ist mit etwa 100 Millionen Basenpaaren etwa so lang wie das Erbmolekül eines einzigen
durchschnittlichen Chromosoms vom Menschen. Bis zum Frühjahr
1996 war bereits ein Drittel seines Erbgutes entschlüsselt. In weniger

als zwei Jahren, so sieht es eine Kooperation von Wissenschaftlern vor allem vom Sanger Centre in Hinxton unter der Leitung von John Sulston und vom Genome Sequencing Center in St. Louis unter der Leitung von Robert Waterston vor, soll das gesamte Erbgut des Wurms entschlüsselt sein. Aller Voraussicht nach wird der Fadenwurm für sich in Anspruch nehmen können, daß er der erste Vielzeller sein wird, dessen genetischer Text komplett zu lesen ist.

112

Zebrabarbe und Fugufisch

Auch unter den Wirbeltieren haben sich die Genomforscher einige Vertreter ausgesucht, die ihnen hilfreich für die Analyse des menschlichen Erbgutes erscheinen. Dazu gehört die kleine Zebrabarbe Dario rerio. Mancher kennt den kleinen schwarz-weiß gestreiften Fisch, der im Ganges beheimatet ist, aus dem Aquarium. Das Erbgut des Zebrafisches umfaßt etwa 1,9 Milliarden Basenpaare. Es ist damit immerhin gut halb so groß wie das des Menschen. Der Vorteil des kleinen Fisches besteht unter anderem darin, daß es von ihm seit kurzem unzählige Mutanten, also erblich veränderte Varianten gibt. Die meisten haben die beiden Entwicklungsbiologen und Nobelpreisträger Christiane Nüsslein-Volhard vom Max-Planck-Institut für Entwicklungsbiologie in Tübingen und Eric Wieschaus von der amerikanischen Princeton Universität in den letzten Jahren in Tausenden von Aquarien herangezogen. Die beiden Forscher beteiligen sich selbst nicht an der systematischen Bausteinbestimmung des Fischgenoms, sie sind vielmehr an der genetischen Steuerung der frühembryonalen Entwicklung dieses Wirbeltieres interessiert. Dennoch werden auch die Genomforscher von ihren Erkenntnissen profitieren, spielen doch vermutlich viele der von ihnen identifizierten Gene auch bei der Embryogenese des Menschen eine wichtige Rolle.

Beliebt ist bei den Genomforschern auch der Kugelfisch Fugu rubripes. Der im Pazifik heimische Fisch verdankt seinen Namen der Tatsache, daß er sich bei einer drohenden Gefahr zu einer Kugel aufbläst. Ähnlich wie ein Gummiball ist er dann von einem feindlichen Maul nicht mehr so leicht zu fassen. Berühmt-berüchtigt ist der Fisch außerdem als japanische Delikatesse. Sie wird allerdings nur dann zum Genuß, wenn man vor der Zubereitung die mit tödlichem Gift gefüllte Gallenblase und andere Innereien entfernt. Daß sich auch Genomforscher für den Kugelfisch interessieren, liegt nicht an kulinarischer Abenteuerlust, sondern an genetischen Besonderheiten dieses Wirbeltieres. Der Fisch besitzt vermutlich etwa ebenso viele Erbanlagen wie der Mensch. Sein Genom ist mit nur 400 Millionen Basenpaaren jedoch fast um den Faktor 10 kleiner und demnach außerordentlich kompakt gebaut. Gen reiht sich an Gen, ohne daß viel Füllmaterial dazwischenläge. Das dürfte die Suche nach unbekannten Erbanlagen erheblich erleichtern.

Zu den wissenschaftlichen Liebhabern des Kugelfisches gehören Forscher vom Glaxo-Wellcome-Forschungszentrum in Stevenage in Großbritannien. Sie haben kürzlich aus dem Genom des Fisches ein DNS-Fragment isoliert, auf dem sich eine besonders interessante Erbanlage befindet. Sie scheint eng verwandt mit einem Gen zu sein, das beim Menschen das Risiko für eine erbliche Form der Alzheimerschen Krankheit, der Altersdemenz, erhöht. Doch während das betreffende Genomstück bei Fugu nur etwa 12 000 Basenpaare lang ist, umfaßt es beim Menschen mehr als 600 000 Genbausteine. Es ist also 50mal so lang. Das Beispiel zeigt, wieviel einfacher es sein kann, einem komplizierten Gen beim Kugelfisch nachzujagen als beim Menschen nach einer Erbanlage zu fahnden, die in einem Meer nichtkodierender Sequenzen schier zerrinnt.

Von Mäusen und Menschen

Die Maus, der kleine flinke Nager, ist grob betrachtet dem Menschen in seiner genetischen Ausstattung erstaunlich ähnlich. Wie der Mensch besitzt auch die Maus 23 Chromosomenpaare. Bei beiden umfaßt das Erbmaterial etwa 3 Milliarden Basenpaare und enthält rund 100 000 Gene. Gegenüber dem Menschen hat die Maus jedoch den Vorteil, daß man mit ihr experimentieren kann. Durch Kreuzungsversuche läßt sich leicht eine detaillierte genetische Karte erarbeiten, die einen Überblick über die relative Lage der Gene auf den einzelnen Chromosomen verschafft. Eric Lander vom Whitehead Institute for Biomedical Research im amerikanischen Cambridge hat anhand der Genkarten von Mensch und Maus gezeigt, daß die Erbanlagen beider Organismenarten auf den Chromosomen überraschend ähnlich angeordnet sind. Viele einander entsprechende Gene liegen jeweils auf analogen Chromosomen. Innerhalb der Chromosomen haben sich die Erbanlagen im Verlauf der Evolution jedoch recht unterschiedlich verteilt. Kennt man die Lage eines bestimmten Gens auf einem der Chromosomen bei der Maus, läßt sich das entsprechende Gen oft ohne große Mühe auch auf einem der Chromosomen des Menschen finden.

Von unschätzbarem Wert für die Suche nach der Rolle bislang unbekannter menschlicher Erbanlagen ist eine große Sammlung von Mäusemutanten. Sie wird von den gemeinnützigen Jackson Laboratorien in der amerikanischen Stadt Bar Harbor unterhalten. Mehr als 3 500 echte Gene kennt man bei dem Nager nun schon. Diese Erbanlagen liegen bereits in klonierter Form vor. Als Sammlung definierter DNS-Stücke ruhen sie in verschiedenen Tiefkühlschränken, bereit bei der Suche nach der Funktion menschlicher Gene als Wegweiser zu dienen. Wie hilfreich die Mäusegene sind, hat sich z. B. bei der spannenden Suche nach dem Gen für eine erbliche Form der Fettsucht gezeigt. Kaum war das als „obese" (engl. fettsüchtig) bezeichnete Gen im Erbgut übergewichtiger Mäuse gefunden, benutzten die Wissenschaftler nach seinem Vorbild maßgeschneiderte Gensonden, die sie zu einer entsprechenden Erbanlage im Genom des Menschen führten. Inzwischen untersuchen die Forscher, wie das von dem Gen gebildete Protein das Auffüllen der Fettdepots steuert. Viele Pharmafirmen interessieren sich für die Zusammenhänge. Sie hoffen, Medikamente zur Behandlung der Fettleibigkeit zu finden.

Die große Hilfe, die man beim Entschlüsseln menschlicher Gene von der Maus erwarten kann, hat deutsche Forscher auf die Idee gebracht, nicht nur spontan vorkommende Mäusemutanten zu sammeln, sondern genetische Veränderungen im Erbgut der Tiere im Labor herbeizuführen. Rudi Balling vom Institut für Mäusetiergenetik der GSF, des Forschungszentrums für Umwelt und Gesundheit in München-Neuherberg, und Eckhard Wolf vom Genzentrum München behandeln unreife Samenzellen männlicher Mäuse mit einem mutationsauslösenden Stoff, dem Ethylnitrosoharnstoff. Das Mutagen löst so häufig wie keine andere Substanz bei Mäusen Änderungen an der DNS aus. Die Spermien weisen nach der Behandlung daher mit hoher Wahrscheinlichkeit Mutationen auf und führen zu genetisch veränderten Nachkommen. Bei jeder tausendsten Maus rechnen die Wissenschaftler mit einer Merkmalsänderung. Um verborgene Krankheitszeichen aufzudecken, untersuchen die Forscher in Kooperation mit Klinikern vor allem das Blut der Tiere. Finden sie biochemische Besonderheiten, versuchen sie, das verantwortliche Gen zu finden. Die Mäuse eignen sich vor allem für die Feinanalyse von Genfunktionen. Die Forscher hoffen, mit ihrer Hilfe Einblicke in solche Krankheiten zu gewinnen, die von vielen Erbanlagen gleichzeitig gesteuert werden. Sie haben für das Projekt, an dem auch Forscher anderer deutscher Universitäten und vom Max-Planck-Institut für biophysikalische Chemie in Göttingen mitarbeiten, im Rahmen des deutschen Human-Genom-Pprojektes Fördermittel in Höhe von 5 Millionen Mark zur Verfügung gestellt bekommen. In drei Jahren wollen die Wissenschaftler mindestens fünftausend Mäusemutanten herangezogen haben. Weil Mitte der neunziger Jahre in Deutschland praktisch noch kein Risikokapital für die Gründung moderner Biotechnologiefirmen zur Verfügung stand, hat sich Balling mit britischen Kollegen zusammengetan und in Cambridge die Firma Hexagon gegründet. Dort werden mit einer Batterie von Automaten täglich Hunderte von Gewebeproben, die von den Münchner Mäusen stammen, nach Erbfehlern abgesucht. Anschließend versucht man, dieselben genetischen Besonderheiten auch beim Menschen ausfindig zu machen. Die Forscher hoffen, auf diese Weise Erbanlagen auf die Spur zu kommen, die weit verbreitete chronische Krankheiten des Menschen begünstigen oder die auch vor diesen Leiden schützen.

Die Maus hat für die Genomforscher außerdem noch einen ganz besonderen Vorteil: Man kann mit gentechnischen Verfahren jede beliebige Erbanlage gezielt ausschalten und dann Mäuse züchten, bei denen die Funktion des betreffenden Gens fehlt. Aus den Störungen, die diese Tiere zeigen, kann man auf die Rolle der betreffenden Erbanlage im lebenden Organismus schließen. So sind die als Knockout-Mäuse bezeichneten Tiere zu einem der wichtigsten biologischen Systeme für Funktionsanalysen von Genen geworden. Schon oft haben sich dabei Überraschungen ergeben, denn im Gesamtzusammenhang eines Lebewesens wirkt sich ein bestimmtes Gen oft anders aus als an einzelnen Zellen im Labor. Das zeigt sich z. B. im immunologischen Abwehrsystem. „Im Immunsystem sind viele Funktionen redundant. Das heißt, die Wirkung des einen Proteins kann oft durch die eines anderen ersetzt werden. Das erschwert die Suche nach der Funktion eines bestimmten Gens. Doch für den Organismus bedeutet die Redundanz eine Absicherung. Ist das eine Gen defekt, kann ein anderes seine Rolle übernehmen, ohne daß der Organismus allzu großen Schaden nimmt." So beschreibt der Immunologe Klaus Rajewsky vom Institut für Genetik der Universität Köln die besonders vielschichtige genetische Steuerung von Abwehrreaktionen.

Der Wissenschaftler hat eine interessante Methode entwickelt, um bei der Maus auch die zeitlich und räumlich unterschiedliche Bedeutung einzelner Erbanlagen zu bestimmen. Rajewsky konstruiert bestimmte Erbanlagen so, daß sie nicht während des gesamten Mäuselebens funktionslos sind, sondern nur in bestimmten Organen und nur zu einem vom Forscher festgelegten Zeitpunkt der Entwicklung. Mit Hilfe eines äußeren Signals, etwa durch die Zugabe eines Medikaments wie Interferon, läßt sich festlegen, wann das Gen seine Wirkung verlieren soll.

Eine weitere hochinteressante Methode für den zeitlich und räumlich gesteuerten K.-o.-Schlag für Gene hat Hermann Bujard vom Zentrum für Molekulare Biologie der Universität Heidelberg entwickelt. In seinem System fällt ein gewünschtes Gen aus, sobald man die Mäuse mit einem Antibiotikum füttert. Er kann das System auch so anlegen, daß die Erbanlage ihre Wirkung verliert, sobald das Antibiotikum weggelassen wird.

Knockout-Mäuse werden für die Funktionsanalyse von Genen immer beliebter. Doch ihre Herstellung ist aufwendig und teuer; sie dauert nicht selten länger als ein Jahr. Die amerikanische Firma Lexicon Genetics in The Woodlands im Bundesstaat Texas hat sich daher darauf spezialisiert, eine riesige Kollektion von Knockout-Mäusen anzulegen. Man gewinnt diese Tiere, indem man das gewünschte Gen in einer Stammzelle ausschaltet und diese einem erst aus wenigen Zellen bestehenden Mäuseembryo beifügt. Die von Ammentieren ausgetragenen Mäusejungen bestehen mosaikartig aus normalen und genetisch veränderten Zellen. Durch Kreuzung erhält man schließlich reinerbige Mäuse mit einer bestimmten Knockout-Eigenschaft. Die Firma Lexicon hat unlängst begonnen, eine Sammlung von Stammzellen aufzubauen, in denen jeweils ein anderes Gen ausgeschaltet ist. Schon in drei Jahren will sie in ihren Tiefkühlfächern eine Kollektion von einer halben Million Stammzellen beisammen haben. Je nach Kundenwunsch können dann bei Bedarf mit Hilfe der vorrätigen Stammzellen in vergleichsweise kurzer Zeit die gewünschten Knockout-Mäuse hergestellt werden. Die am häufigsten angeforderten Tiere will die Firma in Mäusekolonien auf Vorrat halten. Das dürfte den Genomforschern die eigentliche Arbeit, die Suche nach der Rolle einzelner Gene, erheblich einfacher machen.

Komplexes Netzwerk der Gene

Zu Beginn des Human-Genom-Projektes hatten die Forscher sich das Ziel gesetzt, das Erbgut des Menschen bis zum Jahr 2005 als durchlaufenden genetischen Text zu überblicken. Dieses Ziel werden sie vermutlich erreichen. Doch dann muß das eigentliche Entschlüsseln, die Suche nach dem Sinn und Zusammenspiel der Gene, erst noch beginnen. „Die Molekularbiologie hat bislang Gene individuell betrachtet. Jetzt ist es an der Zeit, eine umfassende Perspektive zu entwickeln, indem wir Genom-umspannende Fragen stellen und ggf. alle 100 000 Gene und Genprodukte gleichzeitig untersuchen", umriß Lander unlängst seine Vision. Die Funktion eines jeden einzelnen Gens zu ergründen, erscheint noch vergleichsweise einfach, auch wenn dabei so manche Hürde zu nehmen ist. Richtig schwierig wird es erst, wenn die Forscher darangehen, auch das Zusammenspiel der vielen Tausend in einer Zelle aktiven Gene zu durchleuchten.

In jedem Gewebe spielt sich eine andere Choreographie der Erbanlagen ab, in einer Leberzelle wirken andere Gene zusammen als in einer Herzmuskelzelle oder einer Nervenzelle im Gehirn. „Die Natur hat Milliarden von Jahren Zeit gehabt, um das Zusammenspiel der Gene zu optimieren. Wir können daher nicht erwarten, dieses Netz der Informationen im Handstreich zu durchschauen." So beschrieb Hans Lehrach vom Ressourcenzentrum Berlin-Heidelberg die gewaltige Aufgabe, die zu bewältigen sein wird, sobald die 3 Milliarden Genbausteine des Menschen erst einmal entziffert sind.

Schon jetzt stellen sich einige Forschergruppen dieser Herausforderung. Wissenschaftler der kalifornischen Firma Affymetrix haben für diesen Zweck einen Gen-Chip entwickelt. Auf eine nur einen Quadratzentimeter große Unterlage bringen sie in regelmäßigem Raster Tausende von Oligonukleotiden, also kurzen Nukleinsäurestücken, auf. Sie dienen als Sonden, die über Basenpaarungen komplementäre DNS-Fragmente binden. Für die Tests verwenden die Forscher jedoch nicht zerstückelte Genomteile, sondern cDNS-Moleküle, die sie als komplementäre Kopien von mRNS gewannen. Jede cDNS wird mit einem Fluoreszenzfarbstoff markiert. Bindet ein solches Molekül an eine passende Oligonukleotidkette, entsteht in dem Raster ein Leuchtsignal. Die fluoreszierenden Punkte werden computergesteuert bestimmten Genen zugeordnet. Anhand des Leuchtmusters ist dann letztlich zu erkennen, welche Erbanlagen in welchen Geweben zusammenwirken. Auch Jörg Hoheisel vom Deutschen Krebsforschungszentrum und Hans Lehrach entwickeln Chip-Technologien, um das überaus komplexe Netzwerk der Gene leichter zu entwirren.

Kunst der Mustererkennung

118

Auch wenn in einer Zelle nie alle 100 000 Gene gleichzeitig aktiv sind, erscheint das sich zeitlich und räumlich ändernde Zusammenspiel der Erbanlagen unüberschaubar komplex. Der amerikanische Molekularbiologe Walter Gilbert ist daher überzeugt, daß sich eine völlig neue Wissenschaft der Mustererkennung entwickeln muß, will man die Informationsverarbeitung in menschlichen Zellen jemals verstehen. Neue mathematische Modelle seien dafür ebenso notwendig wie neue bildgebende Verfahren. Hans Lehrach vom Ressourcenzentrum Berlin sagte vor kurzem auf einer Tagung der Heidelberger Akademie der Wissenschaften: „Man muß auch in der Genomforschung die Möglichkeiten der Physik voll nutzen, um die immens komplexen Probleme eines Tages zu lösen, ähnlich wie auch die Physik selbst viele ihrer hochkomplizierten Fragen bereits gelöst hat. Das bedeutet beispielsweise, daß man über ein einziges Gen sehr viel Informationen ansammeln muß, nur um dieses eine Gen zu verstehen.“

Um wieviel mehr Daten muß man ansammeln, will man eines Tages das Zusammenspiel aller Gene verstehen! Wenn man zudem bedenkt, daß jede Zelle, jedes Gewebe und jedes Organ laufend auf zahlreiche chemische und physikalische Reize aus der Umwelt mit einem sich ändernden Aktivitätsprofil reagiert, ist die ungeheure Vielfalt im Leben einer einzigen Zelle kaum mehr vorstellbar. Hormone, Streßfaktoren, Nährstoffe, Salze und viele andere chemische Stoffe beeinflussen die Aktivität der Gene ebenso wie die Temperatur, der durch Nachbarzellen oder andere mechanische Kräfte ausgeübte Druck, das Sonnenlicht oder andere physikalische Kräfte. Die Bedeutung der Umwelt für die Gene ist noch gar nicht abschätzbar.

Außerdem versteht man noch keineswegs, weshalb eine recht ähnliche Genausstattung zu völlig verschiedenen Lebensformen führen kann. Der Mensch und der Schimpanse teilen immerhin rund 99 % ihrer Erbanlagen, und dennoch verläuft zwischen ihnen eine Kluft, die ein hochentwickeltes Säugetier vom vernunftbegabten Menschen trennt. Im Durchschnitt ist nur jedes 100ste Basenpaar zwischen den Menschenaffen und dem Menschen verschieden. Zwischen zwei Menschen besteht durchschnittlich immerhin schon an jedem 300sten Genbaustein eine Sequenzvariation. Was den Mensch zum Menschen macht, sind sicherlich nicht ein paar mehr Variationen in seinem Erbmaterial. Es scheint eine neue Dimension im Zusammenspiel der Gene untereinander und mit der Umwelt zu geben. Worin diese besteht, ist noch immer ein Geheimnis.

WAS IST MENSCHLICH AN EINEM MENSCHLICHEN GEN?

Lange hielt der Mensch die Erde für den Mittelpunkt der Welt. Galileo Galilei hat ihm diesen Traum zerstört und den Menschen auf einen ganz unbedeutenden Platz verwiesen – auf einen von unzähligen Planeten in der unermeßlichen Weite des Alls. Doch noch in diesem kleinen Winkel hält sich der Mensch für ein ganz besonderes Geschöpf. Das gilt auch für viele moderne Bürger dieser Welt. Für sie sind die Erbanlagen des Menschen etwas ganz Außergewöhnliches. Sie sind empört, wenn die Forscher darangehen, Gene des Menschen für allerlei nützliche Zwecke in andere Lebewesen, ein Bakterium, eine Hefe, eine Maus, ein Schaf oder gar eine Pflanze zu versetzen. Manch einer geht sogar vor Gericht, wenn man seine Gene patentieren will. Doch was ist so einzigartig an den menschlichen Genen? Schaut man genauer hin, unterscheiden sie sich kaum von denen anderer Lebewesen. Ob Bakterium, Hefe oder Maus, sie alle besitzen Erbanlagen, die oft in nur geringfügig abgewandelter Form auch beim Menschen vorkommen. Sie alle waren längst vor dem Menschen da. Der Mensch trägt in seinem Genom also lediglich das Erbe einer Milliarden Jahre langen Evolution. Ohne dieses Erbe gäbe es ihn nicht. „Menschlich" ist an den menschlichen Genen also nicht allzuviel. Mit zunehmender Erforschung wird dem Menschen daher auch sein Platz wieder klarer zugewiesen, der ihm zumindest von seiner Biologie her zukommt: in der Natur ein Lebewesen unter vielen zu sein. Erst das besondere Miteinander der vielen verschiedenen Erbanlagen und ihr Zusammenspiel mit der äußeren Welt machen den Menschen zu dem, was er ist.

10 Das Human Genome Diversity Project (HGDP)

WAS WIR AUS DEM ERBGUT VERSCHIEDENER VÖLKER LERNEN KÖNNEN

Die Wissenschaftler, die für das Human-Genom-Projekt das menschliche Erbmaterial untersuchen und sequenzieren, arbeiten mit der DNS von nur vier Menschen, die alle aus Nordamerika stammen. Eine Reihe von Forschern meint, daß es ein Fehler wäre, nicht auch das Erbgut anderer ethnischer Gruppen miteinzubeziehen.

Zwar haben alle Menschen 99,9 % ihres Erbguts gemeinsam. Bezüglich der variierenden 0,1 % stellt der Professor für Genetik an der kalifornischen Stanford Universität und Buchautor Luca Cavalli-Sforza jedoch fest: „Die Unterschiede zwischen Individuen der gleichen Rasse sind oft größer als die zwischen Volksgruppen." Das heißt, wissenschaftlich betrachtet ist der Begriff „Rasse" sinnlos, weil sich Menschen aufgrund ihrer Erbanlagen nicht eindeutig bestimmten Gruppen zuordnen lassen.

Trotzdem gibt es in einzelnen Aspekten bemerkenswerte Unterschiede zwischen Menschen verschiedener Abstammung. Zum Beispiel sind Personen mit europäischen Vorfahren gewöhnlich „laktosetolerant" (Laktose ist der Milchzucker), d. h. sie können auch noch als Erwachsene Milch verdauen. Bei etwa 70 % der Erdbevölkerung ist jedoch „Laktoseintoleranz" die Norm. Zwar kann jeder Mensch etwa bis zum Alter von fünf Jahren Milch verarbeiten, aber danach verlieren die meisten diese Fähigkeit im Laufe der Zeit.

Diesen Unterschied kennen wir, es könnte jedoch noch eine ganze Anzahl anderer geben. Fachleute halten es daher für sinnvoll, das Erbgut vieler verschiedener Personen zu erforschen, um etwas über das Genom „des Menschen" zu erfahren. Sie glauben außerdem, daß nur die Berücksichtigung der Vielfalt des menschlichen Erbguts verhindern kann, daß man Fehler macht, wenn es darum geht zu bewerten, was unter medizinischen Gesichtspunkten „normal" ist.

Das Projekt

Luca Cavalli-Sforza schlug 1991 vor, ein weltweites Programm ins Leben zu rufen – das Projekt zur Erforschung der Vielfalt des menschlichen Erbguts (Human Genome Diversity Project, HGDP). Dieses Vorhaben ist unabhängig von der HUGO, wird jedoch von ihr befürwortet. Ziel des HGDP ist es, DNS-Proben sowie soziokulturelle, demographische, linguistische, historische und andere Daten zu sammeln, also interdisziplinär zu arbeiten. Das HGDP ist ein weltweiter Zusammenschluß von Wissenschaftlern, wobei es für jeden Kontinent ein eigenes und unabhängiges Komitee gibt, das die dortige Forschung leiten soll. Das Projekt soll 500 der schätzungsweise 5 000 Völker der Erde erfassen, die sich aufgrund ihrer Sprache unterscheiden lassen.

Besonders interessiert ist man an den 85 % der Erdbewohner, die nicht europäischer Herkunft sind. Dabei gilt das Hauptaugenmerk der Forscher keineswegs nur kleinen, isolierten oder im Verschwinden begriffenen Völkern. Sie haben vielmehr einige der größten Bevölkerungsgruppen der Erde für das Projekt ausgewählt, wie die Han-Chinesen (die vorherrschende Ethnie in China) und die Yoruba und Fulani in Nigeria, zu denen viele Millionen Menschen gehören.

Die DNS für die Untersuchungen will man aus den weißen Blutkörperchen aus Blutproben gewinnen. Nach einer speziellen Behandlung kann man diese Zellen im Labor fast unbegrenzt vermehren. So hat man eine fortwährend regenerierbare DNS-Quelle zur Verfügung. Darüber hinaus ist es möglich, DNS aus anderen leicht verfügbaren Quellen zu isolieren (beispielsweise aus Speichel, Zellabstrichen der Mundhöhle oder aus Haarwurzeln). Das ist bei Personen wichtig, die keine Blutproben abgeben wollen.

Für folgende Gebiete versprechen sich Wissenschaftler unter anderem neue Erkenntnisse:

- Die genetische Ahnenforschung: Indem man die Verwandtschaft von Volksgruppen untersucht, erhofft man sich Antwort auf Fragen wie: Woher kam der Mensch, was sind seine Wurzeln und wie hat er in vorgeschichtlicher Zeit die Erde besiedelt? Eines haben die Wissenschaftler schon herausgefunden: Die kulturellen Differenzen, wie sie sich z.B. in Ländergrenzen widerspiegeln, sind sehr neu, sie beruhen nicht auf genetischen Unterschieden. Bei den Variationen im Erbmaterial gibt es nur fließende Übergänge, aber keine klaren Abgrenzungen.

– Die Erforschung von Krankheitsursachen und Behandlungsmöglichkeiten: Man weiß, daß verschiedene Populationen für bestimmte Krankheiten unterschiedlich anfällig sein können (z.B. Diabetes, Bluthochdruck und Sichelzellenanämie). So hat man erst vor kurzem entdeckt, daß einige wenige Europäer und ihre amerikanischen Verwandten aufgrund eines Gen„defekts" anscheinend vor Infektionen mit dem Aidsvirus geschützt sind.

– Die Gerichtsmedizin: Die Aussagekraft von genetischen Fingerabdrücken hängt teilweise davon ab, wie stark die verwendeten dns-Marker bei den verschiedenen Bevölkerungsgruppen variieren, und das weiß man noch nicht genau.

Die ethischen Richtlinien für das HGDP entstanden in Zusammenarbeit mit Henry Greely von der juristischen Fakultät der Stanford Universität in Kalifornien. Dabei hat man besonderen Wert darauf gelegt, daß die Forscher „informed consent" (die Zustimmung nach vorhergehender Information) zur Beteiligung am Projekt auf zwei Ebenen einholen müssen: Erstens von der Gemeinschaft oder Gruppe und zweitens von der Einzelperson. Damit will man berücksichtigen, daß die Autonomie des Einzelnen eine vorwiegend westliche Vorstellung ist und die meisten anderen Menschen die Zugehörigkeit zu einer Gruppe höher bewerten.

Das HGDP will außerdem die Vorstellungen der jeweiligen Gemeinschaft respektieren, ob sie nun Patente befürwortet und Entgelt wünscht oder im Gegenteil jede kommerzielle Nutzung und Patentierung ablehnt.

Die Kritiker

Manche Gegner des HGDP fürchten, daß Teilnehmer diskriminiert werden könnten, wenn sich herausstellt, daß ihre DNS eine Anfälligkeit für eine bestimmte Krankheit in sich birgt.

Andere halten das HGDP nur für eine weitere Form des Kolonialismus und glauben, daß der medizinische und wissenschaftliche Nutzen nur den Weißen in den Industrienationen zugute kommen wird. Sie ziehen eine Parallele zur Ausbeutung der Rohstoffe und billigen Arbeitskräfte und befürchten, daß die Menschen oder Gemeinschaften, die an dem Projekt teilnehmen, selbst nicht davon profitieren werden.

Der Streit entzündet sich insbesondere an der Patentierung von Genen und anderem biologischen Material. Eine Befürchtung, die immer wieder geäußert wird, lautet, daß die Personen, deren Gene patentiert werden, selbst leer ausgehen. Diese Ängste erhielten neue Nahrung durch ein Patent auf eine Zellinie, die von einem Mann aus Papua-Neuguinea stammt, das den amerikanischen Nationalen Gesundheitsinstituten – und nicht dem Mann – erteilt wurde. Inzwischen haben die Nationalen Gesundheitsinstitute die Patentierung allerdings zurückgezogen.

Manche Gegner des HGDP sind generell gegen eine Patentierung von Genen, wie einige Organisationen von Ureinwohnern vorwiegend aus den USA und Kanada, die 1995 in Phoenix, im amerikanischen Bundesstaat Arizona, in bezug auf das HGDP erklärten: „Wir lehnen die Patentierung allen natürlichen genetischen Materials ab. Wir sind der Meinung, daß Leben – selbst in seiner kleinsten Form – nicht gekauft, besessen, verkauft, entdeckt oder patentiert werden kann."

Es sind hauptsächlich Gruppen von Ureinwohnern in Nord- und Lateinamerika sowie in Ozeanien und Neuseeland, die das Projekt ablehnen. Manche Völker, z. B. die Aborigines in Australien, weigern sich geschlossen, am HGDP teilzunehmen.

Zwar versichert der Rechtsgelehrte, Professor Henry Greely, daß die Richtlinien des Projekts verhindern, daß Proben ohne die Zustimmung der Spender für kommerzielle Zwecke genutzt werden. Ein Komitee der UNESCO hat jedoch kritisiert, daß das HGDP in seiner Planungsphase nicht ausreichend den Kontakt zu Gruppierungen von Ureinwohnern gesucht habe. Diese ethischen und juristischen

Schwierigkeiten sind wohl der Grund, warum das HGDP noch kaum finanzielle Unterstützung gefunden hat. Bisher mußten die Forscher sich weitgehend auf die Planung und kleinere Pilotprojekte beschränken.

DER STARTSCHUSS

Das wird sich jetzt möglicherweise ändern. Im Herbst 1997 sprach der amerikanische nationale Wissenschaftsrat (National Research Council, NCR) sich für das HGDP aus. Die nationale Wissenschaftsstiftung (National Science Foundation, NSF) und die nationalen Gesundheitsinstitute der USA, die als Geldgeber für das Projekt in Frage kommen, baten den NCR, die strittigen Punkte zu untersuchen. Ein NCR-Komitee aus Wissenschaftlern, Ethikern und Juristen befürwortete das HGDP, allerdings in kleinerem Umfang. Es sollen weniger Daten erhoben werden, um zu gewährleisten, daß die Anonymität der Teilnehmer gewahrt bleibt. Ein Experte des NSF erklärte, daß aber noch eine Menge Arbeit in die Planung gesteckt werden müsse, ehe sie das Projekt finanzieren könnten.

In anderen Teilen der Welt, so Luca Cavalli-Sforza, hat man bereits mit der Erforschung der Vielfalt des menschlichen Genoms begonnen. Europäische Wissenschaftler sammeln schon Daten, und in Indien und Pakistan hat man DNS-Datenbanken eingerichtet. Auch in China gibt es Forschungsvorhaben, die dem HGDP ähneln.

11 Angewandte Genomforschung 127

Sherlock Holmes im Reich der Gene

In einem niedersächsischen Dorf begann im Jahr 1990 ein Sommermorgen mit Entsetzen. In dem Sportheim, in dem am Abend zuvor eine große Geburtstagsfeier stattgefunden hatte, wurde am Morgen in einer der Toiletten die Leiche einer 19jährigen Frau gefunden. Sie hatte ebenso wie rund zweihundert andere Gäste an dem Fest teilgenommen. Weit nach Mitternacht war sie vergewaltigt und erwürgt worden. Wer war der Täter? Geständnisse gab es keine, doch konnte die Zahl der möglichen Täter auf 26 junge Männer eingeengt werden. Sie hatten sich zur mutmaßlichen Tatzeit im Sportheim aufgehalten. Sie wurden gebeten, einer Blutentnahme zuzustimmen. Knapp vierzehn Tage später stand der Mörder fest. Mit einer neuen Methode, dem genetischen Fingerabdruck, hatte man ihn entlarvt. Gerichtsmediziner aus Mainz hatten nachgewiesen, daß eine Blutprobe der 26 Verdächtigen dasselbe Erbmaterial enthielt wie eine Spermienprobe, die man dem Scheidensekret des Opfers entnommen hatte. In der folgenden Vernehmung gestand der Täter seine Tat.

Ähnlich wie in diesem Mordfall hat der genetische Fingerabdruck inzwischen schon in vielen hundert Fällen dazu beigetragen, daß Unschuldige schneller entlastet und Straftäter sicherer überführt wurden. Als Beweismittel vor Gericht erstmals zugelassen wurde die Methode 1987 im englischen Wales. Inzwischen gehört sie in vielen Ländern zum gerichtsmedizinischen Alltag, auch in der Bundesrepublik.

Der genetische Fingerabdruck beruht auf der Entdeckung des Molekularbiologen Alec Jeffreys von der Universität Edinburgh, die besagt, daß jeder Mensch unverwechselbare Abschnitte in seinem

Erbmaterial enthält. Sie sind für jeweils ein Individuum charakteristisch und kommen in allen seinen Zellen gleichermaßen vor. Bei diesen individualspezifischen Abschnitten handelt es sich nicht um echte Gene, sondern um Füllmaterial zwischen den Erbanlagen. Folgen von zwei oder mehr Erbbausteinen sind bis zu 50 000mal aneinandergereiht. Weil sich in die monotone Folge leicht Fehler einschleichen, entstehen individuell unterschiedliche Muster in diesen Bereichen, die erblich sind. Die Variationen führen beim enzymatischen Zerschneiden des Erbmaterials zu unverwechselbaren Fragmenten, die nur für ein bestimmtes Individuum charakteristisch sind. Sie sind mit Gensonden, die zu den wiederholten (repetierten) Sequenzen passen, leicht nachzuweisen, weil sich das DNS-Fragmentlängenmuster durch die Variationen leicht ändert. Die Treffsicherheit der Schnittmusteranalyse wird noch erhöht, wenn man für die Untersuchung gleichzeitig mehrere unterschiedlich lange Gensonden verwendet, also z. B. für den Nachweis einer repetierten Folge von AC-Einheiten dazu komplementäre TGTG- oder TGTGTGTG-Sonden. Dieses als „Multiplex" bezeichnete Verfahren hat den genetischen Fingerabdruck zu einem zuverlässigen Nachweisverfahren in der Gerichtsmedizin gemacht. Jörg Epplen vom Institut für Humangenetik der Universität Bochum hat Gensonden entwickelt, die individualspezifische Muster im Erbgut anhand noch anderer Sequenzvariationen aufspürt. Weil die Grundeinheit der Wiederholungen hier eine Vierergruppe (GATA) ist, sind individualspezifische Variationen besonders gut zu erkennen.

Die verräterischen Sequenzvariationen kommen in allen biologischen Proben eines Menschen vor, im Blut ebenso wie im Speichel, in der Samenflüssigkeit und sogar in einem einzelnen Haar. Steht nur äußerst wenig Spurenmaterial, etwa ein einziges am Tatort hinterlassenes Haar, zur Verfügung, wird das darin enthaltene Erbmaterial mit Hilfe der Polymerasekettenreaktion erst einmal chemisch vermehrt. Anschließend wird es enzymatisch zerschnitten, und die charakteristischen Fragmente in einem Gel der Größe nach aufgetrennt und angefärbt, so daß man den genetischen Fingerabdruck auswerten kann. „Der Test wird vor allem zum Ausschluß von Tatverdächtigen angewandt. Stimmen die Bandenmuster eines Blutflecks, Spermarestes oder einer anderen biologischen Spur mit dem Bandenmuster der Blutprobe eines Verdächtigen nicht überein, kann der Verdächtige nicht der Täter sein", beschreibt Christian Rittner vom Institut für Gerichtsmedizin der Universität Mainz die Situation in der Praxis.

Immer häufiger dient der genetische Fingerabdruck inzwischen jedoch auch als ein wichtiges Beweismaterial zum Identifizieren des tatsächlichen Täters. Richtig angewandt, übertrifft er alle bislang verfügbaren biologischen Tests. Zu diesen gehört seit Jahrzehnten z. B. die Blutgruppenbestimmung sowie die Bestimmung des sog. HLA (engl. Human Leukocyte Antigen)-Musters, einer Art individueller Kennkarte auf der Oberfläche praktisch aller Körperzellen. Diese beiden Nachweismethoden sind jedoch nur bei frischem Material aussagefähig. Dagegen läßt sich der genetische Fingerabdruck auch mit einem bereits angetrockneten Blut- oder Spermafleck anfertigen. Blutgruppenbestimmung und HLA-Test werden daher bei solchen Untersuchungen angewandt, bei denen frisches Material zur Verfügung steht, z. B. bei einem Vaterschaftsnachweis. Es besteht jedoch die Tendenz, auch in solchen Fällen den genetischen Fingerabdruck anzuwenden, weil er noch aussagekräftiger ist als die anderen Methoden.

Der genetische Fingerabdruck steht und fällt mit seiner Zuverlässigkeit. Um seine Sicherheit hat es in den vergangenen Jahren viel Wirbel gegeben. Es wurden Wahrscheinlichkeiten zwischen 1: 100 000 und 1:739 Billionen (10^{12}) genannt, mit denen zwei Personen nur zufällig dasselbe DNS-Schnittmuster haben könnten. Die letztere Zahl ist so klein, daß eine zufällige Übereinstimmung zwischen einem Täter und einem Unschuldigen statistisch betrachtet praktisch nie vorkommt, da es nur 5,8 Milliarden (10^9) Menschen auf der Erde gibt. Diese außerordentliche Unwahrscheinlichkeit einer falschen Zuordnung hatte viele Wissenschaftler, vor allem in Amerika, anfangs dazu verleitet, den genetischen Fingerabdruck als fehlerfrei hinzustellen. In der Praxis hat es in der Vergangenheit jedoch Probleme gegeben, was dem Verfahren vorübergehend einen schlechten Ruf einbrachte.

In den Vereinigten Staaten beauftragen die Gerichte in der Regel private Firmen mit dem Anfertigen eines genetischen Fingerabdrucks. Führende Firmen auf diesem Gebiet sind z. B. die Lifecodes Corporation oder Cellmark Biologicals. In den kommerziellen Labors ist es anfangs mehrfach zu Verwechslungen von Proben und zu Fehlern bei der Auswertung der DNS-Schnittmuster gekommen. Der genetische Fingerabdruck drohte daraufhin in Verruf zu geraten. Viele argwöhnten, daß er doch nicht so zuverlässig sei wie angepriesen. Das nutzten vor allem die Strafverteidiger, die genetische Fingerabdrücke grundsätzlich anzuzweifeln begannen. Die Gerichte ordneten daraufhin Qualitätskontrollen an. So wurde zumindest menschliches Versagen weitgehend ausgeschaltet. „In Deutschland haben wir dieses Problem praktisch nie gehabt", so der Gerichtsmediziner Rittner. „Bei uns wird der genetische Fingerabdruck nur auf nichtkommerzieller Basis angefertigt, in den gerichtsmedizinischen Instituten und in den Labors der Bundes- und Landeskriminalämter. Ein hoher Qualitätsstandard mit eingebauten Kontrollen war dort von Anfang an selbstverständlich."

Freispruch für den genetischen Fingerabdruck

Dennoch ist der Umgang mit dem genetischen Fingerabdruck in der Praxis nicht so einfach wie in der Theorie. Es bleibt die Frage, wie oft zwei Personen rein zufällig dasselbe DNS-Schnittmuster besitzen. Die Forscher denken dabei vor allem an zufällige Koppelungen von genetischen Besonderheiten, von denen man zwar noch nichts weiß, die im genetischen Fingerabdruck jedoch zutage treten könnten. Die menschliche Population ist genetisch betrachtet nämlich keineswegs homogen. So ist vorstellbar, daß in bestimmten Bevölkerungsgruppen bestimmte Schnittmuster mit erhöhter Wahrscheinlichkeit gekoppelt auftreten. Sie könnten eine Übereinstimmung zwischen Probe und Verdächtigem nur vortäuschen. Diese Frage ist in den Vereinigten Staaten viele Jahre lang ausführlich diskutiert worden. Schließlich geht es darum, Unschuldige nicht versehentlich für schuldig zu erklären. Gerade in Amerika hat diese Frage besonderes Gewicht, setzt sich die Bevölkerung doch aus zahlreichen, teilweise nur wenig vermischten Populationen zusammen, Weißen, Afroamerikanern, Hispanos, Italienern, Chinesen und so fort.

Moderne Versionen des genetischen Fingerabdrucks schließen zufällige Übereinstimmungen heute praktisch aus. Zum einen wird meist das Multiplex-Verfahren angewandt, bei dem gleichzeitg mehrere Gensonden als „Spürhunde" für genetische Auffälligkeiten verwendet werden. Zum anderen wurde für die Berechnung zufälliger Übereinstimmungen bei bestimmten Bevölkerungsgruppen unterschiedlicher Herkunft ein Korrekturfaktor eingeführt. Dieser Faktor berichtigt ein zweifelhaftes Ergebnis immer zugunsten des Tatverdächtigen. Seither wird der genetische Fingerabdruck auch in Amerika bei Gericht als ein zuverlässiges Beweismittel allgemein akzeptiert. Eines der berühmtesten Beispiele hierfür ist der Fall des ehemaligen Footballstars O. J. Simpson, der des Doppelmordes an seiner früheren Frau und deren Freund angeklagt war. Der genetische Fingerabdruck einer am Tatort gefundenen Spur stimmte mit dem des Angeklagten überein. Doch der genetische Fingerabdruck war nur eines von mehreren gerichtlich verwertbaren Beweismitteln. Aufgrund der übrigen Indizienlage wurde Simpson freigesprochen.

In einem anderen Zusammenhang hat der deutsche Bundesgerichtshof unlängst in ähnlichem Sinne entschieden. Er hat festgestellt, daß die DNS-Analyse zwar als ein bedeutsames Indiz anzusehen ist, daß ihr Beweiswert indes in jedem Einzelfall zu prüfen ist. „Auch beim genetischen Fingerabdruck darf schließlich niemals außer acht gelassen werden, daß der Hinweis auf einen Täter nicht notwendigerweise auch ein Schuldbeweis ist", mahnte ein deutscher Richter in einer Zeitschrift für Juristen.

STRATEGIEN GEGEN MISSBRAUCH DER DNS-ANALYSEN

In Europa gehen die einzelnen Staaten noch recht unterschiedlich mit dem genetischen Fingerabdruck und den resultierenden Daten um. Großbritannien hat als erstes Land 1994 mit der Einrichtung einer nationalen DNS-Datenbank begonnen. Deutschland folgte 1998. Man verspricht sich hiervon eine bessere Verbrechensbekämpfung auch über die Landesgrenzen hinaus. Bereits Ende der achtziger Jahre haben die britischen Kriminalbehörden an einem Fall gezeigt, wie hilfreich eine solche Datenbank sein kann. Einem britischen Soldaten, der in Münster eine Frau vergewaltigt hatte, wurde mit Hilfe seines gespeicherten genetischen Fingerabdrucks nachgewiesen, daß er auch noch ein bislang ungeklärtes Gewaltverbrechen in England verübt hatte. Doch die meisten anderen Länder der Europäischen Union zögern noch, eine solche Datenbank einzurichten.

In ihrem Bestreben, über die Ländergrenzen hinweg noch besser zusammenzuarbeiten, haben sich die Analyselabors fast aller europäischen Länder zu einer losen Vereinigung, der European DNAProfiling Group (EDNAP) zusammengeschlossen. Es geht ihnen vorerst vor allem darum, DNS-Spurenanalysen vergleichbar hoher Qualität zu fertigen. Doch was den Umgang mit den DNS-Schnittmustern anbelangt, gibt es bei den einzelnen Ländern z. T. noch große Unterschiede von wem, wann und zu welchem Zweck ein genetischer Fingerabdruck statthaft ist. In Deutschland und vielen anderen Ländern kann das Gericht eine DNS-Analyse anordnen, auch gegen den Willen einer oder eines Tatverdächtigen. In Frankreich dagegen gibt es seit 1994 ein Gesetz, das jede DNS-Analyse verbietet, es sei denn, der oder die Betroffene stimmt ausdrücklich zu.

Manche Menschen befürchten, daß der genetische Fingerabdruck zum „gläsernen Menschen" führe. Sie meinen, daß die Analysen auch Daten über persönliche im Genom gespeicherte Veranlagungen liefern könnten, etwa für gesundheitliche und charakterliche Stärken und Schwächen. Diese würden dann in den Akten festgehalten und für immer abrufbereit sein. Der genetische Fingerabdruck liefert als DNS-Schnittmusteranalyse indessen ausschließlich Informationen über strukturelle Besonderheiten des individuellen Erbmoleküls. Über den Inhalt der Fragmente, ob sie gesunde oder kranke Gene tragen, sagt der Test nichts aus. Es ist aber nicht ausgeschlossen, daß bestimmte DNS-Fragmente zufällig mit besonderen Erbeigenschaften zusammengehen. Dann könnte ein bestimmtes Detail im DNS-Schnittmuster indirekt eine Information über eine Erbeigenschaft preisgeben. Der deutsche Gesetzgeber hat daher im Frühjar 1997 beschlossen, daß DNS-Analysen aussschließlich mit dem Ziel einer Personenidentifizierung vorgenommen werden dürfen. Das Material darf nicht für weitere DNS-Analysen, etwa für die Suche nach krankheitsverursachenden Genen verwendet werden.

Der genetische Fingerabdruck dient indessen nicht nur dazu, Gewaltverbrecher zu entlarven oder müßige Väter an ihre Unterhaltspflichten zu erinnern, er kann auch bei der Identifikation Verstorbener eine große Hilfe sein. Historisch betrachtet hat sich das Verfahren zu einem solchen Zweck erstmals im Jugoslawienkrieg bewährt. In Kupres hatte man sechs Massengräber mit den sterblichen Überresten von 61 Personen aufgedeckt. Nur 35 ließen sich mit konventionellen Methoden identifizieren. Viele der übrigen 26 Toten konnten durch den Vergleich ihres Erbmaterials mit Blutproben naher Verwandter, in deren Familien es einen Verschollenen gab, identifiziert werden. Auch die Identität von fünf der sechs bei einer Explosion in Zagreb ums Leben gekommenen Kroaten konnte mit der

DNS-Analyse bestimmt werden. Die Gerichtsmediziner der Universität Split, die mit amerikanischen Kollegen zusammenarbeiteten, verwendeten für ihre Untersuchungen bevorzugt Material aus Knochen und aus dem Innern von Zähnen. Sie isolierten Erbmaterial aus dem weichen Innenraum von Zähnen, der Pulpa, die reich an Zellen ist. Sie ist von widerstandsfähigem Zahnmaterial umgeben und wird daher selbst nach längerer Verwesungszeit nicht so leicht zerstört.

Klare Verwandtschaftsverhältnisse beim Rind

Der genetische Fingerabdruck kann nicht nur Gewaltverbrecher entlarven, er kann zuweilen auch knifflige Fragen im Umgang mit Tieren klären. So war vor einigen Jahren ein Landwirt in Niedersachsen höchst erstaunt, als von seinem prächtigen Rind anstelle der erwarteten 1 000 Kilogramm Fleisch nur 700 Kilo im Schlachthaus am Haken hingen. Hatte es eine Verwechslung gegeben, war ein Dieb am Werk oder war es gar Betrug? Der Fall war schnell geklärt. Wissenschaftler der Tierärztlichen Hochschule Hannover und der Universität München fertigten einen genetischen Fingerabdruck an, und zwar sowohl von dem ausgehändigten Fleisch als auch von dem gekennzeichneten Ohr des abgelieferten Tieres. Die DNS-Muster stimmten nicht überein. Bald hatte man den Betrüger gefunden, der den zum Ohr passenden Rinderkörper gegen einen kleineren ausgetauscht hatte.

Auch bei der Frage nach der Abstammung von Cindy, einem angeblich in Deutschland geborenen Rind, das an dem Rinderwahn BSE erkrankte, schaffte der genetische Fingerabdruck Klarheit. Das DNS-Schnittmuster des Rindes stimmte nicht mit dem seiner angeblichen Schwester, wohl aber mit der Tochter einer in Schottland „verschwundenen" anderen Kuh überein. So stand bald fest, daß Cindy aus Großbritannien stammte und nicht von einer offensichtlich gesunden Kuh in Deutschland geboren worden war. Die Aufregung über augenscheinlich gesunde Muttertiere, die BSE-kranke Nachkommen haben könnten, flaute daraufhin wieder ab.

12 Gene und Krankheiten

Die Welt im Tunnelblick

Plötzlich verengt sich das Bild von der Welt zum mikroskopischen
Ausschnitt. Ringsum Dunkelheit, nur durch diesen engen Tunnel,
rechts unten, dringe ich noch vor zum Licht des Tages und den Farben des Frühlings. Unwillkürlich beginnt mein Kopf sich zu drehen,
langsam, von recht nach links, nach oben, nach unten. Ich sehe die
Kaffeetasse rechts neben mir. Jetzt ist sie im Dunkel verschwunden.
Der Tunnel zum Licht erfaßt, gleich daneben, den Fuß einer Vase.

Ich will aufstehen. Aufpassen, denke ich, nicht Tasse und
Vase, die dort doch irgendwo gewesen sind, herunterfegen – mit den
Armen, die sich wie von selbst nach vorne gereckt haben. War da
nicht ein Stuhl? Mit tastenden Händen trachte ich, den Tisch zu um-
runden, den Kopf dabei ständig in Bewegung, um die Welt Ausschnitt
für Ausschnitt zu dem Gesamtbild zusammenzufügen, das ich vor-
dem kannte. Rechts unten, im Tunnel, erscheint eine Katze. Schon ist
sie durch das zum kleinen Kreis geschrumpfte Gesichsfeld gehuscht.
Mein Blick will ihrem Lauf folgen. Doch es gelingt nicht. Die Unsicherheit wächst. Ich halte es nicht mehr aus. Die Hände greifen zu
den Augen und reißen mir die Demonstrationsbrille vom Kopf. Das
gewohnte Bild von der Welt kehrt zurück. Erleichtert blicke ich zu Ute
Buchmann. Sie lächelt und sagt: „Ich sehe noch weniger.“

Ute Buchmann, 49 Jahre alt und im pfälzischen Mutterstadt
zu Hause, leidet an Retinitis pigmentosa. Schleichend, meist über
Jahrzehnte hinweg, gehen bei dieser Erkrankung die Lichtsinneszel-
len der Augen zugrunde. Das Leiden kündigt sich mit ersten Sehpro-
blemen in der Dämmerung und Nacht an. Schließlich reduziert sich
das Gesichtsfeld bei meist unveränderter Sehschärfe zum charakterischen „Tunnelbild“. Was das für die Betroffenen bedeutet, läßt Ute

Buchmann Normalsehende mit Hilfe der Demonstrationsbrille nach-
empfinden. Die Erkrankung endet häufig mit der Erblindung. Eine
medizinische Möglichkeit, das Absterben der Sehzellen zum Still-
stand zu bringen oder zu verlangsamen, gibt es nicht.

Die Retinitis ist eine Erbkrankheit – eine unter etwa 5 000
Krankheiten des Menschen, die auf defekte Erbanlagen zurückgeführt werden. Welche Gene die Retinitis pigmentosa verursachen, ist
den Wissenschaftlern seit Mitte der achtziger Jahre bekannt. Auf verschiedenen Chromosomen (drei, sechs und acht) konnten sie mindestens zehn unterschiedliche Regionen ausmachen, in denen Gene sitzen, deren Ausfall zu Retinitis pigmentosa führt. Eine häufige
genetische Ursache für die Krankheit ist ein Defekt am Gen für den
Sehfarbstoff der Stäbchen, das Rhodopsin. Dessen Ausfall zeichnet
für etwa zehn Prozent aller Fälle von Retinitis pigmentosa verantwortlich. Im Frühjahr 1996 ist es Wissenschaftlern des Max-Planck-
Instituts für molekulare Genetik in Berlin gemeinsam mit Humangenetikern der Universiät Nijmegen gelungen, ein weiteres Gen zu
identifizieren und zu charakterisieren, das Retinitis pigmentosa auslöst. Es sitzt auf dem X-Chromosom, einem der beiden Geschlechtschromosomen. Auch das Produkt dieses Gens ist inzwischen bekannt: Ein Protein, das strukturell mit einem schon länger
bekannten Eiweiß verwandt und für die Funktion der Stäbchen
wichtig ist.

Krankheitsgene beim Menschen

Derartige Fahndungserfolge erlauben es nicht nur, Erbkrankheiten
frühzeitig und sicher zu erkennen. Eines Tages, hoffen die Erforscher
des menschlichen Genoms in aller Welt, wird es aufgrund der Kenntnis der genetischen Wurzeln einer Krankheit auch möglich werden,
Leiden, denen die Ärzte heute noch hilflos gegenüberstehen, an ihrer
Ursache zu packen und zu heilen. Diese Hoffnung bezieht sich nicht
nur auf die seltenen, seit langem als erblich bekannten Krankheiten,
sondern auch auf solche, die sehr häufig auftreten und deren genetischen Hintergründe subtiler und komplexer sind, etwa Krebs oder
Herz-Kreislauf-Erkrankungen. Die Vision von Humangenetikern und
Molekularbiologen ist, mit Hilfe von Genen und dem Wissen über
das Zusammenspiel ihre Produkte wirksame Therapeutika auf Gen-

basis gegen letztendlich alle Erkrankungen des Menschen zu entwickeln. Denn wer über Krankheiten forsche, „ohne die Gene zu berücksichtigen, verhält sich wie ein schlechter Detektiv, der einen Mordfall aufklären will, ohne den Mörder zu finden", meinte im Jahr 1994 James D. Watson, der erste Direktor des Human-Genom-Projektes. Ob die ehrgeizigen Hoffnungen Wirklichkeit werden, muß die Zukunft zeigen.

Derzeit bereits Realität ist ein rapide zunehmendes Wissen über die Funktion menschlicher Gene. Neue Verfahren, die im Rahmen des Human-Genom-Projektes entwickelt wurden, lassen die Wissenschaftler menschliche Krankheitsgene mittlerweile mit erstaunlicher Geschwindigkeit entdecken. Ob Schlaganfall, Alzheimer-Krankheit oder Alkoholismus – etwa 5 000 Abschnitte auf dem menschlichen Erbgut bringen Genetiker inzwischen mit den unterschiedlichsten Krankheiten oder Veranlagungen in Verbindungen. Kaum eine Woche vergeht, in der Wissenschaftler nicht ein neues, mit einer Krankheit assoziiertes Gen melden. Nach Schätzungen des amerikanischen Nationalen Zentrums für Human-Genom-Forschung in Bethesda, Maryland, hat sich das Tempo der Entschlüsselung seit Beginn der Arbeiten vervierfacht. Mittlerweile hat die letzte große Etappe des Projektes, die Massensequenzierung, begonnen. Jetzt wird die Datenmenge noch schneller anwachsen. Bald, vermuten Experten, dürfte stündlich die Sequenz, die genaue Basenabfolge, eines weiteren Gens hinzukommen.

Noch vor zwei Jahrzehnten sah die Situation ganz anders aus. Im Jahr 1980 waren die Loci nur weniger menschlicher Krankheitsgene bekannt. Ein Beispiel ist das Gen, dessen Ausfall für die Rotgrün-Blindheit des Menschen verantwortlich ist. Ein Schweizer Augenarzt namens Horner hatte bereits in den 70er Jahren des vorigen Jahrhunderts die Erblichkeit der Rotgrün-Blindheit erkannt. Edmund Wilson, ein amerikanischer Wissenschaftler, studierte daraufhin sorgfältig die Familienstammbäume von Menschen, die unfähig waren, die Farben Rot und Grün zu unterscheiden. Im Jahr 1911 – zwei Jahre nachdem der dänische Botaniker Wilhelm Johannsen den Begriff „Gen" geprägt hatte – konnte Wilson die für die Rotgrün-Blindheit verantwortliche Erbanlage dem menschlichen X-Chromosom zuordnen. Das ist ein frühes Beispiel für eine – noch recht grobe – genetische Kartierung. Dabei blieb es im wesentlichen in den nächsten sieben Jahrzehnten. Erst mit Beginn der 80er Jahre sollten sich die Zahl der weißen Flecken auf der Landkarte der Gene des Menschen entscheidend verringern. Die „Gentechnik" machte es möglich. Dieser Begriff umfaßt alle Methoden, die ab Mitte der 70er entwickelt wurden, um genetisches Material zu charakterisieren, zu isolieren oder neu zu kombinieren. Ebenso umfaßt er alle Verfahren, mit denen Erbmaterial vermehrt oder in eine andere biologische Umgebung überführt werden kann.

Ein-Gen-Krankheiten

Mit Hilfe dieser technischen Neuerungen konnten die Wissenschaftler eine ganze Reihe von Genen identifizieren, die mit menschlichen Krankheiten verknüpft sind. Auf der Erfolgsliste der Genetiker stehen bislang in erster Linie die genetischen Ursachen solcher menschlicher Leiden, die auf ein einziges ererbtes Gen zurückgehen. Das sind die „Ein-Gen-Krankheiten", in der Fachsprache „monogenetischen Erbkrankheiten" genannt. Insgesamt kennen die Ärzte etwa 3 000 Krankheiten, die auf einem einzelnen defekten Gen beruhen. Monogenetische Erbkrankheiten treten nur selten auf, ungefähr ein Prozent der Bevölkerung ist von ihnen betroffen. Charakteristisch für sie ist, daß sie in ihrem Vererbungsmuster jenen Regeln folgen, die Mendel bei Erbsen und sein Kollege Morgan bei Fruchtfliegen gefunden hatte. Die genetischen Wurzeln der monogenetische Erbkrankheiten können deshalb vergleichsweise einfach lokalisiert werden.

Duchenne-Muskeldystrophie

Das erste Erbleiden, das bis in seine genetische Wurzeln aufgeklärt werden konnte, war die Duchenne-Muskeldystrophie, so benannt nach dem französischen Arzt G. Duchenne, der das Leiden erstmals im Jahr 1858 beschrieb. Die Krankheit befällt kleine Jungen, etwa einer von 5 000 Neugeborenen ist von ihr betroffen. Etwa ab dem sechsten Lebensjahr schwindet mehr und mehr die Muskulatur. Die sich geistig und körperlich sonst völlig normal entwickelnden Kinder sind bald auf den Rollstuhl angewiesen; noch in jungen Jahren sterben sie an Lungen- oder Herzversagen. Bis heute ist es den Ärzten nicht möglich, die Erbkrankheit zu behandeln.

Die Suche nach der Erbanlage, welche die Muskeldystrophie verursacht, hatte gute Voraussetzungen, erfolgreich zu sein. Denn schon lange war bekannt, daß die Duchenne-Muskeldystrophie nach einem bestimmten Muster vererbt wird: Stets erkranken nur die Jungen; ihre Schwestern geben die Erkrankung an ihre Nachkommen weiter, zeigen selbst jedoch keine oder nur geringe Krankheitsanzeichen. Dieses Muster deutet auf eine X-gekoppelte Vererbung hin: Die Erbanlage, die das Leiden auslöst, muß auf dem X-Chromosom, einem der beiden Geschlechtschromosomen, sitzen. Jungen besitzen ein X- und ein Y-Chromosom in ihren Körperzellen, Mädchen zwei X-Chromosomen. Ist das Gen auf einem X-Chromosom defekt, können die Mädchen den Fehler mit ihrem zweiten, intakten X-Chromosom ausgleichen. Jungen können das nicht: Bei ihnen bricht die Krankheit aus, weil sie kein zweites X-Chromosomen besitzen, das den Gendefekt kompensieren könnte. Aufgrund dieses typischen Vererbungsmusters war es den Wissenschaftlern möglich, ihre Fahndung nach dem Gen auf das X-Chromosom zu konzentrieren.

Die Suche nach dem krankheitsauslösenden Gen begann bereits Mitte der siebziger Jahre. Zunächst nutzten die Wissenschaftler klassische Methoden, um den Bereich auf dem X-Chromosom einzugrenzen, auf dem das defekte Gen womöglich lokalisiert war. Später kamen ihnen neu entwickelte Werkzeuge, z. B. die ersten chromosomalen Marker, zu Hilfe. Anfang 1986 war schließlich klar, daß das Gen auf der sog. „Xp21-Bande", einem umschriebenen Bereich auf dem kurzen Arm des X-Chromosoms, sitzen muß. Weniger später, im Oktober 1986, verkündeten die amerikanischen Wissenschaftler Anthony Monaco und Louis Kunkel in der Fachzeitschrift „Nature", das Muskeldystrophie-Gen mit Hilfe speziell entwickelter Sonden gefunden zu haben.

Das Gen erwies sich als überraschend groß: Es umfaßte zwei Millionen DNS-Basen und war damit etwa hundertmal größer als die meisten normalen Gene. Das Gen zu orten, war jedoch nur der erste Schritt. Jetzt galt es, das Protein ausfindig zu machen, dessen Bauanleitung in der Erbanlage niedergeschrieben ist. Daß die Muskeldystrophie die Folge eines defekten Proteins ist, das aufgrund einer defekten Erbanlage produziert wird, vermuteten die Wissenschaftler schon seit Jahrzehnten. Wie das Protein aussieht oder wie es die Muskulatur beeinflußt, blieb jedoch bis zum Jahr 1987 unbekannt. Im Dezember 1987, ein Jahr nach der Entdeckung des Muskeldystro-

phie-Gens, verkündete Kunkels Gruppe in der Fachzeitschrift „Cell",
das Produkt des Gens identifiziert zu haben. Sie nannten das Protein
Dystrophin.

Jungen, die an der Duchenneschen Muskeldystrophie erkrankt sind, fehlt das Protein. Bei gesunden Kindern ist es vorhanden: Bei ihnen produziert das intakte Gen ein funktionsfähiges Protein, das den Muskelfasern Festigkeit verleiht. Bei Kranken hingegen,
die ein defektes Gen auf ihrem X-Chromosom tragen, kann Dystrophin nicht oder nicht in ausreichender Menge gebildet werden. Die
Folge ist, daß die Muskelfasern verletzlicher sind. Ohne das stabilisie-
rende Dystrophin reißen Zellmembranen im Innern der Fasern bei
Belastungen schneller, Muskelzellen sterben daraufhin nach und
nach ab. Dies verursacht die immer schlimmer werdenden Symptome der ererbten Muskelschwäche.

Mukoviszidose

Der nächste Erfolg der neuen Genetik bei der Identifizierung von
Krankheitsgenen ließ nicht lange auf sich warten. Wieder war es eine
„Ein-Gen-Krankheit", deren molekulare Ursache die Wissenschaftler
ausfindig machen konnten: Die Mukoviszidose, auch zystische Fibrose (CF) genannt. Mukoviszidose bedeutet „Zähschleimigkeit". Der
Name des Erbleidens bezieht sich auf sein auffälligstes Merkmal: Ungewöhnlich zähflüssiger Schleim sammelt sich in den Lungen und
Verdauungsorganen der Kranken an. Der Schleim verklebt die Lungen, die Verdauungsorgane werden fortschreitend in ihrer Funktion
beeinträchtigt. Vor allem in der Bauchspeicheldrüse entsteht vermehrt faseriges Bindegewebe (Fibrose) mit flüssigkeitsgefüllten
Hohlräumen (Zysten). Daher der Name „zystische Fibrose" (engl.
cystic fibrosis, CF).

Etwa eines unter 2 000 Kinder kommt mit dem Erbleiden
zur Welt. Es zählt zu den häufigsten vererbten Krankheiten. In
Deutschland leben derzeit etwa 6 000 bis 8 000 Erkrankte. Insgesamt,
schätzen die Experten, tragen fünf Prozent aller Menschen ein CF-
Gen in sich. Vor allem unter Europäern und Menschen europäischer
Abstammung ist es weit verbreitet. Warum das so ist, ist nicht bekannt. Bei Afrikanern und Chinesen kommt die Mukoviszidose sehr
viel seltener vor.

Noch vor kaum zwei Jahrzehnten wurden Kinder mit Mukoviszidose kaum älter als fünfzehn Jahre. Heute läßt sich die Erkrankung mit physiotherapeutischen Maßnahmen, verschiedenen Antibiotika oder bestimmten Enzymen besser behandeln. Die Lebenserwartung der Betroffenen hat sich dadurch heute im Durchschnitt auf 25 Jahre erhöht. Keines der Medikamente vermag jedoch bislang, das Übel an der Wurzel zu packen. Diese Wurzel ist der genetische Defekt, der die Stoffwechselerkrankung verursacht.

Anfang der achtziger Jahre begannen mehrere Forschergruppen damit, der Ursache der Mukoviszidose auf den genetischen Grund zu gehen. Die Hoffnung der Wissenschaftler war, detaillierte molekulare Erkenntnisse für neue Behandlungsstrategien zu nutzen. Die Mukoviszidose, wußten die Wissenschaftler schon seit den späten 40er Jahren, war eine rezessive Erbkrankheit. Rezessiv bedeutet: Damit das Leiden zum Ausbruch kommt, muß ein Kind von Vater und Mutter, die beide Überträger der Krankheit sind, die fehlerhafte Kopie des Gens erhalten. Ein Kind erkrankt also nur dann, wenn beide Elternteile ihm ein defektes Gen vererbt haben. Im Gegensatz zur Muskeldystrophie, bei der von Anfang an bekannt war, daß das Gen auf dem X-Chromosom zu finden sein muß, wußten die Wissenschaftler im Falle des CF-Gens nicht, auf welchem der 46 Chromosomen des Menschen sie mit der Suche beginnen sollten.

Entsprechend lange dauerte es, bis die Wissenschaftler mit Hilfe einer Vielzahl eigens dazu entwickelter Sonden das Chromosom 7 als „Hauptverdächtigen" ausgemacht hatten. Markergene halfen ihnen dann dabei, den Bereich auf Chromosom 7 näher einzugrenzen, der das CF-Gen mutmaßlich enthielt. Im Jahr 1989 war es schließlich so weit: Francis Collins von der Universität von Michigan in Ann Arbor sowie Lap-Chee Tsui und John Riordan von der Universität von Toronto entdeckten das Gen, das für die Mukoviszidose verantwortlich ist. Acht lange Jahre hatte die Suche gedauert und schätzungsweise 50 Millionen Dollar gekostet.

Das Gen erwies sich als 250 000 Basenpaare lang und war damit etwa drei mal so groß wie eine durchschnittliche normale Erbanlage. Die Forscher erkannten, daß bei zwei Dritteln der an Mukoviszidose erkrankten Kinder an einer bestimmten Stelle des Gens drei Basen fehlen. Diese drei Basen sind normalerweise zuständig für die Aminosäure Phenylalanin – einem einzigen kleinen Baustein, in dem insgesamt aus 1.480 Aminosäuren aufgebauten Protein. Doch

das Fehlen dieses einzigen Bausteins an der Position 508 der Aminosäurekette reicht aus, um das Protein funktionsuntüchtig zu machen.
Die Wissenschaftler nennen den charakterischen Fehler im Gen „del-
ta-508-Mutation". Dieser Defekt ist für die meisten Fälle von Mukoviszidose verantwortlich. Mittlerweile haben die Wissenschaftler
noch mehr als 700 weitere Mutationen in der kritischen Erbanlage
gefunden. Sie beeinträchtigen die Funktionen des Proteins weniger
stark und lösen mildere Krankheitsformen aus.

Das Protein des CF-Gens trägt den langen und schwerver-
ständlichen Namen „Regulator der Transmembran-Leitfähigkeit bei
zystischer Fibrose" (engl. cystic fibrosis transmembrane conductance
regulator), abgekürzt CFTR. Das CFTR-Protein, stellte sich heraus, ist
groß, aufwendig konstruiert und in den Membranen von Zellen der
Lunge und der Schweißdrüsen zu finden. Dort formt es einen Kanal,
durch den Salze und Wasser transportiert werden. Ist das Gen defekt,
das die Herstellung des CFTR-Proteins verantwortet, weist auch sein
Produkt Mängel auf: Statt die Salze zurückzuhalten, scheidet der Kanal sie aus. Das ist die moderne molekulare Begründung für eine alte
Beobachtung: „Ein Kind stirbt jung, dessen Stirn beim Küssen salzig
schmeckt", wie es früher in der Volksmedizin hieß.

Noch hat die Entdeckung des CF-Gens nicht zu der Entwicklung einer ursächlichen Therapie geführt. Dennoch legt seine
Isolierung mehrere Strategien nahe, mit denen die Krankheit an ihren Wurzeln bekämpft werden könnte. Unter anderem arbeiten die
Wissenschaftler an neuen Medikamenten, die das defekte CFTR-Protein direkt beinflussen sollen. Vor allem konzentrieren sie sich derzeit auf die Entwicklung einer Gentherapie der Mukoviszidose: Ein
eingeschleustes gesundes Gen soll für die Herstellung eines normal
arbeitenden Proteins sorgen und so den zugrundeliegenden biochemischen Defekt mit all seinen Folgen beheben. Vortests an Patienten,
bei denen es in erster Linie darum geht, die Sicherheit des Verfahrens
zu prüfen, haben begonnen. Ob und wann die Gentherapie für Patienten, die an Mukoviszidose leiden, zur Realität werden wird, ist bis
auf weiteres noch offen, zuvor müssen noch eine Fülle technischer
Probleme gelöst werden.

Hinsichtlich der Linderung der Symptome können Betroffene jedoch schon von den Erkenntnissen der modernen Molekularbiologie profitieren. Seit einigen Jahren steht den Patienten ein gentechnisch hergestelltes Medikament zur Verfügung. Der Wirkstoff

dieses Medikament ist ein Enzym, die DNase (Desoxyribonuclease).
Die DNase ist in der Lage, DNS in ihre Bausteine zu zerlegen. Bei Patienten mit zystischer Fibrose finden sich sehr große Mengen von DNS im klebrigen Schleim ihrer Lungen. Das Molekül bleibt von weißen Blutkörperchen übrig, die anrücken, um Infektionen in der Lunge zu bekämpfen und dabei zugrundegehen. Die DNase bricht das zähe DNS -Molekül auf. Dadurch verflüssigt sich der Schleim; die Kranken können ihn leichter abhusten, die Kapazität ihrer Lungen vergrößert sich.

CHOREA HUNTINGTON (VEITSTANZ)

Das dritte klassische Beispiel einer erfolgreichen Fahndung ist das „Huntington-Gen". Es konnte im Jahr 1993 nach mehr als zehnjähriger Suche dingfest gemacht werden. Das defekte Gen sitzt auf Chromosom 7 und verursacht den erblichen Veitstanz, auch Chorea Huntington genannt. Der Begriff „Chorea" bezieht sich auf die Bewegungsstörungen, mit denen sich die Krankheit bemerkbar macht. Den zusätzlichen Namen „Huntington" trägt das schwere Leiden nach dem amerikanischen Arzt George Huntington. Er veröffentlichte im Jahr 1872 eine Arbeit mit dem Titel „Über Chorea". Huntington beschreibt darin eindrücklich die unverwechselbaren Symptome der Erkrankung. Als markantestes Merkmal nennt der Arzt einen „Schüttelkrampf der willkürlichen Muskeln". Die Bewegungen, die der Kranke eigentlich ausüben wolle, würden zwar irgendwie ausgeführt, „aber es scheint eine verborgene Kraft zu geben, etwas, das dem Kranken Streiche spielt" und seinem Willen übergeordnet ist. Diese Kraft nehme die Dinge in die Hand und „schüttele das arme Opfer, so lange es wach ist, in einem fort." Diese Bewegungsstörungen setzten allmählich aber deutlich ein, verschlimmerten sich über die Jahre hinweg, bis das „unglückliche Opfer nur mehr ein zitterndes Wrack ist".

Den unkontrollierbaren Bewegungen folgt ein allgemeiner geistiger Verfall, der im Schwachsinn endet. Zehn bis zwanzig Jahre, nachdem die ersten Zuckungen und Unbeholfenheiten aufgetreten sind, erlöst der Tod die Opfer der Erbkrankheit. Die Untersuchung ihrer Gehirne zeigt, daß massenhaft Nervenzellen zugrundegegangen sind.

Die Symptome der Chorea Huntington sind so eindeutig, daß sie mit keiner anderen Krankheit verwechselt werden können. Schon lange vor der DNS-Ära war es den Ärzten deshalb aufgrund ihrer Beobachtungen klar, daß das Leiden ununterbrochen von einer Generation zur nächsten vererbt wird. Die Genetiker sprechen in solchen Fällen von einem dominanten Erbgang. Dominant heißt, daß ein einziges defektes Gen ausreicht, um die Huntington-Krankheit mit Sicherheit zwischen dem 30. und 50. Lebensjahr ausbrechen zu lassen. Unter 20 000 Menschen ist einer von der Huntington-Krankheit betroffen; in Deutschland leiden an ihr schätzungsweise 7 000 bis 8 000 Menschen.

Auffällig ist, daß es auf der Erde regelrechte Krankheits-Cluster gibt. Eine der weltweit größten Ansammlungen von Opfern der erblichen Chorea ist eine Großfamilie, die am Ufer des Maracaibo-Sees in Venezuela lebt. Ein venezolanischer Arzt hatte diese Gruppe in den sechziger Jahren entdeckt, nachdem er Gerüchten nachgegangen war, wonach sich Menschen in einem bestimmen Dorf ständig wie Betrunkene aufführen würden. Die von der Krankheit heimgesuchte Großfamilie spielte eine wichtige Rolle in der Fahndungsgeschichte des Huntington-Gens. Von 1981 an reiste alljährlich eine Gruppe amerikanischer Wissenschaftler in das Fischerdorf am See. Ihre Aufgabe war es, Mitglieder der Familie zu untersuchen, die Verwandtschaftsverhältnisse zu klären und Blutproben für spätere Analysen des Erbgutes zu sammeln.

Die eigentliche Jagd nach dem Gen begann Anfang 1983 im Labor des amerikanischen Wissenschaftlers James Gusella im Massachusetts General Hospital in Boston. Mit viel Geduld ermittelten die Forscher zunächst Chromosom 4 als mutmaßlichen Träger des Huntington-Gens. Nach und nach grenzten sie das Ende des kurzen Arms von Chromosom 4 als möglichen Huntington-Gen-Ort ein. Endlich, im Jahr 1993, zehn Jahre nach Beginn der Arbeiten, wurde das Gen isoliert. Auch sein Eiweißprodukt konnte identifiziert werden. Die Wissenschaftler nannten das Protein „Huntingtin".

Das Gen entpuppte sich als sehr groß, es erstreckt sich über 200 000 Basenpaare. Wo in diesem großen Gen steckte der Fehler? Bei der Suche danach erlebten die Wissenschaftler eine Überraschung. Sie entdeckten eigentümliche „Wortwiederholungen": Das Wort CAG, eine „Dreier-Buchstabenkombination" (Triplett) der DNS-Basen Cytosin, Adenin und Guanin, häufte sich auffällig im Text des

Huntington-Gens. CAG ist das genetische Wort für die Aminosäure Glutamin. 42 bis 66, im Einzelfall bis zu 100 CAG-Wiederholungen konnten die Wissenschaftler im krankhaft veränderten Huntington-Gen zählen – normalerweise kommt das Triplett nur 11- bis 34mal vor. Doch damit nicht genug. Die Wortwiederholungen erwiesen sich als entscheidend für den Verlauf der Erkrankung: Je mehr CAG-Tripletts sich im Gen wiederholen, desto früher bricht die Huntington-Krankheit aus und desto schwerer verläuft sie. Mit den eigenartigen Wortwiederholungen im Huntington-Gen hatten die Wissenschaftler einen völlig neue Art von Mutation entdeckt, die „Trinukleotid-Repetition". Noch wenig zuvor hatten die Wissenschaftler geglaubt, alle Mutationstypen, die in er Natur auftreten, zu kennen.

Seit der Entdeckung des Huntington-Gens ist eine sichere und frühzeitige Diagnose des schweren Erbleidens mit Hilfe eines gezielten Gentests möglich: Der Test kann einem Menschen, in dessen Familie die Erkrankung vorgekommen ist, zuverlässig voraussagen, ob auch ihn das gleiche Schicksal erwarten wird. Die Diagnosemöglichkeit der Chorea Huntington auf molekularer Ebene macht die Krankheit zu einem bedrückenden Beispiel für ein Dilemma, das mit der anschwellenden Flut genetischer Daten zunehmend augenfällig werden wird: Eine Krankheit kann zwar mit Hilfe eines Gentests eindeutig festgestellt oder vorausgesagt werden – es ist z. Z. aber noch nicht möglich, die Erkrankung zu therapieren oder ihr vorzubeugen (siehe auch Kap. 15).

Eine bemerkenswerte Entdeckung deutscher und britischer Wissenschaftler auf der Grundlage des defekten Gens läßt mittlerweile jedoch auf eine Behandlung hoffen. Forscher vom Berliner Max-Planck-Institut für Molekulare Genetik und vom Guy's Hospital in London berichten im Jahr 1997 in der Zeitschrift „Cell", warum die Nervenzellen im Gehirn von Huntington-Patienten vermutlich untergehen: Unlösliche Fasern aus Eiweiß verstopfen die Kerne der Nervenzellen. „Man darf nicht zuviel Hoffnungen schüren", kommentierte der Genetiker Erick Wanker von der Berliner Gruppe die Entdeckung in der Wochenzeitung „Die Zeit": „Aber weil wir den Mechanismus der Krankheit jetzt verstehen, eröffnet sich erstmals die Möglichkeit einer Therapie."

Die Wissenschaftler vom Berliner Max-Planck-Institut hatten das krankhaft veränderte menschliche Huntington-Gen in Bakterien geschleust. Die Mikroben produzierten daraufhin das menschliche Protein, das Huntingtin. Dabei machten die Wissenschaftler eine aufschlußreiche Beobachtung: Sobald die Proteine 51 oder mehr Glutaminsäuren – eine bestimmte Sorte von Aminosäuren – enthielten, ballten sie sich im Reagenzglas zu unlöslichen Faserbündeln zusammen. Eine britische Arbeitsgruppe um den Wissenschaftler Gillian Bates vom Londoner Guy's Hospital untermauerte diese Beobachtung mit einem weiteren Experiment: Die Forscher schleusten das Huntington-Gen in Mäuse und entdeckten die unlöslichen Proteinablagerungen daraufhin in den Kernen der Nervenzellen. Die Eiweißklumpen behindern offenbar die Funktion der Nervenzellen und lassen sie absterben. Schließlich vervollständigt noch eine dritte Arbeit das Bild: Der amerikanische Wissenschaftler Henry Paulson und seine Mitarbeiter von der Universität in Pennsylvania entdeckte die faserigen Proteinablagerungen im Gehirn von Patienten, die an der Bewegungsstörung „spinozerebrale Ataxie (Typ 3)" leiden. Diese Erkrankung hat interessanterweise eine ganze Reihe von Gemeinsamkeiten mit der Chorea Huntington: Wie die Chorea Huntington zählt auch die spinozerebrale Ataxie zu den Erbleiden, bei denen Regionen des Hirns absterben. Auch die Erbanlage, welche die spinozerebrale Ataxie verursacht, enthält übermäßig viele CAG -Tripletts; auch das bei der Ataxie gebildete Protein (Ataxin 3) enthält übermäßig viel Glutamin. Das glutaminreiche Ataxin 3, berichteten die amerikanischen Wissenschaftler im August 1997 in der Zeitschrift „Neuron", verklumpt ebenfalls zu einem unslöslichen Proteinbrocken. Und: Wie bei Huntington-Patienten stirbt das Gehirn der Ataxie-Patienten allmählich durch die unlösliche Proteinschlacke ab. Ähnliche Proteinaggregate – allerdings ohne überlange Glutaminreihen – hatten die Forscher zuvor schon bei der Creutzfeldt-Jakob- und der Alzheimer-Krankheit festgestellt. Auch bei diesen Leiden führen Proteinablagerungen zum Schwund der Nervenzellen im Gehirn.

Ärzte und Patienten hoffen nun aufgrund dieser Erkenntnisse auf Medikamente, die die Ablagerungen der Proteinfasern verhindern. Die Forscher vom Berliner Max-Planck-Institut haben ihr Verfahren, mit dem sich das Zusammenklumpen der Proteine erstmals im Labor nachahmen läßt, zum Patent angemeldet. Mit Hilfe dieses neuartigen Testsystems können sie Tausende von Substanzen daraufhin prüfen, ob sie imstande sind, die Ablagerung der Proteine zu verhindern oder die Proteinschlacke wieder aufzulösen.

ANGEBORENE ZYSTENNIEREN UND RETINOBLASTOM

Weitere medizinisch wichtige Beispiele für monogenetische Erbkrankheiten, die mittlerweile auf ihre genetischen Wurzeln zurückgeführt werden können, sind die „adulte polyzystische Nierendegeneration" (angeborene Zystennieren) und das „Retinoblastom". Bei
der polyzystischen Nierendegeneration führt ein defektes Gen auf
Chromosom 16 dazu, daß die Nieren im mittleren Lebensalter ihren
Dienst versagen. Das Gen, PKD1 genannt, wurde im Jahr 1994 mit
neuen Methoden isoliert, die im Rahmen des Genom-Projektes entwickelt wurden.

Das Retinoblastom ist ein seltener Tumor der Augennetz-
haut, der Retina. Die bösartige Wucherung kommt nur bei Kindern
unter sechs Jahren vor und geht auf den Ausfall eines Gens zurück,
das auf dem kurzem Arm von Chromosom 13 sitzt. Im Jahr 1986
konnte der amerikanische Wissenschaftler Stephen Friend den betroffenen Erbfaktor – das Retinoblastom-Gen (Rb) – isolieren. Das
veränderte Gen wird dem Kind vom Vater oder von der Mutter vererbt. Kommt es im Fall der Vererbung durch den Vater innerhalb
der ersten fünf Lebensjahres des Kindes auch zu einer Mutation des
entsprechenden mütterlichen Genes in den Netzhautzellen, kann
Krebs entstehen.

Nach Erreichen des fünften Lebensjahres sind die Netzhautzellen „ausgewachsen", sie sind „differenziert". Sie können jetzt
nicht mehr zu bösartigen Tumoren entarten, weil sie sich nicht mehr
teilen. Am Beispiel des Retinoblastoms werden die Vorteile des Wissens um eine genetische Veränderung deutlich: Ein Gentest kann bei
Kindern aus belasteten Familien feststellen, ob eine Veränderung
des Rb-Gen vorliegt. Eine intensive medizinische Überwachung der
Kinder während ihrer ersten fünf Lebensjahre kann dann sicherstel-
len, daß die Tumoren in einem frühen Stadium entdeckt und entfernt werden.

Die monogenen Erbkrankheiten sind nur ein kleiner Teil
des Feldes, das die Genom-Forscher zu bearbeiten gedenken. Ein anderes Ziel ist der Vorstoß zu den genetischen Wurzeln der sehr viel
häufiger auftretenden komplexen Erbkrankheiten. Komplex, polygen
oder multifaktoriell nennen die Wissenschaftler diese Krankheiten
deshalb, weil sie zwar genetischen Ursprungs sind, aber nicht den
einfachen Regeln der Mendelschen Vererbungsgesetze folgen. Sie

werden von einer Vielzahl von Genen – nicht nur von einem einzigen – verursacht; zudem spielen vielschichtige und schwer zu durchschauende Wechselwirkungen zwischen Genen und Umwelt eine wesentliche Rolle. Zu diesen multifaktoriellen Krankheiten zählen Leiden wie Krebs, Diabetes, Bluthochdruck, Asthma, Depression, Schizophrenie oder die Alzheimer-Krankheit.

148

Mulifaktorielle Krankheiten – Genetische Veränderungen am Beispiel Krebs

Als der amerikanische Nobelpreisträger Renato Dulbecco seine wissenschaftlichen Kollegen in den achtziger Jahren dazu aufforderte, das menschliche Genom in der Reihenfolge seiner Bausteine zu entschlüsseln, begründete er das gigantische Unternehmen vor allem damit, daß nur die Gesamtanalyse des menschlichen Genoms umfassend über die Ursachen von Krebserkrankungen aufklären könne. Dieses Wissen verspreche, über ein neues biologisches und medizinisches Grundverständnis in eine bessere Diagnose und Behandlung von Krebs einzumünden. Wer den Krebs verstehen wolle, argumentierte Dulbecco, der müsse die ihm zugrundeliegenden Gene analysieren.

Viele der rund 200 Krebsarten sind heute behandelbar, manche auch heilbar. Dennoch ist das Leiden nach wie vor die zweithäufigste Todesursache in den industrialisierten Ländern. Krebs ist keine einheitliche Erkrankung; der Vielfalt der äußeren Erscheinung liegt jedoch eine innere Einheit zugrunde: Letztlich können alle Tumoren auf Schäden der Erbsubstanz DNS zurückgeführt werden. Krebs fußt zwar auf genetischen Schäden; dies ist aber nicht gleichbedeutend mit ererbten Defekten: Vermutlich beruhen nicht mehr als fünf Prozent aller Krebsfälle in den Industrienationen auf schwerwiegenden ererbten Gendefekten. Die überwiegende Mehrheit aller Tumorerkrankungen geht auf Schäden im Erbgut zurück, die im typischen Fall im Laufe eines Lebens zusammenkommen und eine normale Zelle Stufe für Stufe zu einer bösartigen Zelle entarten lassen.

Daß die Ursache von Krebs im Innern der kleinsten Einheiten des Lebens, der Zellen, zu suchen ist, hat der deutsche Zoologe Theodor Boveri (1862 bis 1915) schon um die Jahrhundertwende vermutet: Er untersuchte Krebszellen mit Hilfe des Lichtmikroskops und stellte dabei fest, daß sich deren Chromosomen in Anzahl und Struktur von denen normaler Zellen unterschieden. Boveri schloß daraus, daß jedes Ereignis, das die Träger der Erbinformation verändert, Krebs – ein übermäßiges, unkontrolliertes Zellwachstum – verursacht

Heute wissen die Krebsforscher, daß die Vermehrung von Zellen normalerweise streng durch ein Programm reguliert und kontrolliert wird, das in den Genen geschrieben steht. Entartete Zellen gehorchen den genetischen Kontrollinstanzen nicht mehr. Sie teilen sich ungehemmt auf Kosten gesunder Zellen.

ONKOGENE, TUMORSUPPRESSORGENE UND MUTATORGENE: EIN AUSGEKLÜGELTER BALANCEAKT

Die Fortschritte bei der Entschlüsselung des menschlichen Genoms lassen heute besser verstehen, welche Gene das Wachstum einer Zelle kontrollieren und was mit ihnen geschehen muß, damit die streng reglementierte Teilung von Zellen außer Kontrolle geraten kann. Derzeit sieht es ganz danach aus, als entstünde Krebs vor allem durch irreversible Schäden in bestimmten Klassen von Genen. In den letzten Jahren haben die Wissenschaftler drei Gruppen von Genen identifiziert, die bei Krebs häufig verändert – mutiert – sind. Dabei handelt es sich um die sog. Onkogene, Tumorsuppressorgene und Mutatorgene. Diese drei Genklassen haben unterschiedliche, z. T. entgegengesetzte Funktionen. Dennoch steuern sie gemeinsam das gesunde Wachstum einer Zelle. Verliert dieses ausgeklügelte genetische Kontrollsystem seine Balance, gerät auch die Zelle aus ihrem fein abgestimmten Wachstumstakt. Welche bedeutende Rolle die drei Genklassen in diesem Balanceakt spielen, macht die Charakterisierung ihrer Aufgaben deutlich.

Bei den Onkogenen handelt es sich um „Wachstumsbeschleuniger“. Die Gene, die dieser Gruppe angehören, fördern die Teilung – die Proliferation – von Zellen. Die normalen, gesunden Versionen dieser Gene bezeichnen die Wissenschafter als Proto-Onkogene. Proto-Onkogene tragen die Information für die Konstruktion von Eiweißen, die Zellen anregen, sich zu teilen. Die kontrollierte Vermehrung von Zellen ist für die Entwicklung eines Organismus unerläßlich. Wenn ein Proto-Onkogen mutiert, kann ein Onkogen (ein

„Krebsgen") entstehen. Diese mutierte Version ist in der Zelle übermäßig oder unangemessen aktiv.

Tumorsuppressorgene (wörtlich Krebsunterdrücker) sind „Wachstumsbremsen". Die Produkte dieser Gene hemmen die Zellvermehrung. Mutierte Versionen dieser Tumorsuppressorgene haben bei Krebs ihre Funktion als Wachstumsbremse verloren.

Mutatorgene sind „Erbgutschützer". Sie sorgen dafür, daß die Integrität des kompletten Genoms erhalten bleibt. Sie sorgen auch dafür, daß der Informationstransfer vom Gen zum Protein reibungslos funktioniert und daß Schäden an der DNS schnellstmöglichst repariert werden. Verändern sich Mutatorgene, wird die Zelle anfälliger für Fehler.

Die Aufgabenverteilung dieser drei Gengruppen in der Zelle wird gerne mit der Funktionsweise der wichtigsten Bauteile eines Autos verglichen: Die Onkogene sind in dieser Analogie die Gaspedale; die Tumorsuppressorgene die Bremsen. Wird das Gaspedal zu fest gedrückt (dies entspricht der Mutation eines Onkogens) oder versagen die Bremsen (dies wäre die Mutation eines Tumorsuppressorgens), gerät der Wagen (die Zelle) außer Kontrolle. Veränderungen der Mutatorgene entsprechen in diesem Bild einem Saboteur, der wahllos Schrauben und Muttern, auch an Gaspedal und Bremse, lockert und darauf wartet, daß ein Unfall geschieht.

Die Bedeutung von Onkogenen und Tumorsuppressorgenen für die Krebsentstehung

Die grundlegenden Arbeiten zum Verständnis der genetischen Wurzeln von Krebs stammen von dem amerikanischen Wissenschaftler Robert Weinberg. Weinbergs Arbeitsgruppe am Whitehead Institute for Biomedical Research in Cambridge, Massachusetts, gelang es als einer der ersten, ein Onkogen in Säugetieren zu identifizieren, zu isolieren und zu sequenzieren. Daß dieses Gen tatsächlich die Zelle zu vermehrtem Wachstum antreiben kann, bewies Weinberg, indem er es aus einer Krebszelle isolierte und in eine gesunde Zelle einschleuste. Das Ergebnis: Die Zelle verhielt sich daraufhin wie eine entartete Zelle.

Die Erforschung des Onkogens erbrachte auch erste Hinweise, wie ein Gen eine Zelle eigentlich dazu veranlassen kann, sich übermäßig zu teilen. Das Gen ist vermutlich für die Bildung eines Rezeptors verantwortlich. Rezeptoren sind vergleichbar mit Antennen, die aus der Oberfläche der Zelle herausragen und Nachrichten von der „Außenwelt" empfangen. Diese Nachrichten werden im Körper von informationstragenden Proteinen vermittelt, die an den Rezeptor binden. Hat ein Rezeptor eine solche Botschaft erhalten, leitet er sie in das Innere der Zelle weiter, wo verschiedene biochemische Prozesse in Gang gesetzt werden.

Die Rezeptoren von Onkogenen sind eigens für den Empfang und die Weiterleitung von Signalen zuständig, die das Wachstum fördern. Die Zelle wird angeregt, sich zu teilen. Wenn nun aber das für den Rezeptor zuständige Gen mutiert – es kann beispielsweise vervielfältigt werden – führt das dazu, daß auch zuviel Rezeptoren gebildet werden. Diese sammeln sich auf der Zelloberfläche an. Die Folge: Die Zelle erhält ständig den Befehl, sich zu teilen. Der gleiche Effekt kann eintreten, wenn ein Tumorsuppressorgen aufgrund einer Mutation seine Aufgabe nicht mehr erfüllt: Das wachstumsfördernde Gen wird nicht mehr durch seinen natürlichen Gegenspieler im Zaum gehalten. Dieses Beispiel zeigt, daß kleinste Veränderungen der wachstumsregulierenden Gene weitreichende Konsequenzen haben können, weil dadurch fein aufeinander abgestimmte Regelkreise aus dem Rhythmus kommen.

Robert Weinberg war nicht nur maßgeblich an der Erforschung der wachstumsfördernen Onkogene beteiligt. Zusammen mit Stephen Friend vom Massachusetts General Hospital Cancer Center und Thaddeus Dryja vom Massachusetts Eye and Ear Infirmary kam er auch den Tumorsuppressorgenen und ihrer Bedeutung für die Krebsentstehung auf die Spur. Die Wissenschaftler entdeckten diesen damals völlig neuen Typus krebsverursachender Gene im Jahr 1983 bei der Untersuchung des Retinoblastoms, eines seltenen Augentumors von Kindern. Heute ist bekannt, daß das Retinoblastom-Gen (Rb) die Information für ein Protein enthält, das eine Schlüsselrolle bei der Kontrolle der Zellvermehrung spielt. Zu den Aufgaben des Rb-Gens zählt, eine Gruppe von Proteinen, die die Zellteilung fördern, zu binden und dadurch zu inaktivieren. Dem Teilungszyklus der Zelle wir dadurch in einem bestimmten Stadium gleichsam ein Riegel vorgeschoben. Kann das Rb-Gen aufgrund einer Mutation nicht mehr korrekt abgelesen werden, versagt auch sein Protein als „Wachstumsbremse" – die Zelle teilt sich unkontrolliert weiter und weiter.

Megastar „p53"

Mittlerweile haben die Wissenschaftler zahlreiche weitere Tumorsuppressorgene entdeckt. Einer der berühmtesten Vertreter dieser speziellen Genklasse ist das Gen „p53", so benannt nach dem dazugehörigen Protein, das man zuerst entdeckte und ein Molekulargewicht von 53 Kilodalton hat.

Gen p53 ist auf dem kurzen Arm von Chromosom 17 zu finden. Zunächst dachten die Wissenschaftler, p53 sei ein Onkogen. Bald stellte sich jedoch heraus, daß es – ganz im Gegenteil – die Zellteilung bremst. Bereits 1979 entdeckt, erkannten die Wissenschaftler erst in den vergangenen zehn Jahren, welche zentrale Bedeutung p53 für das Wachstum von Zellen hat. Mittlerweile ist p53 zum Megastar avanciert. Annähernd zehntausend wissenschaftliche Arbeiten sind bislang veröffentlicht worden, die die Funktion von p53 und die Folgen seines Verlustes beschreiben.

Die zentrale Rolle, die p53 in der Zelle spielt, hat ihm den anschaulichen Namen „Hüter des Erbguts" eingebracht. Denn an der obersten Kontrollinstanz p53 kommt scheinbar keine Zelle vorbei, die sich teilen will. Erst wenn p53 seine Erlaubnis dazu gegeben hat, wird in einer Zelle das Programm „Teilen" gestartet. Seine Zustimmung macht p53 vom „Gesundheitszustand" der Zelle abhängig. Insbesondere die DNS wird auf Schäden überprüft. Ist die Erbsubstanz durch Umweltgifte oder Strahlung geschädigt, startet p53 ein biochemisches Programm, das die Teilung der Zelle stoppt. Die Zelle gewinnt so Zeit, ihre enzymatischen Reparaturtrupps auszuschicken, um die DNS-Schäden zu beheben. Der Wachstumsstopp verhindert also, daß fehlerhafte Erbinformation während der Zellteilung an die Tochterzellen weitergegeben wird. Hat die DNS jedoch so schwere Defekte erlitten, daß eine Reparatur aussichtlos erscheint, leitet p53 den „programmierten Selbstmord", die Apoptose, ein. Dabei zerstört sich die Zelle selbst.

Ist der Hüter des Erbguts selbst von einer Mutation betroffen, sind die Folgen fatal: Fehlerhafte Zellen teilen sich ungehemmt auf Kosten gesunder Zellen. Mutierte p53-Gene haben die Wissenschaftler inzwischen bei zahlreichen Krebsformen gefunden: Zwei Drittel aller Darmtumoren, die Hälfte aller Lungenkrebse sowie ein Drittel aller Brustkrebserkrankungen gehen mit Veränderungen von p53 einher. Der Ausfall oder die Mutation von p53 gilt als die häufigste einzelne genetische Veränderung bei Krebs.

Weitere Stars aus der Truppe der Tumorsuppressorgene

Eine ähnlich überragende Bedeutung für das gesunde Überleben einer Zelle scheint auch ein Gen zu haben, das amerikanische Wissenschaftler von der Harvard Universität in Boston im Jahr 1997 entdeckten. Bei dem Neuling handelt es sich offenbar ebenfalls um ein Tumorsuppressorgen. Die Wissenschaftler nennen es „p73". Aufgespürt haben sie das neue Gen auf Chromosom eins. Der Abschnitt des Chromosoms, auf dem p73 sitzt, fehlt bei vielen Patienten, die an einem Tumor des Nervensystems, einem Neuroblastom, erkrankt sind.

Was p73 für die Genforscher besonders interessant macht, ist die Tatsache, daß es sehr viel mit p53 gemeinsam hat. Beide zusammen kontrollieren offenbar das Zellwachstum, übernehmen dabei jedoch eindeutige Sonderaufgaben. Die Proteine, die nach den Anleitungen von p53 und p73 in der Zelle produziert werden, sehen sich sehr ähnlich. Beide Eiweiße bestehen aus vier funktionellen Baueinheiten, sog. Domänen. Drei der vier Baueinheiten im p53- und im p73-Protein unterscheiden sich nur wenig. Dies deutet darauf hin, daß beide Proteine ähnliche Aufgaben in der Zelle wahrnehmen. Die vierte Domäne hingegen ist bei beiden Proteinen verschieden. Auf diesem Unterschied könnten die jeweiligen Sonderaufgaben beruhen. Während das Hauptkontrollgebiet von p53 das Erbgut ist, scheint das neue Gen besonders an der Kontrolle der Entwicklung von Hirnzellen beteiligt zu sein. Die Wissenschaftler haben außerdem Hinweise darauf gefunden, daß p73 das ordnungsgemäße Funktionieren der Zellen des Immunsystems überwacht.

Weitere Stars aus der Truppe der Tumorsuppressorgene sind die sog. Brustkrebsgene. Auch sie haben eine weit über die wissenschaftlichen Medien hinausgehende Popularität erlangt. Schon lange waren die Wissenschaftler auf der Suche nach dem Gen für die vererbbare Form des Brustkrebses. Im Juli 1994 wurde der amerikanische Wissenschaftler Mark Skolnick vom Medical Center der Universität von Utah in Salt Lake City fündig: Er identifizierte den genauen Ort des BRCA1-Gens (engl. „BReast CAncer gene 1") auf Chromosom 17. Nachdem der Genort bekannt war, konnten die Wissenschaftler das Gen isolieren und seine Sequenz Baustein für Baustein bestimmen. Dabei stellte sich heraus, daß das Protein, das nach den Anleitungen des BRCA1-Gens gebildet wird, an die DNS bindet und so das Ablesen anderer Gene reguliert.

Im Jahr 1995 entdeckten amerikanische und britische Forscher ein weiteres Brustkrebsgen auf Chromosom 13. Sie nannten das
Gen „BRCA 2". Bei beiden Erbanlagen handelt es sich sehr wahrscheinlich um Tumorsuppressorgene, deren Ausfall das unkontrollierte Wachstum der Brustzellen begünstigt. Dies gilt nur für den seltenen erblichen Brustkrebs: Nur rund fünf Prozent aller Brustkrebserkrankungen sind erblich bedingt. (siehe auch Kap. 15).

Stufen der Zellentartung

Das Stufenmodell der Krebsentstehung besagt, daß jede Krebszelle
auf eine Ursprungszelle zurückzuführen ist, bei der sich nach und
nach Mutationen angehäuft haben. Tritt in einer Zelle ein irreversibler genetischer Defekt auf, gibt sie diesen bei der Teilung an ihre
Tochterzellen weiter. Ein solcher genetischer Defekt kann ererbt sein
– wie es bei der familiären Polypose – einer schweren Darmerkrankung, die zu Krebs entarten kann – der Fall ist. Als „erster Schritt" auf
den Stufen zur Entartung ist der Gendefekt dann von Anfang an in
allen Zellen des Körpers vorhanden. Zu irgendeinem Zeitpunkt ereignet sich in einer der vorgeschädigten Zellen eine zweite Mutation;
in den daraus hervorgehenden Zellen eine dritte Mutation und so
fort. Schließlich haben sich in einer Zelle so viele Mutationen angesammelt, daß sie die Schwelle von noch gutartig zu bösartig überschreitet.

Bei der familiären Polypose können die Wissenschaftler
mittlerweile die Stufen der Entartung bis in ihre molekulare Details
aufzeigen: Ist das APC -Gen (APC von adenomatöse Polyposis Coli)
auf Chromosom 5 mutiert, wachsen Zellen des Dickdarms zu Polypen heran. Diese vermehrte Zellteilung ist an sich harmlos; allerdings
besteht bei jeder Teilung die Gefahr, daß auch ein anderes Gen der
Zelle durch Umweltgifte oder andere mutationsfördernde Einflüsse
Schaden nimmt. Ist zufällig ein Proto-Onkogen von einem solchen
Schaden betroffen, wandelt es sich in ein übermäßig aktives Onkogen
(es handelt sich um „k-ras" auf Chromosom 12) und regt die Zellen
zusätzlich zu vermehrten Teilungen an. Später geht noch ein Gen verloren („dcc" auf Chromosom 18), worauf sich das Zellwachstum noch
mehr beschleunigt. Schließlich verliert die Zelle mit p53 auf Chromosom 17 das entscheidende Wächter-Gen. Diese Ergebnis bringt das

„Faß zum Überlaufen bringt". Ohne das intakte p53 wachsen die
Darmpolypen hemmungslos, ihre Zellen wuchern in gesundes Gewebe und dringen tief in die Darmwand ein. Das bösartige Wachstum
hat eingesetzt. Schließlich fallen noch weitere Gene aus, wodurch es
den Krebszellen möglich wird, sich aus dem Zellverband zu lösen,
über Blut- und Lymphbahnen in den Körper auszuschwärmen, und
Metastasen, also Tochtergeschwülste, zu bilden.

Moderne molekularbiologische Nachweisverfahren ma-
chen es heute möglich, innerhalb von Familien, in denen die familiäre Polypose vorkommt, Anlageträger und Nichtanlageträger frühzeitig zu identifizieren: Personen, die das veränderte Gen tragen,
können gezielt behandelt, Nichtanlageträgern können regelmäßige,
unangenehme ärztliche Untersuchungen erspart werden.

Genetische Untersuchungen haben mittlerweile gezeigt,
daß Mutationen des APC-Gens nicht nur bei der erblichen, sondern
auch bei anderen Formen von Dickdarmkrebs vorkommen. Die Betroffenen hatten das defekte Gen nicht geerbt; die Mutation war vielmehr zufällig aufgetreten – die Folgen blieben jedoch gleich. Das Muster der schrittweisen Abfolge von Mutationen findet sich auch bei
anderen Krebsarten. Die Wissenschaftler schätzen, daß ingesamt fünf
bis sieben Genmutationen stattfinden müssen, um eine normale Zelle
in eine bösartige Krebszelle zu verwandeln.

Während die Onkogene und die Tumorsuppressorgene di-
rekt an der Kontrolle der Zellvermehrung beteiligt sind, hat die dritte
Klasse von Genen, die in Krebszellen häufig mutiert sind, übergeordnete Funktionen: Die Mutatorgene scheinen eine mehr allgemeine
Rolle beim Schutz der genetischen Information einzunehmen. Erlei-
det ein Mutatorgen Schaden, treten gehäuft Fehler bei der Verdopplung der Erbsubstanz auf. Auch die Reparatur der DNS ist beeinträchtigt. Diese Beobachtungen lassen darauf schließen, daß in den
Mutatorgenen die Information für ein enzymatisches Fehlerkorrektursystem niedergeschrieben ist: Die Enzyme prüfen die DNS nach
ihrer Verdopplung auf falsch gepaarte Basenpaare und korrigieren
etwaige Fehler, indem sie die falschen Paare herausschneiden und
durch die richtigen ersetzen. Verändern sich die Gene, die für dieses
Fehlerkorrektursystem zuständig sind, steigert sich die allgemeine
Mutationsrate um das 100 bis 1 000fache. Mutatorgene wurden Anfang der 90er Jahre zunächst bei dem Darmbakterium Escherichia
coli beschrieben; wenig später fanden die Wissenschaftler derartige

Gene auch beim Menschen. Die Forscher vermuten derzeit, daß veränderte Mutatorgene keinen direkten Einfluß auf die Entartung einer Zelle haben. Sie machen den schrittweisen Übergang einer normalen zu einer bösartigen Zelle jedoch aufgrund der ingesamt erhöhten Mutationsrate sehr viel wahrscheinlicher.

156 Subtile genetische Hintergründe: Die Alzheimer-Krankheit

Der subtile genetische Hintergrund von Krebs ist nur ein Beispiel für die Komplexität menschlicher Krankheiten. Ein weiteres Exempel ist die Alzheimer-Krankheit, die in einer Zeit, wo immer mehr Menschen immer älter werden, zu einem großen Gesundheitsproblem heranzuwachsen droht. Zu dessen Lösung werden große Hoffnungen in die molekulare Medizin gesetzt.

Erstmals beschrieben wurde das Leiden Anfang unseres Jahrhunderts von Alois Alzheimer. Der Münchener Nervenarzt hatte die Gehirne von Menschen untersucht, die am sog. Altersschwachsinn verstorben waren. Er entdeckte dabei Ablagerungen, die er in den Gehirnen verstorbener alter Menschen ohne Demenz nicht finden konnte: „Miliare Herdchen, welche durch Einlagerungen eines eigenartigen Stoffes bedingt sind", schrieb Alzheimer vor über achtzig Jahren in der „Allgemeinen Zeitung für Psychiatrie", habe er in der Hirnrinde der Patienten gefunden. Heute ist bekannt, daß es sich bei den Einlagerungen – Alzheimer nannte sie „senile Plaques" – um Proteine (Beta-Amyloid) handelt, die die Funktion des Gehirns beeinträchtigen. Die Krankheit äußert sich zunächst mit leichtem, dann immer stärker werdendem Gedächtnisverlust. Mehr und mehr schwinden die geistigen und sozialen Fähigkeiten, am Ende ist die Persönlichkeit des Menschen völlig zerstört.

Die alte Beobachtung, daß die Alzheimer-Krankheit in Familien gehäuft aufzutreten schien, rief die Genforscher auf den Plan. In der Tat konnten sie Anfang der neunziger Jahre drei Gene ausfindig machen, die bei der familiären Form der Alzheimer-Krankheit defekt sind. Charakteristisch für die familiäre Form ist der frühe Beginn des Leiden: Die Betroffenen erkranken bereits im dritten oder vierten Jahrzehnt ihres Lebens. Die Forscher fanden Mutationen im Gen für einen Baustein der Zellmembran, das Amyloid-Vorläuferprotein APP, sowie charakteristische Veränderungen in den als Presenilin 1 und 2 (PS1; PS2) bezeichneten Erbanlagen. Welche Aufgabe die Presenilin Gene haben, ist den Wissenschaftlern noch unbekannt. Auch Personen, die eine bestimmte Variante einer am Fettstoffwechsel beteiligten Erbanlage (ApoE4) besitzen, haben ein erhöhtes Risiko, an Alzheimer zu erkranken.

Festzuhalten bleibt, daß die Erkrankung auch bei Menschen vorkommt, die alle diese Gendefekte nicht in ihren Zellen tragen. Selbst erbliche Krankheitsformen sind den Wissenschaftlern bekannt, bei denen Mutationen in den Genen für APP, PS1 und PS2 nicht nachgewiesen werden konnten. Neben den genetischen scheint es also noch andere Einflüsse zu geben, die ein erhöhtes Alzheimer-Risiko bedingen.

Um die Rolle der Alzheimer-Gene besser zu verstehen, untersuchen die Wissenschaftler derzeit im Tiermodell, was die mutierten Gene im Organismus anrichten. Als Stellvertreter für den Menschen dienen ihnen „transgene" Mäuse. Dabei handelt es sich um eigens gezüchtete Tiere, denen die bei der Alzheimer-Krankheit veränderten menschlichen Gene übertragen wurden. Untersuchungen an solchen transgenen Mäusen haben beispielsweise Hinweise darauf ergeben, daß die Ablagerung von Amyloid – der charakteristischen Veränderung im Gehirn von Alzheimer-Patienten – möglicherweise nicht die Ursache, sondern eine Folge der Erkrankung sind. Denn schon bevor das Amyloid abgelagert wird, beobachten die Forscher im Gehirn verstärkte Abbauprozesse. Offenbar unterliegen die Nervenzellen besonders leicht dem programmierten Zelltod, der Apoptose. Dies ist ein weiterer Baustein im Verständnis des komplexen Krankheitsgeschehens bei der Alzheimer-Krankheit. Solche Ergebnisse lassen auf Anhaltspunkte für eine Therapie hoffen. Noch vor kaum einem Jahrzehnt war über die Ursache der Erkrankung nichts bekannt.

Hoffnung auf die ursächliche Therapie eines anderen häufigen Altersleidens, der Parkinson-Krankheit, macht die Entdeckung eines Genfehlers, von dem schwedische Wissenschaflter im Sommer 1997 in der Zeitschrift „Science" berichteten. Die Forscher vom Karolinska Institut in Stockholm meldeten, ein Schlüsselgen gefunden zu haben, das die Entwicklung von dopaminproduzierenden Zellen und die Menge des produzierten Dopamins im Gehirn steuert. Dopamin ist eine wichtige, körpereigene Substanz, die Nachrichten von Nervenzelle zu Nervenzelle überträgt. Nervenzellen, die Dopamin produzieren, gehen im Hirn von Parkinson-Patienten mehr und mehr zugrunde. Die schwedischen Forscher glauben, daß ihre Entdeckung die Grundlage für neue, ursächlich wirkende Medikamente werden wird.

Viele weitere Erkrankungen, die mittlerweile mit defekten Genen assoziiert werden, ließen sich nennen. Die Liste reicht von Asthma über Diabetes bis hin zu Depressionen und Schizophrenie.

Wie die Mikrobiologen in früheren Zeiten auf der Jagd waren nach krankmachenden Vieren und Bakterien, sind die Molekularbiologen heute hinter den Genen her, welche sie letztlich verdächtigen, bei allen Erkrankungen des Menschen in irgendeiner Weise eine Rolle zu spielen. Die Erfolge der modernen Biologie sind beachtlich. Mit dem Aufkommen der Molekularbiologie, schreibt der französische Genetiker und Nobelpreisträger François Jacob, sei eine „unglaublich optimistische Epoche" angebrochen – „als würden durch die Magie der Doppelhelix alle seit der Antike gestellen Fragen plötzlich beantwortet". Daß auch die Genforschung von solcher Idealvorstellung weit entfernt ist, zeigt sich daran, daß sie trotz ihres unmittelbaren Zuganges an die molekularen Wurzeln allen Lebens und Leids noch immer mehr Fragen provoziert als Antworten gibt. „Die Biologie befindet sich gerade erst im Aufbruch", wagt Jacob in seinem Buch „Die Maus, die Fliege und der Mensch" einen Blick in die Zukunft der Genforschung: „In ihrem Kielwasser folgt eine neu entstehende Medizin. Am Horizont zeichnet sich die Beherrschung zahlreicher Krankheiten ab."

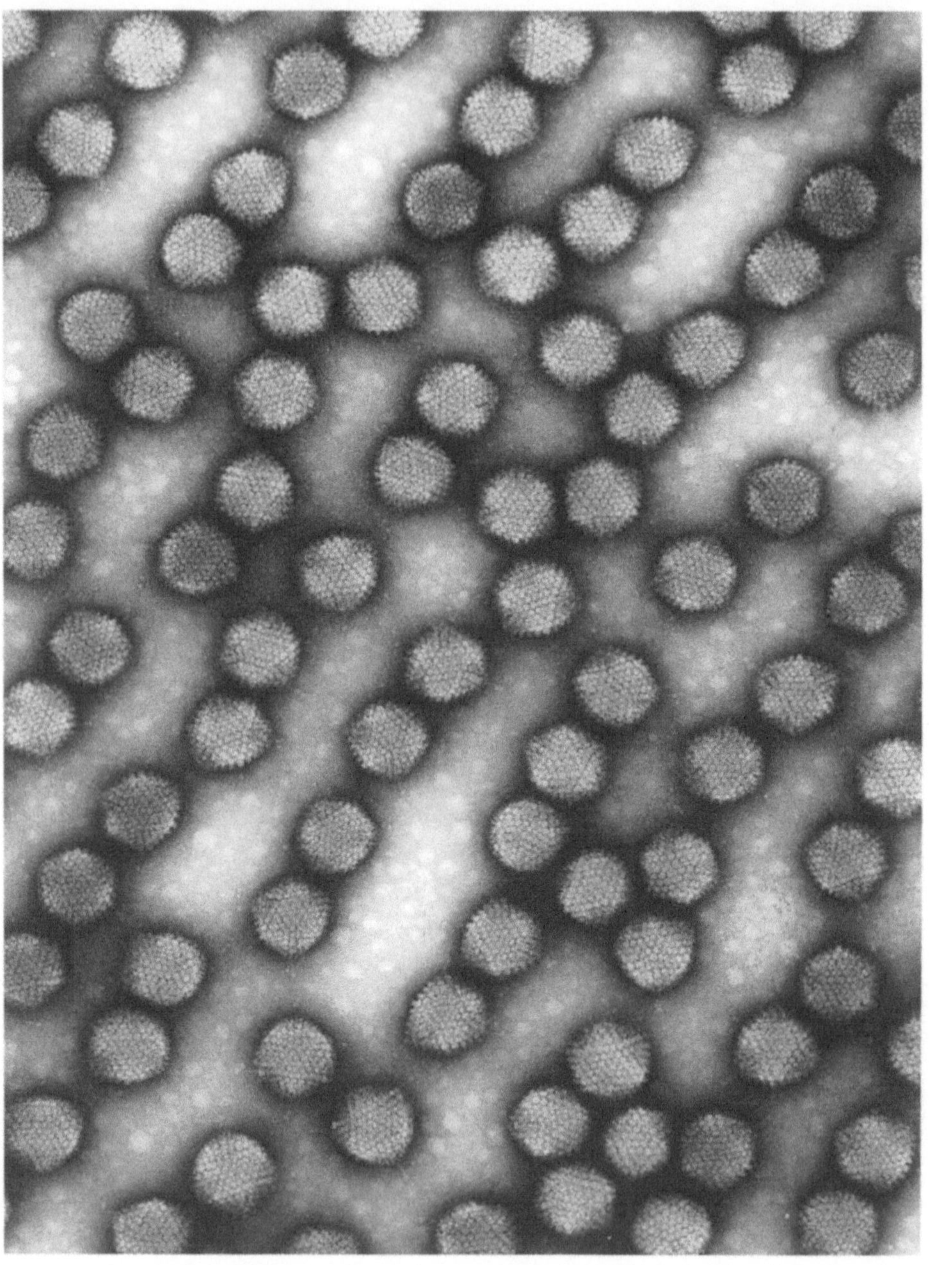

Virushüllen sollen als Genfähren dienen, mit deren Hilfe man Faktoren in Zellen einschleusen will, die zum Beispiel Gendefekte reparieren.

13 Heilen mit Genen

28 Minuten dauerte die Prozedur, die Ashanti DeSilva, ein vierjähriges Mädchen mit einer schweren, meist tödlich verlaufenden Blutkrankheit, am 14. September 1990 über sich ergehen ließ. Das Kind saß auf einem Klinikbett, ein Infusionsschlauch war an seinem Arm befestigt. Durch den Schlauch flossen weiße Blutkörperchen, die Ashanti zuvor entnommen worden waren, wieder in ihren Körper zurück. Auf den ersten Blick erschien das, was im September 1990 geschah, kaum als medizinische Sensation. Und doch war die scheinbar unspektakuläre Behandlung ein historisches Ereignis. Es war der erste genehmigte Gentherapieversuch am Menschen.

Ashanti war im Jahr 1986 mit der defekten Version eines Gens geboren worden, das normalerweise für die Produktion eines lebensnotwendigen Proteins zuständig ist. Das Protein arbeitet als Enzym und trägt den Namen „Adenosindesaminase", kurz „ADA". Die Adenosindesaminase verhindert, daß sich schädliche Produkte, die während des Stoffwechsels entstehen, im Körper anreichern. Ist das Enzym nicht vorhanden, sammeln sich die Giftstoffe an und zerstören bestimmte Bestandteile des Immunsystems. Vor allem die T-Zellen, ein Zelltyp der weißen Blutkörperchen, sind betroffen. Mit den T-Zellen gehen jene Zellen der körpereigenen Abwehr verloren, die wichtige Reaktionen des Organismus gegen Krankheitserreger koordinieren. Eine für gesunde Menschen harmlose Erkältung kann für die Kinder, die von der Erbkrankheit betroffen sind, zu einer lebensgefährlichen Bedrohung werden. Weltweit bekannt wurde das sehr seltene Leiden – weniger als eines von 100 000 Kindern wird mit diesem Gendefekt geboren – durch David, den „Bubble-Boy". Die bei ihm besonders schwer ausgeprägte Krankheit zwang ihn, bis zu seinem Tod im Alter von zwölf Jahren in einem Plastikzelt zu leben, das ihn vor Infektionserregern schützte.

Um Ashanti und anderen betroffenen Kindern ein ähnliches Schicksal zu ersparen, wagten die amerikanischen Ärzte French Anderson, Michael Blaese und Kenneth Culver erstmals den Versuch, mit Genen zu heilen. Die weißen Blutzellen, die sie Ashanti DeSilva am 14. September 1990 ab 12.52 Uhr übertrugen, hatten sie dem Kind einige Tage zuvor entnommen, um ihnen im Labor ein Gen einzupflanzen. In den Körper des Mädchens zurückgegeben, sollten die weißen Blutzellen mit Hilfe des ihnen hinzugefügten Gens jenes lebensnotwendige Enzym herstellen, welches Ashanti von Geburt an fehlte. Fünf Jahre Laborarbeit und ein dreijähriges Zulassungsverfahren waren diesem ersten Behandlungsversuch am Menschen vorausgegangen.

Ashanti ist heute zwölf Jahre alt. Es geht ihr gut, und sie kann ein weitgehend normales Leben führen. Wie groß allerdings der Anteil der Gentherapie an diesem Erfolg ist, ist nur schwer zu beurteilen. Denn alle „ADA-Kinder", die bislang in den Vereinigten Staaten und in Europa mit Genen behandelt wurden, erhalten zusätzlich regelmäßige Injektionen des gereinigten Enzyms. Dies wurde den Forschern zur Auflage gemacht, um eine optimale Therapie der Kinder zu gewährleisten.

Zur Zeit arbeiten amerikanische Wissenschaftler unter Leitung von Michael Blaese an einer verbesserten Form der ADA-Gentherapie. Sie versuchen, die gesunde Version des Gens gleich nach der Geburt in „Stammzellen" des Blutes betroffener Kinder einzubringen. Stammzellen sind die idealen Empfänger für therapeutische Gene, weil sie sich dauerhaft teilen und spezialisierte Abkömmlinge hervorbringen. Aus den Stammzellen des Knochenmarks entstehen beispielsweise lebenslang alle Arten von Blutzellen wie die weißen und roten Blutkörperchen oder die Immunzellen. Blutstammzellen mit dem intakten, stabil eingebauten ADA-Gen, so die Überlegung der Forscher, sollten zu einer ständigen Quelle für gesunde weiße Blutzellen werden. Die gentherapeutische Behandlung müßte zudem nicht, wie derzeit bei Ashanti, regelmäßig wiederholt werden. Noch immer fällt es den Wissenschaftlern jedoch schwer, menschliche Stammzellen in reiner Form zu gewinnen und in vorhersehbarer Weise zu verändern.

Weltweite klinische Versuche mit Gentherapie

Die Ergebnisse der Pioniertat von Anderson, Blaese und Culver wirkten so ermutigend, daß sich Wissenschaftler in aller Welt an weitere klinische Anwendungen einer Therapie mit Genen wagten. Mittlerweile haben weltweit mehr als 2 000 Patienten an den Versuchen teilgenommen, Gene zu übertragen, um erbliche oder erworbene Krankheiten zu lindern oder zu heilen. Nahezu alle Gentherapien sind für Leiden entwickelt worden, für die es bislang keine wirksamen Therapien gibt.

Beispiele für Krankheiten, an denen Gentherapeuten z. Z. in weltweit über 300 Studien forschen, sind angeborene Gendefekte wie die Mukoviszidose (siehe Kap. 12), die Muskeldystrophie (siehe Kap. 12) oder die familiäre Hypercholesterinämie (ein angeborener Gendefekt verursacht zu hohe Cholesterinspiegel im Blut; die Folge ist eine schon in jungen Jahren einsetzende Arteriosklerose). Weit über die Hälfte aller klinischen Versuche zur Gentherapie beschäftigt sich mit Krebserkrankungen. Krebserkrankungen galten auch die ersten gentherapeutischen Versuche in Deutschland: Sie erfolgten 1994 in Berlin und Freiburg. Es wird auch versucht, die Immunschwäche AIDS mit Genen zu behandeln.

Die bisherigen Versuche zur Gentherapie haben gezeigt, daß es grundsätzlich möglich ist, Gene in einen anderen Organismus einzuschleusen und sie dort ohne schwerwiegende Nebenwirkungen zum Funktionieren zu bringen, manchmal über mehrere Jahre hinweg. Die Gesundheit deutlich zu verbessern oder eine Krankheit zu heilen – das hat die Gentherapie allerdings bislang bei keinem Patienten erreichen können. Denn noch ist die hochgelobte „Medizin des nächsten Jahrtausends" in einem experimentellen Stadium. Bevor Gene routinemäßig übertragen werden können, um eine Vielzahl von erblichen und erworbenen Krankheiten zu behandeln oder zu lindern, müssen die Wissenschaftler noch grundsätzliche Probleme lösen. Vor allem gilt es, die Methoden zu verbessern, mit denen therapeutische Gene in Zellen eingeschleust werden. Derzeit gelingt es oft nicht, genügend Gene an den vorgesehenen Bestimmungsort zu bringen. Aus Gründen, die die Forscher nicht immer genau kennen, funktionieren die Gene nicht wie gewünscht oder wenn, dann nur für kurze Zeit. Ein therapeutisches Gen hat unter solchen Voraussetzungen nur wenig Chancen, den Verlauf einer Krankheit günstig und nachhaltig zu beeinflussen.

Heilen mit Genen: Was die Wissenschaftler darunter verstehen

Nach einer weit gefaßten Definition ist Gentherapie „die Übertragung von neuem genetischen Material auf die Zellen eines Menschen mit therapeutischem Resultat". Diese Transplantation von Informationsträgern ist ein grundsätzlich neues Prinzp der medizinischen Behandlung. Ein Gen wird also in eine Körperzelle übertragen, bei der dieses Gen defekt ist oder fehlt. Das hinzugefügte Gen, so die Hoffnung, übernimmt die Aufgabe des schadhaften Gens und produziert das bislang fehlende Protein. Neben dieser mittlerweile als „klassisch" bezeichneten Gentherapie gibt es weitere Formen. Die Wissenschaftler versuchen derzeit beispielsweise, die Expression – also die Übersetzung eines fehlerhaften Gens in die Proteinsprache – durch sog. „Antisense-Gene" zu blockieren. Versucht wird auch, bestimmte Zellen, etwa Krebszellen, gezielt abzutöten, indem man sie durch hinzugefügte Gene empfindlicher für Medikamente macht. Bei einem weiteren gentherapeutischen Ansatz wollen die Wissenschaftler mutierte Gene direkt im lebenden Organismus korrigieren. Welche Strategie auch immer verfolgt wird – Voraussetzung ist eine genaue Genkarte, die derzeit von dem Human-Genom-Project erarbeitet wird.

Grundsätzlich unterscheiden die Wissenschaftler die „somatische Gentherapie" von der „Keimbahntherapie". Bei der somatischen Gentherapie werden nur die Soma- (Körper-)zellen eines Individuums genetisch verändert. Zellen der Keimbahn, also Ei- und Samenzellen, bleiben unverändert. Die somatische Gentherapie kann einen genetischen Defekt im betroffenen Individuum beseitigen; der genetische Eingriff kann jedoch nicht an die Nachkommen weitergegeben werden. Anders bei der Keimbahntherapie: Da hierbei die Keimzellen verändert werden könnten, wäre es auch möglich, die genetische Veränderung an die Nachkommen zu vererben. Eine derartige künstliche Veränderung menschlicher Keimbahnzellen ist in Deutschland verboten.

Schließlich können die verschiedenen Formen der Gentherapie auch danach unterschieden werden, wo die Genübertragung stattfindet. Dazu gibt es zwei Möglichkeiten: Entweder die therapeutischen Gene werden direkt in die Zellen des Patienten eingebracht – dies wird als In-Vivo-Gentherapie bezeichnet. Oder die Gentherapeuten entnehmen den Patienten Zellen, übertragen ihnen im Labor die entsprechenden Gene und geben den Patienten die Zellen anschließend wieder zurück. Dieses Verfahren bezeichnet man als Ex-Vivo-Gentherapie.

Von der Spekulation zur Realität

Zu den ersten Wissenschaftlern, die sich gedanklich mit einer Gentherapie beschäftigten, zählte der amerikanische Mediziner French Anderson. Er reichte im Jahre 1968 eine Arbeit beim renommierten „New England Journal of Medicine" ein. In seinem Beitrag mit dem Titel „Gegenwärtige Möglichkeiten zur Behebung genetischer Defekte" beschrieb er seine Vorstellungen zu einer Therapie mit Genen. In ihrem Antwortschreiben teilten die Herausgeber dem jungen Arzt nicht ohne Bedauern mit, daß die Veröffentlichung des Aufsatzes von den Gutachtern abgelehnt worden sei. Die Ideen Andersons, hieß es in der Begründung, seien zwar interessant, aber viel zu spekulativ. 22 Jahre später setzte French Anderson die Spekulation mit der Behandlung von Ashanti DeSilva in die Realität um.

Möglich machten das eine Reihe neuer Methoden, die in den frühen 70er Jahren entwickelt worden waren und unter dem Begriff „Gentechnik" zusammengefaßt werden. Als Geburtsjahr der Gentechnik gilt das Jahr 1973. Damals zeigten die amerikanischen Biochemiker Herbert Boyer und Stanley Cohen von der Stanford Universität, daß es möglich ist, ein Gen mit Hilfe von bestimmten Enzymen aus einem Organismus herauszuschneiden und in einen anderen einzufügen. Mit diesem als „DNS-Rekombinationstechnik" bezeichneten Verfahren wurde es den Wissenschaftlern möglich, Gene zu isolieren, zu charakterisieren und neu zu kombinieren.

Als Transporteure für das fremde Gen nutzten Boyer und Cohen Plasmide. Dabei handelt es sich um kleine, ringförmige Moleküle aus DNS, die in Bakterien und manchen Hefearten vorkommen. Die Bakterien nutzen solche Plasmide natürlicherweise, um Gene, die sie unempfindlich gegen Antibiotika werden lassen, von einem Bakterium zum anderen zu übertragen. Mit Hilfe von bestimmten Enzymen, die wie kleine Scheren arbeiten – die Wissenschaftler nennen sie „Restriktionsenzyme" – können die Molekularbiologen einen Plasmidring an einer bestimmten Stelle aufschneiden. Die entstehenden Schnittstellen haben „klebrige Enden"; an diesen Enden läßt sich mit Hilfe anderer Enzyme (Ligasen) ein fremdes Gen einfügen. Der komplette Plasmid-Ring kann nun in eine Wirtszelle – beispielsweise in ein Bakterium – eingeführt werden. Daraufhin produziert die biochemische Maschinerie der Mikroorganismen jenes Protein, dessen Bauanleitung in dem „eingeklebten" Gen des Plasmids niedergeschrieben ist. Nach diesem Prinzip werden heute zahlreiche Medikamente hergestellt. Das erste von Bakterien produzierte Medikament war menschliches Insulin zur Behandlung des Diabetes mellitus. Es kam Anfang der 80er Jahre auf den Markt.

Auch für eine Gentherapie bedarf es solcher Übertragungssysteme. Die Wissenschaftler nennen diese Genfähren „Vektoren". Zahlreiche Vektoren, die in der Lage sind, fremde DNS in Zellen zu schmuggeln, haben die Grundlagenforscher mittlerweile entwickelt. Jeder Vektortyp hat seine Vor- und Nachteile. Gemeinsam ist allen, daß ihre Effizienz noch sehr zu wünschen übrig läßt. Grundlagenforscher in aller Welt arbeiten deshalb z. Z. intensiv daran, die Genfähren zu verbessern, damit sie den Anforderungen, die an sie gestellt werden, genügen. Erste Fortschritte wurden in jüngster Zeit erzielt.

Grundsätzlich unterscheiden die Wissenschaftler zwei Vektorsysteme: Den Gentransfer ohne die Mithilfe von Viren und den Gentransfer mit Hilfe von Viren. Zu den Verfahren, die ohne Viren arbeiten, zählen die „Mikroinjektion", der „Partikelbeschuß" und die „Liposomen-Fusion". Bei der Mikroinjektion injizieren die Wissenschaftler die Erbsubstanz mit einer sehr feinen Hohlnadel direkt in den Kern einer Zelle. Ein Teil der so behandelten Zellen nimmt das fremde Gen auf und produziert das entsprechende Genprodukt. Erprobt wurde der Einsatz solch „nackter DNS" an den Muskelzellen von Mäusen. Einige Muskelzellen nahmen die Gene tatsächlich in sich auf und produzierten das gewünschte Protein. Den bisherigen Ergebnissen zufolge könnte sich diese Übertragungsmethode beispielsweise für eine Gentherapie des progressiven Muskelschwundes, der Duchenneschen Muskeldystrophie, eignen. Auch zur Immunisierung gegen Infektionskrankheiten hoffen die Wissenschaftler eines Tages nackte DNS einsetzen zu können, da auf diese Weise bereits Mäuse vor einer für sie tödlich verlaufenden Infektion mit einem Grippevirus geschützt werden konnten.

Eine Alternative zur direkten Injektion von Genen ist der Partikelbeschuß. Dazu beschichten die Wissenschaftler winzige Partikel aus Wolfram oder Gold mit DNS. Die beschichteten Kugeln schießen sie auf das Zielgewebe. Tatsächlich kann diese Schrotschußmethode im Mikromaßstab einige Projektile in die Zielzelle bringen. Näher an der Anwendung beim Menschen ist die „Jet-Injektion". Bei diesem Verfahren wird mit einer Art Impfpistole unter hohem Wasserstrahldruck DNS injiziert.

Liposomen sind künstlich hergestellte, hohle Kügelchen aus Fettmolekülen. Sie tragen in ihrem Innern die fremde DNS und transportieren sie zur Zelle. Dort angekommen, verschmelzen die Liposomen mit der Zellmembran und geben ihre Fracht – das Gen – in das Innere der Zelle ab. Etwa ein Prozent der so übertragenen DNS erreicht den Zellkern und wird exprimiert. Das heißt, die Information des fremden Gens wird abgelesen und das entsprechende Genprodukt, das Protein, gebildet. Die Liposomen-Technik ist so weit gediehen, daß sie in klinischen Studien bei Krankheiten wie Mukoviszidose und Krebs erprobt wird. Derzeit experimentieren die Forscher mit der chemischen Zusammensetzung der Außenhaut von Liposomen. Ihr Ziel ist es, sie dadurch zielgerichteter und effizienter zu machen.

Bei einem anderen Verfahren verpacken die Wissenschaftler die Gene nicht in Fettmoleküle, sondern hüllen sie in Aminosäurepolymere. Diese Verpackungsweise soll verhindern, daß Enzyme die therapeutischen Gene im Innern der Zelle abbauen. In Zellkulturen hat dieser Verpackungstrick bereits gut funktioniert.

Zu den Methoden, Gene ohne die Mithilfe von Viren in Zellen zu transportieren, zählt auch die „rezeptorvermittelte Endozytose". Dabei nutzen die Forscher einen natürlichen Mechanismus, um die Zellmembran zu durchqueren. Die Wissenschaftler koppeln die DNS zunächst an ein Molekül, das gezielt einen Rezeptor – eine Art Antenne – auf der Oberfäche von Zellen erkennt und an ihn bindet. In einem Vorgang, der wissenschaftlich Endozytose genannt wird, nimmt die Zelle den Rezeptor mitsamt dem Molekül und der daran haftenden DNS in ihr Inneres auf.

Erfolg versprechen sich die Wissenschaftler auch von künstlichen menschlichen Chromosomen. Eine Wissenschaftlergruppe der Case-Western-Reserve-Universität sowie des Unternehmens Athersys in Cleveland, Ohio, stellte die Neuentwicklung im Frühjahr 1997 der Öffentlickeit vor. Die im „Reagenzglas" hergestellten Chromosomen könnten zu neuen Vehikeln werden, auf denen eine große Anzahl von Genen in menschliche Zellen geschleust wird. Die künstlichen Chromosomen sind zwar nur ein Fünftel bis ein Zehntel so groß wie die „Originale". Wie die echten sind sie jedoch mit allem ausgestattet, was ein menschliches Chromosom notwendigerweise braucht: Die Enden der Kunstobjekte werden von Telomeren vor Abnutzung geschützt; sie enthalten Startpunkte für die Teilung und ein Centromer, das dafür sorgt, daß sich die Chromosomen bei der Zellteilung ordnungsgemäß verteilen. Therapeutische Gene können in die Konstrukte – wie in einen Hamburger – zwischen der Centromer-Region und den Telomeren eingebaut werden. Die große Ähnlichkeit zu den Vorbildern, hoffen die Forscher, führt dazu, daß die künstlichen Chromosomen und ihr Frachtgut in der Zelle nicht als Fälschung erkannt und von Enzymen abgebaut werden. Als weiteren Vorteil nennen die Wissenschaftler, daß den therapeutischen Genen durch das künstlichen Chromosom gleichsam eine vertraute Umgebung mitgegeben wird. Sie hilft, daß sich die Gene in der fremden Zelle stabilisieren und ihre Funktion korrekt erfüllen. Trotz all dieser Vorteile müssen auch die künstlichen menschlichen Mini-Chromosomen vor einem erfolgreichen Einsatz in der Gentherapie noch perfektioniert werden.

Retroviren als Genfähren

Von Beginn an setzten die Wissenschaftler vor allem auf Viren als potentielle Vektoren für therapeutische Gene, ist doch der Transport von Genen in fremde Zellen das ureigene Metier der Winzlinge. Seit ewigen Zeiten üben sich die Meister der Genübertragung darin, ihre Erbanlagen in Zellen einzubauen und sie in ihrem Sinne umzuprogrammieren. Wie erfolgreich sie darin sind, weiß jeder, der von seinem nießenden Nachbarn während der kurzen Begegnung in einem Zugabteil mit einem Grippevirus angesteckt wurde.

Als Vektoren für die Gentherapie wurden besonders eingehend die Retroviren erforscht. Sie enthalten ein Enzym mit Namen „reverse Transkriptase", das wie ein Dolmetscher die virale Erbinformation, die aus RNS besteht, in die Sprache der menschlichen Gene, die DNS, übersetzt. Ohne diese „reverse Transkription" kann sich das Virus nicht vermehren.

Befällt ein Retrovirus eine menschliche Zelle, gelangt seine Erbinformation, die RNS, in das Innere der Zelle und wird dort von der reversen Transkriptase in DNS umgeschrieben. Anschließend wird die übersetzte Nukleinsäure in den Kern der Zelle transportiert, wo ein weiteres Enzym des Virus, die Integrase, dafür sorgt, daß die virale Erbinformation in die der menschlichen Zelle dauerhaft eingebaut wird. Sobald das geschehen ist, wird die virale Erbinformation von der zelleigenen Proteinproduktionsmaschinerie abgelesen. Die integrierte Virus-DNS wird bei der Verdoppelung des zelleigenen Erbmaterials zwangsläufig mitverdoppelt und an alle Tochterzellen weitergegeben.

Die einzigartige Fähigkeit der Retroviren, ihr genetisches Material langfristig in das der Wirtszelle einzubauen, macht sie theoretisch zu idealen Vektoren für therapeutische Gene. Praktisch ist ihre Verwendung jedoch mit mehreren Problemem behaftet. Herkömmliche Retroviren sind beispielsweise für gentherapeutische Zwecke nicht zielsicher genug: Sie nisten sich mehr oder weniger wahllos in eine ganze Reihe verschiedener Zelltypen ein; befallen sie jedoch Zellen, die das fremde Gen nicht erhalten sollen, kann das unerwünschte Folgen haben. Die Arten von Retroviren, die bislang als mögliche Genfähren untersucht wurden, sind außerdem nicht für Zellen geeignet, die sich nicht mehr oder nur selten teilen. Das ist z. B. bei Nervenzellen und Skelettmuskelzellen der Fall. Eine weitere Schwierigkeit besteht darin, daß Retroviren ihr Erbgut an unvorhersehbaren Stellen in die Chromosomen der befallenen Zelle einbauen. Je nachdem, an welcher Stelle sich die viralen Gene integrieren, können wichtige Gene der Wirtszelle in ihrer Funktion beeinträchtigt werden. Die Wissenschaftler arbeiten derzeit daran, diese Unzulänglichkeiten der Retroviren als Genfähren zu beseitigen. Um ihre Spezifität zu erhöhen, versuchen die Forscher z. B., ihre äußere Hülle zu verändern. Auf gentechnischem Wege fügen sie beispielsweise Hüllproteine hinzu, die einem Schlüssel gleich nur die „Türen" der erwünschten Zellen öffnen.

Erste Erfolge in der klinischen Anwendung

Retroviren waren es, mit deren Hilfe es Wissenschaftlern im Jahr 1989 zum ersten Mal gelang, fremde Gene in einen Menschen zu übertragen. Den Antrag dazu stellten French Anderson, Michael Blaese und Steven Rosenberg am 10. Juni 1988. Es vergingen mehr als elf Monate, bis die zuständigen Behörden sich entschließen konnten, das Experiment zu genehmigen. Sieben amerikanische Kontrollgremien und -institutionen prüften den Antrag insgesamt 15mal, um ihn am Schluß einstimmig zu verabschieden.

Was die Wissenschafter beantragt hatten, war kein gentherapeutischer Versuch, sondern ein genetisches Markierungsexperiment. Mit ihm wollten die Forscher Details einer neuen Methode zur Behandlung von Krebserkrankungen in Erfahrung bringen. Die neue Behandlungsart, „adoptive Immuntherapie" genannt, war von Steven Rosenberg, einem amerikanischen Onkologen, entwickelt worden.

Das Ziel Rosenbergs war es, das Immunsystem der Patienten im Kampf gegen den Krebs „wachzurütteln". Dazu entnahm er seinen Patienten Abwehrzellen (Lymphozyten) und brachte sie im Reagenzglas mit Tumorzellen zusammen. Auf diese Weise wollte er die Abwehrzellen gleichsam im Nahkampf mit den entarten Zellen „trainieren". Die aktivierten Abwehrzellen – jetzt „tumorinfiltrierende Lymphozyten" genannt – injizierte Rosenberg den Patienten in die Blutbahn. Seine Hoffnung: Die aktivierten Abwehrzellen erkennen Krebszellen im Körper schneller und zerstören sie kompromißloser.

Rosenberg nahm an, daß die aktivierten Abwehrzellen den ganzen Körper des Patienten durchlaufen, um Krebszellen aufzuspüren. Beweise für diese Annahme hatte er allerdings nicht. Was Rosenberg fehlte, war eine Markierung, mit der er seine trainierten Abwehrzellen kennzeichnen und ihren Weg im Körper verfolgen konnte. Diese Kennzeichnung gelang mit Hilfe der Retroviren als Genfähren: Im Labor übertrugen die Forscher mit der viralen Genfähre ein Markergen (ein Bakteriengen) in die trainierten Abwehrzellen. Dank dieses Markergens konnten sie die im Reagenzglas „scharf gemachten" Zellen von den natürlicherweise im Körper zirkulierenden Abwehrzellen unterscheiden. Am 22. Mai 1989 wurden zum ersten Mal einem Menschen Zellen injiziert, die ein fremdes Gen enthielten. Es war ein 52jähriger Lastkraftwagenfahrer aus Indiana, der an fortgeschrittenem Hautkrebs erkrankt war.

Ein Jahr später erlag der Patient seinem Krebsleiden. Der Versuch war einzig darauf ausgerichtet gewesen, die markierten Zellen als Wegweiser zu verwenden. Ein unmittelbarer therapeutischer Nutzen wurde von den Forschern weder beabsichtigt noch erwartet. Dennoch war das Markierungsexperiment eine wichtige Erfahrung auf dem Weg zum ersten gentherapeutischen Versuch im Jahr 1990. Auch das ADA-Gen, das Ashantis weiße Blutzellen im Labor erhielten, wurden von Retroviren in die menschlichen Zellen gebracht.

Zu den gentherapeutischen Behandlungsversuchen, die bereits kurze Zeit nach der ADA-Behandlung von Ashanti in Angriff genommen wurden, zählt eine weitere Erbkrankheit: Der angeborene Bluttfettüberschuß, in der medizinischen Fachsprache „familiäre Hypercholesterinämie" genannt. Die Erkrankung ist vergleichsweise weit verbreitet: Einer von 500 Menschen ist in unterschiedlich schwerer Ausprägung von dieser Störung des Fettstoffwechsels betroffen. Die schädliche Form des Cholesterins (LDL-Cholesterin) wird bei den Erkrankten nicht ausreichend abgebaut. In schweren Fällen sterben die Patienten vor dem zwanzigsten Lebensjahr an einem Herzinfarkt oder Schlaganfall. Die herkömmliche Therapie besteht in der Einhaltung eine strengen Diät, der Senkung des Cholesterinspiegels mit Medikamenten und der „LDL-Apherese". Dabei wird das LDL-Cholesterin aus dem Blut der Patienten entfernt. Die Prozedur muß im Monat bis zu vier Mal wiederholt werden.

Bei der Gentherapie versuchen die Ärzte, Leberzellen außerhalb des Körpers mit Genen zu bestücken, die den Abbau des Cholesterins ermöglichen. Danach werden die Zellen dem Körper wieder zurückgegeben. Im Juni 1992 haben J. M. Wilson und seine Kollegen an der Medical School der Universität Michigan in den Vereinigten Staaten eine 29jährige Patientin gentherapeutisch behandelt. Sie entnahmen ihr rund 15 % des Lebergewebes, hielten die Zellen im Labor und bauten ihnen das Gen gegen den Cholesterinüberschuß mit Hilfe eines Retrovirus ein. Noch sechs Monate nach der Behandlung konnten die Wissenschaftler nachweisen, daß der Cholesterinspiegel der Patienten um zehn bis zwanzig Prozent gesunken war. Medizinisch bedeutsam wäre jedoch erst eine Senkung um mindestens 50 %. Auch hier hoffen die Therapeuten und ihre Patienten auf verbesserte Vektoren.

ADENOVIREN ALS GENFÄHREN

Neben den Retroviren werden häufig Adenoviren in gentherapeutischen Versuchen verwendet. Experten bewerten sie derzeit als Favoriten unter den Genfähren. Im Unterschied zu den Retroviren sind Adenoviren DNS-Viren: Ihr Erbmaterial besteht wie das des Menschen aus Desoxyribonukleinsäure. Als Vorteil der Adenoviren gilt, daß sie recht sicher sind. Die natürlich vorkommenden Formen verursachen beim Menschen keine schweren Krankheiten, sondern lediglich leichte Infekte der Atemwege; bei Gesunden sind sie häufig im Gewebe der Mandeln zu finden. Eine unter bestimmten Bedingungen vorteilhafte Charakteristik der Adenoviren ist zudem, daß sie ihr Erbmaterial zwar in die Zelle transportieren, es aber nicht dauerhaft in die Chromosomen der Wirtszelle einbauen. Ein weiteres Plus ist, daß Adenoviren im Gegensatz zu Retroviren beinahe alle menschlichen Zellen zu infizieren vermögen. Eine besondere Vorliebe haben sie allerdings für epitheliale Zellen, die den Atemtrakt oder die Blutgefäße auskleiden. Die Neigung der Adenoviren, bevorzugt Epithelzellen zu befallen, haben Wissenschaftler kürzlich genutzt, um eine neue Genfähre zu kreieren, die auf Zellen spezialisiert ist, die Blutgefäße auskleiden. Diese Spezifizierung gelang des Forschern, in dem sie die Virushüllen mit zusätzlichen Aminosäuren anreicherten. Die zielsicher arbeitenden Vektoren könnten die Gentherapie der Arteriosklerose voranbringen.

Doch auch die Adenoviren sind keine Vektoren, wie sie sich die Gentherapeuten für ihre Patienten wünschen. Die von Adenoviren eingebrachten Gene sind oft nur vorübergehend wirksam. Dies kann bei Erkrankungen, bei denen ein Protein nur zeitweise benötigt würde, allerdings auch von Vorteil sein. Der größte Nachteil für ihre Verwendung als Genfähren ist, daß Adenoviren das Immunsystem auf den Plan rufen. Wenn Adenoviren zum ersten Mal als Genfähren eingesetzt werden, fallen die Ergebnisse meist verhältnismäßig gut aus: Sie dringen in die Zellen ein und die eingeschleusten Gene produzieren große Mengen des gewünschten Proteins. Doch bald bemerkt das körpereigene Abwehrsystem die veränderten Zellen. Sie werden abgetötet, und die fremden Gene außer Gefecht gesetzt. Ist das Immunsystem einmal aufmerksam geworden, wird es bei einer erneuten Verabreichung der Adenogenfähren noch schneller als beim ersten Mal mit Abwehrreaktionen reagieren, weil seine Gedächtniszellen sich an die Eindringlinge erinnern. Die schnelle Reaktion des Immunsystems machen die Wissenschaftler in erster Linie dafür verantwortlich, daß die eingeschleusten Gene allzu schnell wieder verstummen.

Daß die Gene zwar erfolgreich übertragen werden, ihre Arbeit jedoch nach enttäuschend kurzer Zeit wieder einstellen, beobachteten die Forscher beispielsweise nach den ersten Versuchen, die Erbkrankheit Mukoviszidose mit Genen zu behandeln (siehe auch Kap. 12). Bereits im Oktober 1993 berichteten amerikanische Forscher in der Zeitschrift „Cell" von drei Patienten, bei denen sie unterstützt von Adenoviren das gesunde Gen (CFTR-Gen) in Zellen der Nasenschleimhaut eingeschleust hatten. Das Gen korrigierte tatsächlich den bei Patienten mit Mukoviszidose gestörten Salztransport – allerdings nur kurzfristig. Auch hinsichtlich der Sicherheit des Verfahrens wurden Bedenken laut. Beim ersten Patienten, der mit einer hohen Dosis gentechnisch veränderter Adenoviren behandelt worden war, war es zu Lungenbeschwerden gekommen. Die Beschwerden erwiesen sich zwar als vorübergehend, die Wissenschaftler zogen daraus jedoch den Schluß, daß vor einer Gentherapie mit Adenoviren zunächst festgelegt werden muß, in welcher Höchstdosis sie ohne Nebenwirkungen verabreicht werden können.

Britische Forscher vom Royal Brompton Hospital im Londoner Stadtteil Kensington verzichteten auf Adenoviren und verpackten das CFTR-Gen in Liposomen. Bei allen neun Patienten, die sich einen feinen Nebel aus Liposomen in die Nase sprühten, luden die Liposomen ihre Genfracht im Innern der Zelle ab, die biochemische Zellmaschinerie sprang an, las die gewünschte Information ab und produzierte die fehlerfreie Version des Stoffes, der den Patienten mit Mukoviszidose fehlt. Die Wirkung schwankte allerdings sehr stark von Patient zu Patient – und hielt höchstens eine Woche an.

Derzeit sind die Wissenschaftler damit beschäftigt, eine neue Generation von Genfähren auf der Basis von Adenoviren zu konstruieren: Sie versuchen, diejenigen viralen Gene und ihre Produkte, die für die starke Immunantwort verantwortlich sind, zu entfernen oder durch eine gezielte Mutation so zu verändern, daß sie vom Immunsystem nicht mehr erkannt werden.

Neben den Retro- und Adenoviren werden z. Z. noch einige andere Viren auf ihre Eignung als Vektoren untersucht, beispielsweise die adenoassoziierten Viren. Sie erscheinen interessant, weil sie bei Menschen offenbar keine schwerwiegenden Erkrankungen verursachen und ihre Gene dauerhaft und wahrscheinlich überwiegend an einer ganz bestimmten Stelle in die Chromosomen der Wirtszelle einbauen. Adenoassoziierte Viren sind allerdings sehr klein und haben deshalb eine nur geringe Aufnahmekapazität für fremde Gene.

Die Herpesviren besitzen dagegen etwa 80 Gene, von denen die Hälfte durch fremde Erbanlagen ersetzt werden kann. Einer ihrer Vertreter, das Herpes-simplex-Virus, infiziert gezielt Nervenzellen; die z. T. die Viren dann in mehr oder weniger unschädlicher Form lebenslang beherbergen.

Ob Viren oder künstlich hergestellte Vehikel wie die Liposomen – den optimalen Vektor für die Gentherapie gibt es z. Z. noch nicht. An der Verbesserung der Übertragungssysteme für Gene arbeiten Wissenschafter angestrengt, wird doch die Qualität der Gentherapie unmittelbar von der Qualität der verwendeten Vektoren bestimmt. Diesen Zusammenhang bestätigte zuletzt ein von der amerikanischen Regierung in Auftrag gegebenes Gutachten über die Forschungsbemühungen zur Gentherapie. Das Gutachten stellte im Jahr 1995 fest, daß die Fortschritte der Gentherapie in erster Linie von der Perfektionierung der Methoden zur Übertragung therapeutischer Gene abhängig sind.

Umfangreiche grundlegende Forschungsarbeiten haben die „Vektorologen", wie sich die Konstrukteure der Genfähren mittlerweile nennen, noch zu leisten, bis sie die Anforderungen an Sicherheit, Effizienz und Kontrolle, die an die Vektoren gestellt werden, erfüllen können. Eines ist jetzt schon sicher: Den Traumvektor wird es nicht geben. Sehr viel wahrscheinlicher ist es, daß den Gentherapeuten eines Tages ein ganze Flotte von Genfähren zur Verfügung stehen wird. Denn jeder Zelltyp und jede Therapievariante macht ein eigenes opitimiertes Übertragungssystem notwendig.

Gentherapie gegen Krebs

Die ersten Versuche, die stattfanden, um schwerkranken Menschen mit einer Gentherapie zu helfen, wurden von Wissenschaft, Medien und Öffentlichkeit stürmisch begrüßt. Seither ist es vergleichsweise still um die Gentherapie geworden. Die übertriebenen Hoffnungen, die vorschnell in die neue Methode gesetzt wurden, konnten sich nicht erfüllen. Dennoch wird der Gentherapie von Experten nach wie vor ein großes Potential zur Bewältigung von angeborenen und erworbenen Krankheiten bescheinigt – vorausgesetzt, es gelingt, die

entsprechenden Grundlagen zu erarbeiten. Diese Einschätzung gilt
auch für alle Versuche, Krebserkrankungen mit Genen zu behandeln
oder zu heilen. Der Erwartungsdruck ist hier jedoch ganz besonders
hoch. Wie groß die Hoffnung der Kranken auf eine erfolgreiche Therapie ist, die dem bösartigen Wachstum Einhalt gebieten kann, zeigte
sich überdeutlich beim Bekanntwerden der ersten gentherapeutischen Versuche in Deutschland: Allein bei Professor Ronald Mertels-
mann in Freiburg gingen täglich an die hundert Anfragen Hilfesu-
chender ein. Die Ärzte selbst warnen jedoch eindringlich vor zu
großen Erwartungen.

Auf dem langen Weg, eine erprobte und anerkannte Thera-
piemöglichkeit zu werden, scheint die gentherapeutische Behandlung
des Glioblastoms bislang am weitesten fortgeschritten zu sein. Das
Glioblastom – ein schnell wachsender, sehr gefährlicher Hirntumor –
ist bei jungen Menschen zwischen 15 und 34 Jahren eine der häufigsten Krebstodesursachen. Bislang behandeln die Ärzte die Erkrankung, indem sie möglichst viel des Tumorgewebes chirurgisch entfernen und anschließend versuchen, verbleibendes Gewebe mit
Bestrahlung oder Chemotherapie zu beseitigen.

Bei dem Vorhaben, das Glioblastom gentherapeutisch zu bekämpfen, versuchen die Ärzte, die Tumorzellen durch das Einschleusen eines Gens gegen ein bestimmtes Medikament empfindlicher zu
machen. In Phase-I- und Phase-II-Studien hat sich gezeigt, daß das
Gen für ein Enzym, die Thymidinkinase, mit Hilfe von Retroviren in
Glioblastomzellen übertragen werden kann und daß dieses Verfahren
für die Patienten keine Nachteile erbringt. Die Zellen, die das einge-
schleuste Gen enthalten und die Thymidinkinase herstellen, sind für
das Medikament Ganciclovir empfindlich. Zwei Wochen nach dem
Gen-Transfer – der nicht nur mit Hilfe von Retroviren, sondern auch
mit anderen Systemen zur Übertragung von Genen erprobt wird – erhält der Patient Infusionen mit Ganciclovir. Für normale Zellen ist
diese Substanz ungiftig, sie tötet aber jene Zellen ab, in denen sich das
Enzym angereichert hat. Im Frühjahr 1997 bekanntgegebene Zwi-
schenergebnisse einer Phase-II-Studie an verschiedenen europäischen
Kliniken waren ermutigend: Zehn Monate nach Beginn der Therapie
war bei einigen Patienten ein Rückgang der Tumormasse zu verzeich-
nen. Insgesamt wurden in dieser Studie 48 Patienten gentherapeutisch
behandelt; in Deutschland sind an der Studie die Universitätskliniken
Freiburg, Düsseldorf und Dresden beteiligt.

Die Gentherapie des Glioblastoms ist nur eine von vielen Strategien, die Forscher im Kampf gegen Krebserkrankungen erproben: 1997 waren es in Deutschland zwölf Studien, die verschiedene gentherapeutische Ansätze bei Krebspatienten untersuchten. Die meisten Studien befinden sich noch in Phase I oder II, prüfen also im wesentlichen die biologische Wirkung, die Toxizität und die effektive Dosis.

Ein gentherapeutischer Ansatz zielt beispielsweise darauf ab, das Immunsystem im Kampf gegen die Krebszellen zu unterstützen. Dazu werden Tumorzellen mit zusätzlichen, das Immunsystem anregenden Merkmalen ausgestattet. Die Forscher übertragen den Krebszellen z. B. „Zytokingene", die Zytokine, Botenstoffe des Immunsystems, produzieren. Sie sollen Abwehrzellen anlocken und zur Zerstörung der Tumorzellen „anstacheln".

Ein anderer Versuch besteht darin, „Tumor-Suppressor-Gene" in Krebszellen einzuschleusen. Ein berühmter Vertreter dieser Gengruppe ist das p53-Gen (siehe Kap. 12). Defekte p53-Gene haben Wissenschaftler mittlerweile in mehr als der Hälfte aller menschlichen Tumoren nachgewiesen. Die naheliegende Idee der Gentherapeuten ist es, p53 zu reparieren, zu imitieren oder gegen eine intakte Version auszutauschen. Eine Studie prüft diesen Ansatz derzeit bei Patienten, die an Lungenkrebs erkrankt sind.

Weitere Forschergruppen arbeiten gegenwärtig an der „Antisense-Strategie". Mit diesem Verfahren wollen die Wissenschaftler den genetischen Informationsfluß in einer Zelle gezielt unterbrechen. Dazu konstruieren sie im Labor kleine DNS-Stücke, die Antisense- oder „Gegensinn"-Moleküle. Diese machen innerhalb der Zelle bestimmte genetische Informationen unlesbar: Schädliche oder überaktive Genprodukte werden dann nicht mehr gebildet.

Eine ähnliche Vorgehensweise setzt auf kleine enzymatisch aktive RNS-Moleküle. Diese „Ribozyme" haben die Eigenschaft, sich in der Zelle an mRNS anzulagern und sie in unbrauchbare kleine Stücke zu zerschneiden. Das bedeutet: Das Gen wird ausgeschaltet, in dem seine „Abschrift" durch die Ribozyme unlesbar gemacht wird. Ohne mRNS kann ein möglicherweise krankheitsverursachendes Protein nicht entstehen. Der Weg, gentechnisch maßgeschneiderte Ribozyme zu verwenden, scheint noch weit. Erste Versuche in Zellkulturen weisen jedoch darauf hin, daß sie beispielsweise eingesetzt werden könnten, um die Chemoresistenz von Tumoren – den verhängnisvollen Widerstand von Krebszellen gegen Chemotherapeutika – außer Kraft zu setzen.

Trotz immer wiederkehrender anderslautender Berichterstattung in den Medien, die nicht zuletzt durch vorschnell sich ins Rampenlicht drängende Wissenschaftler und Ärzte ausgelöst wird: Intensive Forschungsarbeit ist sowohl bei Krebs als auch bei allen anderen Konzepten einer Gentherapie menschlicher Leiden von Aids bis Mukoviszidose noch zu leisten, bis kranke Menschen von ihr tatsächlich profitieren können. „Die Gentherapie ist keine Wunderwaffe gegen Krebs oder andere schwere Krankheiten", urteilte Professor Detlev Ganten vom Max-Delbrück-Centrum für molekulare Medizin in Berlin-Buch während einer Presseveranstaltung im Wissenschaftszentrum von Bonn im Jahr 1997. Ganten warnte ebenso nachdrücklich vor dem unkritischen Glauben an einen genetischen Determinismus. Das Dogma der Watson-Crick-Genetik, das auf einer direkten Beziehung des Gens zur RNS und Proteinsynthese beruhe und davon ausgehe, daß diese Beziehung zu einem spezifischen Phänotyp führt, dürfe nicht gleichgesetzt werden mit einem Paradigma für das Leben. Dieses sei „ungleich komplizierter" und könne ohne Berücksichtigung epigenetischer Phänomene nicht verstanden werden.

Trotz solch einer immer häufiger zu hörenden differenzierten wissenschaftlichen Betrachtung – „im Denken der Menschen hat die gentherapeutische Revolution schon stattgefunden", schreibt der amerikanische Gentherapeut Theodore Friedmann 1997 in der Zeitschrift „Spektrum der Wissenschaft". Bei jedem neu entdeckten Gen würden Wissenschaftler wie Laien sofort fragen, ob man es zur Behandlung irgendeiner Krankheit verwenden könne – selbst dann, wenn sich traditionelle Ansätze anböten. Die praktische Umsetzung – der handfeste Teil der Revolution – stünde jedoch auf einem ganz anderen Blatt. Interpretiere man die derzeit noch alles andere als spektakulären klinischen Ergebnisse realistisch, erkennt man Friedmanns Ansicht nach vor allem eines: „…das erste Vortasten der Wissenschaftler in eine schwierige neue Technologie, deren Hindernisse gewaltiger sind, als viele von uns erwartet hatten."

Gentherapie: Forschung und ethische Verantwortung

Die Übertragung von Genen in menschliche Körperzellen, der „somatische Gentransfer", wurde schon sehr früh zum Gegenstand ethischer Reflexion. Lange bevor es technisch machbar war, wurden die Chancen und Risiken des neuen Verfahrens diskutiert. Bereits Mitte der 60er Jahre ermahnte beispielsweise der amerikanische Forscher Marshall Nirenberg – er hatte für seinen Beitrag zur Entzifferung der Gensprache den Nobelpreis erhalten – seine wissenschaftlichen Kollegen zur freiwillligen Selbstbeschränkung. Im Editorial der Zeitschrift „Science" schrieb er im August 1967 angesichts der raschen Ausweitung des genetischen Wissens: „Der Mensch erhält die Macht, sein eigenes biologisches Schicksal zu gestalten. Eine derartige Macht kann klug oder unklug, zum Besseren oder zum Schaden des Menschen angewendet werden." Auch der Pionier der Gentherapie, French Anderson, äußerte sich bereits Anfang der 70er Jahre kritisch und forderte während der ersten amerikanischen Konferenz zum Thema „The New Genetics and the Future of Man" im Jahr 1971, daß über die Entwicklung auf diesem Gebiet nicht einzelne Forscher oder Gruppierungen entscheiden dürften. In Anbetracht der großen Verantwortung müsse stets die gesamte Gesellschaft über die wissenschaftlichen Entwicklungen informiert und in den Entscheidungsprozeß einbezogen werden.

Charakteristisch für den Werdegang der Gentherapie ist, daß sie von Anfang an auf großes öffentliches Interesse stieß und strengen Kontrollen zu genügen hatte. „In der Geschichte der Medizin", urteilt Professor Kurt Bayertz vom Philosophischen Seminar der Universität Münster, „war kein anderes therapeutisches Verfahren bei seiner Entwicklung und Erprobung jemals einer ähnlich strengen Kontrolle unterworfen wie der Gentransfer in menschliche Körperzellen."

Der „Fall Cline"

Die strengen Regularien waren unter anderem eine Folge des „Falles Cline". Martin Cline war ein Mediziner von der Universität in Los Angeles. Bereits im Jahr 1979 wollte er Patienten mit einer ererbten Blutkrankheit gentherapeutisch behandeln. Die Ethikkommission der Universität von Kalifornien verweigerte ihm jedoch die Zustimmung und forderte ihn auf, zunächst weitere Versuche an Tieren vorzunehmen. Martin Cline hatte den Spruch der Kommission jedoch nicht abgewartet und im Sommer 1980 bereits eine 21jährige Frau in Jerusalem und ein 16jähriges Mädchen in Neapel einer Gentherapie unterzogen. Die Kliniken in Jerusalem und Neapel hatten den Versuchen zwar zugestimmt, doch weder die Patientinnen noch die zuständigen Gremien waren über den wahren Verlauf der Experimente informiert. Dieser Zwischenfall wurden von den Medien weltweit verbreitet. Er verursachte eine allgemeine Unruhe, besonders in der Öffentlichkeit, die sich über mögliche „geheimgehaltene Forschungen" sorgte.

Als Konsequenz legten die amerikanischen nationalen Gesundheitsinstitute so strenge Kriterien für die somatische Gentherapie fest, daß sie bis zum Jahr 1988 von keinem Antrag erfüllt werden konnten. Zu jedem Antrag, war eine der neuen Forderung der nationalen Gesundheitsinstitute, sollte eine allgemeinverständliche Zusammenfassung veröffentlicht werden. Außerdem wurde ein komplexes Bewertungs- und Kontrollsystem entwickelt.

In den Vereinigten Staaten obliegt die Begutachtung aller Anträge zwei nationalen Behörden, dem „Recombinant DNS Advisory Commitee" (RAC) und der „Food and Drug Administration" (FDA). Ein Wissenschaftler, der eine gentherapeutische Studie beantragt, stellt sein Vorhaben zunächst dem „Biosafety and Patient Review Commitee" vor. Diese Institution leitet den Antrag dann der RAC und diese der FDA zur Beurteilung weiter. Die RAC und die FDA haben die Pflicht, der Öffentlichkeit über alle beantragten und bereits vorgenommenen Gentherapieverfahren Auskunft zu erteilen.

Rechtliche Grundlagen der Gentherapie in Deutschland

In Deutschland gibt es für Gentherapien keine zentrale Genehmigungsbehörde. Ein Arzt, der in Deutschland eine Gentherapie vornehmen möchte, wendet sich zunächst an eine örtliche Ethikkommission. Diese Kommission hat unter anderem die Aufgabe, Mediziner, die neue Behandlungsweisen am Menschen erproben wollen, in juristischen und ethischen Belangen zu beraten. Vor ihrem Votum, das für den Arzt bindend ist, holt die Ehtikkommission jeweils eine Stellungnahme der Kommission für somatische Gentherapie der

Bundesärztekammer ein. Die Gentherapie unterliegt darüber hinaus den Bestimmungen des Arzneimittelgesetzes, des Embryonenschutzgesetzes, des Gentechnikgesetzes und standesrechtlicher Richtlinien der Ärzteschaft.

Seit 1994 gibt es in Deutschland die „Deutsche Arbeitsgemeinschaft für Gentherapie". Ihre Aufgabe ist es, Sicherheitskriterien zu erarbeiten sowie Zulassungsbehörden und andere offizielle Stellen zu beraten. Die Deutsche Forschungsmeinschaft (DFG) empfiehlt, alle Protokolle gentherapeutischer Vorhaben, die von der DFG unterstützt werden, bei der Deutschen Arbeitsgemeinschaft für Gentherapie zu hinterlegen und von ihr veröffentlichen zu lassen. Dadurch soll eine möglichste große Transparenz aller Aktivitäten erreicht werden.

Verfassungsrechtlich abgesegnet wurde die Gentherapie in Deutschland bereits im Jahr 1985. Die vom Bundesminister für Forschung und Technologie eingesetzte „Benda-Kommission" (so benannt nach ihrem Vorsitzenden Ernst Benda) sah bei der Übertragung von Genen in Körperzellen „keine besonderen rechtlichen Probleme". Auch ethisch sei sie nicht sonderlich problematisch: Wer die Transplantation von Organen für gerechtfertigt halte, bei der fremdes Gewebe in den Körper gelange, könne kaum etwas gegen den Transfer von Genen einwenden. Unbedingte Voraussetzung sei, was für jedes ärztliche Handeln gelte: Der Patient müsse umfassend über mögliche Nebenwirkungen aufgeklärt werden und freiwillig an gentherapeutischen Versuchen teilnehmen.

Als grundsätzlich vertretbare Therapieform befürwortete auch die vom Deutschen Bundestag eingesetzte Enquete-Kommission im Jahr 1987 den Gentransfer in menschliche Zellen. Eine mögliche Keimbahntherapie (die genetische Veränderung von Ei- und Samenzellen) lehnten sowohl die Benda- wie die Enquete-Kommission ab. Die Begründung: Es bestünde die Gefahr, „daß genau mit diesem Schritt das Tor zu einer Konstruktion des 'Menschen nach Maß' geöffnet werde". Gegen die Keimbahntherapie sprachen sich auch die Bundesärztekammer und der Deutsche Juristentag aus. Diesen ablehnenden Stellungsnahmen folgte der Deutsche Bundestag im Dezember 1990 mit der Verabschiedung des Embryonenschutzgesetzes. Das Gesetz verbietet die künstliche Veränderung menschlicher Keimbahnzellen.

Insgesamt fällt das Urteil zur somatischen Gentherapie in der internationalen ethischen Diskussion positiv aus. Die positive

Bewertung ist eng mit der Erwartung verbunden, daß die somatische Gentherapie in bestimmten Fällen die einzige Möglichkeit sein wird, schwere oder tödlich verlaufende Krankheiten zu behandeln. In der ethischen Debatte zur somatischen Gentherapie überwiege zwar die grundsätzliche Zustimmung, faßt Philosoph Bayertz den derzeitigen Stand der Diskussion zusammen. Diese Zustimmung sei allerdings „nicht bedingungslos", sondern mit der „Forderung nach Kontrolle verknüpft".

„Die Natur" meint Professor Jens Reich, Arzt und Biochemiker am Max-Delbrück-Centrum für Molekulare Medizin, Berlin, in einem Beitrag für die „Zeit", „betreibt Gentransfer und Genmanipulation seit Milliarden Jahren, und wir überschreiten keineswegs eine heilige Grenze, wenn wir es ihr nachtun." Das prinzipielle pragmatische Dilemma sei allerdings, daß sich „keine logisch stimmigen Gesetze, Regeln und Verbote ableiten lassen, wie die neue Biologie mit den möglichen Folgen ihres Forschens umzugehen hätte".

Der Ausweg aus dem Dilemma ist für ihn „allein der öffentliche Diskurs darüber, was Biologen im einzelnen tun". Nur das ermögliche im konkreten Fall, „verläßliche Grenzen zu definieren und frevelhaften Überhebungen zu entgehen". Und da die Öffentlichkeit nicht nur aus Experten bestehe, sei von Wissenschaftlern vor allem eines zu fordern: „Daß sie ihre Handlungen in allgemeinverständlicher Sprache erklären und die Öffentlichkeit davon überzeugen, verantwortungsvoll zu handeln."

Gentechnisch hergestellte Therapeutika und transgene Tiere

Schon weiter fortgeschritten als die Versuche, mit Genen schwere Krankheiten zu lindern oder gar zu heilen, sind die Möglichkeiten, menschliche Gene zu nutzen, um neue Medikamente zu entwickeln. Nach dem von den amerikanischen Wissenschaftlern Herbert Boyer und Stanley Cohen im Jahr 1973 erarbeiteten Prinzip der DNS-Rekombination (siehe Kap. 7) werden heute bereits zahlreiche Arzneimittel mit Hilfe gentechnischer Methoden hergestellt.

Das erste medizinisch bedeutsame Gen, das kloniert und exprimiert wurde, was das Gen für menschliches Insulin. Das rekombinante, von Bakterien hergestellte Humaninsulin kam 1982 auf den Markt. Es machte Diabetiker von dem aus Schweinen oder Rindern gewonnenen Insulin unabhängig. Weitere spektakuläre Beispiele für klonierte menschliche Gene, die heute für die Behandlung von Krankheiten benutzt werden, sind menschliches Wachstumshormon (Somatotropin), der Gewebe-Plasminogen-Aktivator (tPA), Erythropoietin (EPO) und der Blutgerinnungsfaktor VIII.

Das menschliche Wachstumshormon wird normalerweise von der Hirnanhangsdrüse im Gehirn gebildet. Gemeinsam mit anderen Hormonen regt es in der Kindheit das Wachstum des Körpers an. Es gibt Menschen, die aufgrund bestimmter genetischer Defekte kein oder nur sehr wenig Wachstumshormon produzieren. Sie leiden unter Zwergwuchs. Den betroffenen Kindern konnte bis Mitte der achtziger Jahre nur mit Wachstumshormon geholfen werden, das aus den Hirnanhangsdrüsen menschlicher Leichen gewonnen wurde. Siebzig Leichen wurden benötigt, um einen einzigen Patienten ein Jahr lang mit Wachstumshormon zu versorgen. Immer wieder wurden Fälle bekannt, bei denen gefährliche Infektionen über die Leichen übertragen wurden. Aufgrund dieses Risikos wurde der Verkauf von Wachstumshormon, das aus Leichen gewonnen wurde, im Jahr 1985 verboten. Wenige Monate später kam das gentechnisch hergestellte Hormon auf den Markt. Dieses Medikament ist heute weltweit verbreitet.

Der Gewebe-Plasminogen-Aktivator ist seit 1987 auf dem Markt. Er trägt dazu bei, verstopfte Arterien zu öffnen, und kann so Herzinfarktpatienten das Leben retten. Die Produktion des komplexen Proteins erfolgt nicht in Bakterien, sondern in Säugetierzellen, denen das menschliche Gen übertragen wurde.

Mit einem zusätzlichen Gen ausgestattete Säugetierzellen werden auch benutzt, um den menschlichen Blutgerinnungsfaktor VIII herzustellen. Menschen, die an der Bluterkrankheit (Hämophilie) leiden, fehlt Faktor VIII häufig. Aufgrund eines Gendefektes kommt es schon bei geringsten Verletzungen zu Blutungen. Einer von 10 000 männlichen Neugeborenen ist davon betroffen. Weltweit gibt es schätzungsweise 225 000 Bluter. Sie waren in der Vergangenheit auf regelmäßige Injektionen von Faktor-VIII-Präparaten angewiesen, die aus menschlichen Blutspenden gewonnen wurden. Dabei bestand das Risiko einer Verunreinigung mit Erregern, beispielsweise mit dem aidserzeugenden HI-Virus. Diese Risiko läßt sich mit gentechnisch hergestelltem Faktor VIII ausschließen. Der erste Patient wurde im Jahr 1987 mit gentechnisch hergestelltem Faktor VIII behandelt.

Auch Erythropoietin, ein blutbildendes Hormon, kann seit 1985 nach den Anweisungen eines zuvor übertragenen menschlichen Gens von Säugetierzellen hergestellt werden. Erythropoietin reguliert die Produktion der Erythrozyten, der roten Blutkörperchen, die für den Transport des Sauerstoffs zuständig sind. Menschen mit chronischem Nierenversagen, die aufgrund ihrer Erkrankung an einer schweren Blutarmut leiden, kann das gentechnisch hergestellte Hormon belastende Bluttransfusionen und damit verbundene Komplikationen ersparen.

Eine große Gruppe gentechnisch hergestellter Arzneimittel sind die Zytokine, Botenstoffe des Immunsystems, zu denen die Interferone und die koloniestimulierenden Faktoren zählen. Gentechnisch hergestellte Interferone werden bei bestimmten Krebserkrankungen, zur Therapie der chronischen Hepatitis B und zur Behandlung der multiplen Sklerose eingesetzt. Die koloniestimulierenden Faktoren bewirken die vermehrte Bildung von roten Blutkörperchen, Blutplättchen und weißen Blutzellen. Mit Hilfe der koloniestimulierenden Faktoren ist es möglich, einen zeitweisen lebensbedrohlichen Mangel an weißen Blutzellen (Leukopenie) zu verkürzen. Dies kann beispielsweise nach einer Knochenmarktransplantation oder einer Chemotherapie gegen Krebs der Fall sein.

Auf biotechnologischem Wege hergestellte Arzneimittel haben nicht nur einen großen medizinischen Nutzen, sie sind auch wirtschaftlich sehr interessant. Schon heute sind drei der zehn weltweit umsatzstärksten pharmazeutischen Wirkstoffe der Gruppe der Biopharmaka zuzurechnen: Erythropoietin, Human-Insulin und die Interferone. Der Umsatz gentechnisch hergestellter Arzneimittel hat sich weltweit von 1990 bis 1995 auf 118 Milliarden Mark verdreifacht. Bis zur Jahrtausendwende erwarten Wirtschaftsexperten eine neuerliche Verdreifachung. Bereits in einem Jahrzehnt, hat eine Studie des Prognos-Instituts in Basel ermittelt, würden 20 bis 25 % aller neuen Therapeutika biotechnisch produziert werden. Der erwartete Umsatz liegt weit über 50 Milliarden Mark.

Im Jahr 1996 waren insgesamt 32 Medikamente mit gentechnisch hergestellten Wirkstoffen auf dem Markt. Deutschland ist das Land mit den meisten gentechnisch hergestellten Arzneimitteln, wobei nur sechs der 32 weltweit zugelassenen Wirkstoffe (Stand 1996) auch in Deutschland hergestellt werden; nur einer der Wirkstoffe wurde auch in Deutschland entwickelt.

Ein weiterer Ansatz, menschliche Gene für die Produktion pharmazeutischer Produkte zu nutzen, besteht darin, daß jeweilige Gen in transgene weibliche Nutztiere zu übertragen. Der Effekt: Das menschliche Protein wird mit der Milch des Tieres geliefert. Was unglaublich klingt, ist schon relativ weit fortgeschritten. Eines der ersten Beispiele für dieses „Arzneimittel vom Bauernhof" ist das Protein α-Antitrypsin. Es kann aus der Milch transgener Schafe gewonnen werden. α-Antitrypsin erleichtert Menschen, die an einem Lungenemphysem leiden, das Atmen.

Seit 1996 ist das gerinnungshemmende Antithrombin III in klinischer Prüfung. Das Protein wird aus der Milch transgener Ziegen gewonnen.

Die Technik zur Züchtung transgener Tiere ist allerdings noch recht schwierig; zudem sind die Erfolgsaussichten, wenigstens ein Tier heranzuzüchten, das das gewünschte Fremdprotein in nennenswerten Mengen produziert, noch sehr gering. Gebraucht werden aber ganze Herden derartiger Tiere. Um beispielsweise alle Kranken mit α-Antitrypsin versorgen zu können, bedarf es einer Herde von 500 bis 1 000 transgenen Schafen, von denen jedes rund 30 Gramm des Eiweißes pro Liter Milch produzieren müßte.

Um ein transgenes Tier zu erzeugen, bringen die Wissenschaftler Eizellen und Samenzellen in einem Reagenzglas zusammen. In die befruchtete Eizelle injizieren sie mit winzigen Glaskanülen das gewünschte menschliche Gen. Das muß geschehen, bevor sich die Eizelle zum ersten Mal teilt. Jene Eizellen, die diese Prozedur überstehen, pflanzen die Forscher in die Gebärmutter von Leihmuttertieren. Aus den Eizellen, die das fremde Gen in ihre Chromosomen eingebaut haben, entwickeln sich Tiere, die das Gen in allen ihren Zellen tragen.

Das gentechnische Verfahren zur Erzeugung transgener Tiere wurde erstmals 1980 mit befruchten Mäuseeizellen erprobt, denen amerikanische Wissenschaftler die Gene von Kaninchen übertrugen. Im Jahr 1987 gelang es amerikanischen und schottischen Forschern, fremdes Erbmaterial bei transgenen Mäusen speziell in den Zellen der Milchdrüsen zu aktivieren, die das entsprechende Protein daraufhin zusammen mit der Milch ausgeschieden. Später wurde die gentechnische Strategie auch bei Schweinen, Schafen, Ziegen und Kühen angewandt.

Transgene Tiere eröffnen den Pharmazeuten vielversprechende Betätigungsfelder, lassen sie doch darauf hoffen, menschliche

Proteine, die zur Behandlung einer Reihe akuter und chronischer Erkrankungen eingesetzt werden können, in großen Mengen einfacher und billiger zu gewinnen.

Bald könnten neben transgenen Tieren auch transgene Pflanzen zu alternativen Quellen für die Produktion von pharmazeutisch interessanten rekombinanten Eiweißstoffen werden. Französische Wissenschaftler vom Hospital Bicertre in der Nähe von Paris schleußten kürzlich das Gen für den roten Blutfarbstoff Hämoglobin in Tabakpflanzen ein. Ihr Ziel ist es, einen Blutersatz auf der Basis von Hämoglobin zu entwickeln. Andere Wissenschaftler arbeiten mit transgenem Mais, mit Sojabohnen oder Bananen. Sie wollen die Pflanzen gentechnisch zu Impfstoffherstellern umfunktionieren. Das Ziel der Forscher: Zukünftig sollen Impfstoffe als Teil der Nahrung einfach mitgegessen werden.

14 Verhaltensgenetik

Jede Woche eine neue Sensation

Im Mai 1995 sorgte der Bischof von Edinburgh für Aufsehen, als er erklärte: „Die Kirche sollte außereheliche Affären nicht als sündhaft und unrecht verdammen. Sie muß akzeptieren, daß Ehebruch durch unsere Erbanlagen verursacht wird." Schuld seien „unsere promiskuitiven Gene". Vermutlich hatten den geistlichen Herrn Berichte über ein „Seitensprung-Gen" auf diese Idee gebracht.

In den Medien häufen sich die oft spektakulären Berichte über Gene, die angeblich für menschliche Eigenschaften und menschliches Verhalten verantwortlich sind. Wenn man die Berichte liest, drängt sich der Verdacht auf, daß die Erbanlagen allein über Wesen und Fähigkeiten eines Menschen bestimmen. So konnte man im „Stern" lesen: „Die moderne Medizin kann drei Tage nach der Zeugung das Geschlecht bestimmen und eines Tages auch Intelligenz und Charakter." Tatsächlich? Hier sind Zweifel angebracht. Bisher kann die „moderne Medizin" oft noch nicht einmal den Verlauf einer Krankheit mit Sicherheit vorhersagen, selbst in Fällen, in denen ein Gen die Hauptverantwortung trägt (z. B. bei Mukoviszidose oder Brustkrebs). Aber solche Behauptungen sind griffig und lesen sich gut.

Ist der Mensch tatsächlich nichts weiter als ein Spielball seiner Gene? James D. Watson, der zusammen mit Francis Crick für die Aufklärung der Struktur der DNS 1962 den Nobelpreis für Medizin erhielt (siehe Kap. 3), ist anscheinend dieser Meinung: „Bisher glaubten wir, daß unser Schicksal in den Sternen steht. Jetzt wissen wir, daß es zu einem großen Teil in unseren Genen liegt." Allerdings denken nicht alle Wissenschaftler so. Eric Lander – einer der führenden amerikanischen Genforscher – hält dem entgegen: „Kein guter Genetiker glaubt, daß die Gene unser Schicksal bestimmen."

Im Rahmen dieses Kapitels sollen einige Methoden und Begriffe – wie Zwillingsforschung und Erblichkeit – erklärt und anhand konkreter Forschungsergebnisse illustriert werden. Dabei wird sich zeigen, daß die Verhaltensgenetik mit einigen Fallstricken zu kämpfen hat.

Damit jeder beim nächsten Zeitungsbericht überprüfen kann „Was genau haben die Wissenschaftler wie untersucht und was haben sie tatsächlich herausgefunden?", finden sich am Ende des Kapitels einige Kriterien, die dabei helfen sollen, die Bedeutung der Berichte über das jeweilige „Gen der Woche" einzuordnen.

EVOLUTIONÄRE PSYCHOLOGIE – THEORIEN, DIE SICH NICHT ÜBERPRÜFEN LASSEN

Manchmal haben Wissenschaftler für ihre Behauptung, daß es ein bestimmtes Gen gibt, nicht mehr in der Hand als die Beobachtung, daß Menschen sich vorwiegend in der einen oder anderen Weise verhalten, was meistens anhand von Umfragen belegt wird. Aus der Tatsache, daß z. B. viele Männer Seitensprünge begehen, wird geschlossen, daß ein solches Verhalten Vorteile gebracht haben muß, weil diese bzw. das entsprechende Gen sich als Folge der natürlichen Auslese anscheinend schneller vermehrt haben als andere (weil es – einfach gesagt – für einen Mann anscheinend besser war, viele Nachkommen zu zeugen und sie sich selbst bzw. ihren Müttern zu überlassen, als nur wenige Kinder zu haben und selbst mit dafür zu sorgen, daß diese wiederum ein fortpflanzungsfähiges Alter erreichen). Diese Denkrichtung nennt sich „evolutionäre Psychologie" und hat uns schon viele Schlagzeilen beschert.

Stephen Jay Gould, der renommierte amerikanische Paläontologe und Evolutionstheoretiker, zerpflückt diese Art der Argumentation an einem Beispiel. Robert Wright, Autor eines populären Buches über evolutionäre Psychologie, hatte die menschliche Vorliebe für Süßes beschrieben, um zu illustrieren, wie die natürliche Auslese ein Verhalten und damit dessen Gen, ausgewählt hat. In früheren Zeiten, als es nur Früchte und keine Süßigkeiten gab, sei dies durchaus sinnvoll gewesen. Jetzt sei das nicht mehr so, aber – so wäre zu ergänzen –, da dieses Verhalten in unseren Genen verankert sei, läßt es sich nicht so schnell abstellen. Dies, so Stephen Jay Gould, ist „reine Spekulation". Und er fährt fort: „Wright präsentiert weder neurologische Hinweise, daß es ein Gehirnmodul für Süßes gibt, noch paläontologische Daten über das Eßverhalten in früheren Zeiten." Auch das eigentliche Gen kann Wright bisher nicht vorweisen.

Da man die Evolution im Labor nicht nachvollziehen und Fragen des Verhaltens aus offensichtlichen Gründen nicht an Fossilien oder noch lebenden Zwischenstufen der menschlichen Entwicklung studieren kann, lassen sich die meisten Behauptungen der evolutionären Psychologie nicht überprüfen, und den Spekulationen sind damit Tür und Tor geöffnet.

Für die Wissenschaftsjournalistin Carol Yoon von der New York Times ist evolutionäre Psychologie „eine unangenehme Mischung von wissenschaftlichen Methoden und Partygeschwätz". Vielleicht sollte zu denken geben, daß, wie Gould feststellt, die meisten publizierten Arbeiten dieser Denkrichtung sich auf ein The-ma konzentrieren, „die vermeintlich evolutionären Gründe für angeblich universelle Verhaltensunterschiede zwischen Männern und Frauen".

Gibt es keine substantiellere Forschung zum Thema „Gene und Verhalten?" Wenden wir uns Wissenschaftlern zu, die versuchen, das Ausmaß der Erblichkeit einer bestimmten Eigenschaft oder Verhaltensweise anzugeben, oder die glauben, bereits ein Gen eingekreist oder isoliert zu haben.

INTELLIGENZ

Im Herbst 1994 erschien in den USA das Buch „The Bell Curve" und stürmte innerhalb kürzester Zeit die Bestsellerlisten. Auch in Deutschland fand es große Beachtung. Die Autoren, der Politologe Charles Murray und der Psychologe Richard Herrnstein, stellten zwei umstrittene Thesen auf:

1. Die meßbare Intelligenz (der Intelligenzquotient oder IQ) ist weitgehend erblich und daher kaum veränderbar.
2. Menschen mit hohem IQ sind erfolgreicher und zeigen ein besseres soziales Verhalten als solche mit niedrigem IQ.

Daraus zogen Murray und Herrnstein den brisanten Schluß, daß der berufliche Erfolg eines Menschen und sein soziales Verhalten weitgehend durch die Erbanlagen festgelegt werden und sich daher durch politische Maßnahmen nicht beeinflussen lassen.

Inzwischen haben eine Reihe von Fachleuten das Buch unter die Lupe genommen und den Autoren zahllose Fehler und Ungenauigkeiten nachgewiesen. Der zweite Punkt – je höher der IQ, umso erfolgreicher der Mensch – trifft nicht zu, dafür gibt es eine ganze Anzahl von Belegen. An dieser Stelle soll es genügen, von zwei Genforschern zu berichten, die die Aussage widerlegen. James Watson, einer der Entdecker der DNS-Struktur (eine Leistung, die allgemein als genial gewürdigt wurde), rühmt sich, so wird berichtet, eines nahezu durchschnittlichen IQ von 115. Und Daniel Cohen, einer der führenden Köpfe des französischen Genom-Projekts und jetzt Leiter der Genomforschung der Biotechnologiefirma Genset, sagt von sich: „Ich habe Schwierigkeiten, schnell zu begreifen; ich leide an einer Art Langsamkeit, die mir beim Militär einen niedrigen IQ eingebracht hat; so um die 80, sagte man mir damals, während der Durchschnitt der Einberufenen einen IQ von 100 hatte.“

Was aber in einem Buch über die Erforschung der menschlichen Erbanlagen mehr interessiert, ist die erste These der beiden umstrittenen Wissenschaftler: Die meßbare Intelligenz sei weitgehend erblich und daher kaum veränderbar.

Erblichkeit – was ist das eigentlich?

Die Humangenetiker Tom Strachan und Andrew Read aus Großbritannien weisen darauf hin, daß man aufgrund des starken Umwelteinflusses keine allgemeingültigen Angaben über die Erblichkeit des IQ machen kann. In einer Gesellschaft, in der alle die gleichen Startbedingungen und Chancen haben, sollten Unterschiede in bezug auf den IQ eher auf Erbfaktoren beruhen – die Erblichkeit wäre also groß. In einer Gesellschaft, in der der Zugang zu Bildungsmöglichkeiten von der Zugehörigkeit zu einer bestimmten Schicht oder der finanziellen Situation der Eltern abhängt, tragen die Gene hingegen weniger stark zu Variationen im IQ bei.

Ein weiteres Beispiel. Die amerikanischen Statistiker Bernie Devlin, Kathryn Roeder und ihre Kollegen kritisieren „The Bell Curve“ ebenfalls und erläutern den Einfluß der Umwelt anhand der Körpergröße: „Die Größe eines Menschen wird in großem Umfang durch Erbfaktoren bestimmt. Trotzdem sind Kinder von Japanern, die in Amerika geboren wurden, erheblich größer als solche, die in Japan geboren wurden. Offensichtlich kann die Ernährung entscheidend dazu beitragen, den durchschnittlichen Wert dieses Merkmals zu erhöhen." Das heißt, unter ähnlichen Bedingungen (in Japan) sind die Gene für die Größe ausschlaggebend, gibt es Unterschiede in der Ernährung der Kinder (wie beim Vergleich zwischen Japan und den USA), ist die Statur in geringerem Maße erblich.

Man kann daher nicht sagen, daß ein Charakterzug zu 50 % erblich sei! Leider behaupten das Wissenschaftler und Journalisten in ihrem Bemühen, die Dinge zu vereinfachen, immer wieder. Es ist jedoch falsch. Man kann nur feststellen, daß die Unterschiede in einem Merkmal, Fachleute sprechen von der Varianz, die man unter bestimmten Bedingungen zwischen verschiedenen Personen feststellt, zu einem bestimmten Prozentsatz auf Vererbung bzw. Umwelteinflüssen beruhen.

Daniel Cohen erklärt, warum es keine allgemeingültigen Zahlen geben kann: „Verändern oder unterdrücken Sie auch nur das winzigste Gen, das die bescheidenste Funktion für die Entwicklung des Gehirns konditioniert, und schon laufen Sie Gefahr, eine neurologische oder Geisteskrankheit hervorzurufen. Das Angeborene zählt zu 100 %, das Erworbene zählt ebenfalls zu 100 %."

Dieses scheinbare Paradoxon läßt sich am besten am Beispiel der Phenylketonurie veranschaulichen. Wer Kinder hat, weiß vermutlich, daß wenige Tage nach der Geburt dem Neugeborenen Blut abgenommen wird, um zu testen, ob es unter dieser Krankheit leidet. Wird diese Stoffwechselkrankheit nicht rechtzeitig erkannt, so führt dies zu schwerer geistiger Behinderung, die damit also 100 %ig genetisch bedingt ist. Stellt man jedoch die Ernährung der Kinder um, so entwickeln sie sich normal intelligent. Die Ernährung ist ein Teil der Umwelt, so daß der Ausbruch der Krankheit allein von den äußeren Bedingungen abhängig ist. Oder man denke nur daran, wie stark der Alkoholkonsum einer werdenden Mutter (Umwelt) die geistigen Fähigkeiten ihres Kindes schädigen kann, unabhängig davon, welche Gene es mitbekommen hat.

Erbliche und Umwelteinflüsse sind eben nicht konstant und additiv, wie oft der Anschein erweckt wird, etwa mit Äußerungen wie: Der IQ beruht zu 50 % auf Vererbung und zu 50 % auf Erziehung. Unter verschiedenen Bedingungen spielt vielmehr einmal das eine, einmal das andere eine größere Rolle.

Außerdem beeinflussen sich Gene und Umwelt in ihrer Wirkung gegenseitig. „Es ist so ähnlich wie bei hohem Blutdruck und Cholesterin," sagt Kenneth Kendler, ein Psychiater vom Medical College von Virginia in Richmond. „Wir wissen, daß Gene eine gewisse Rolle spielen, aber auch die Umwelt hat einen wichtigen Einfluß. Sie erben die Gene, aber es kommt auch darauf an, ob Sie rauchen und wieviele Sardellen-Pizzas Sie essen. Wenn Sie genug Pizzas essen, spielt Ihre genetische Ausstattung keine Rolle mehr – Sie haben ein hohes Risiko, einen Herzinfarkt zu erleiden." Natürlich könnte übermäßiges Essen z. T. erblich sein, dann wäre Pizzaschlemmen nicht nur ein Umweltfaktor. „Zwischen Genen und Umwelt," so Kendler, „gibt es Rückkopplungen, und zwar sehr komplizierter Art, die wir gerade erst zu verstehen beginnen."

Intelligenz, die Zweite

Forscher stützen ihre Angaben über die Erblichkeit der Intelligenz vor allem auf Zwillings- und Adoptionsstudien. Dabei wollen sie herausgefunden haben, daß Intelligenz zu 30 bis 50 % erblich ist. Auch wenn solche Angaben, wie wir gerade gesehen haben, unsinnig sind, weil sie nur unter den untersuchten Bedingungen gelten, weist schon dies allein darauf hin, daß auch die Umwelt eine Rolle spielt.

Laut Fremdwörter-Duden ist Intelligenz eine besondere geistige Fähigkeit oder Klugheit. Jeder hat eine ungefähre Vorstellung davon, was damit gemeint ist. Wie aber mißt man „Intelligenz"? Häufig wird in Studien mit einer Reihe von Tests der IQ der Probanden bestimmt. Was aber sagt der IQ aus? Das ist auch unter Experten umstritten. Die Humangenetiker Tom Strachan und Andrew Read aus Großbritannien formulieren es lapidar so: „Der IQ mißt nur die Fähigkeit und Bereitschaft eines Menschen, sich mit IQ-Tests auseinanderzusetzen und sie zu bewältigen, nicht jedoch seine Intelligenz im allgemeinen."

Immer mehr Forschungsergebnisse belegen, daß die geistigen Fähigkeiten – einschließlich der durch IQ -Tests gemessenen – keine ausschließlich erblichen und damit unveränderlichen Größen sind. Es folgen zwei Beispiele:

- Der IQ läßt sich durch Förderung im frühesten Kindesalter erhöhen. Das haben Untersuchungen in den USA an Kindern ergeben, deren Mütter arm sind und selbst nur einen niedrigen IQ besitzen. Durch einschneidende Veränderungen des Umfeldes sofort nach der Geburt – d. h. Betreuung in Ganztagseinrichtungen durch geschultes Personal – ließ sich der IQ solcher Kinder im Vergleich zu anderen, die diese Förderung nicht erhielten, um 8–12 Punkte steigern. Gerade bei gefährdeten Kindern ist der IQ also keineswegs vorbestimmt. Zwar ist der IQ der Mutter ein wichtiger Hinweis auf denjenigen des Kindes. Das beruht jedoch nicht (nur) auf Vererbung, sondern darauf, daß diese Mütter ihre Kinder nicht ausreichend fördern können.
- Über vorgebliche Unterschiede beim räumlichen Denken schreibt die Wissenschaftsjournalistin Jeanne Rubner in ihrem Buch „Was Frauen und Männer so im Kopf haben": „Wie Forscher zunehmend entdecken, sind unsere kleinen grauen Zellen wesentlich stärker trainierbar als bislang angenommen." Sie nennt als Beispiel ein amerikanisches Forschungsvorhaben, das klären sollte, ob sich Frauen als Offiziere der US-Luftwaffe eignen: „Unter anderem ließen sie Männer und Frauen bestimmte Manöver an einem Flugsimulator trainieren. Frauen brauchten im Durchschnitt zwar länger als Männer, um dieselben Aufgaben zu meistern. Aber nach dem Training waren sie eben so gut."

Zusammenfassend läßt sich feststellen: Bisher ist kein „Intelligenz"-Gen in Sicht oder auch nur annähernd auf einem Chromosom lokalisiert. Nur bei schweren Beeinträchtigungen der geistigen Fähigkeiten hat man verschiedene Gene gefunden, deren Schädigung zu dem entsprechenden Krankheitsbild führt (z. B. Phenylketonurie oder fragiles-X-Syndrom).

Ein Problem, das die Suche nach den entsprechenden Genen erschwert, ist neben allen anderen, daß man Intelligenz nicht eindeutig definieren kann. Wenn man jedoch noch gar keine Vermutung hat, um welches Gen es sich handeln könnte, muß man – wie das Beispiel der Schizophrenieforschung zeigt – zumindest das Merkmal so klar definiert haben, daß man sagen kann, ob es bei einem Menschen vorhanden ist oder nicht.

Kopplungsstudien und ihre Schwierigkeiten

Eine Methode, wie Wissenschaftler nach Genen suchen, sind Kopplungsstudien; d. h. sie vergleichen welche „Marker" (bestimmte DNS-Sequenzen, von denen man weiß, wo sie sich im Genom befinden), besonders oft gemeinsam mit einer Krankheit vererbt werden. So können die Forscher einkreisen, auf welchem Chromosom bzw. Abschnitt ein Gen liegt.

Bei der konkreten Anwendung teilt man Mitglieder einer Familie oder der Allgemeinbevölkerung in die Gruppen „gesund und krank" ein. Je häufiger ein bestimmter Marker sich bei den kranken, und je seltener er sich bei den gesunden Personen findet, desto näher liegt er bei dem gesuchten Gen. Diese Methode funktioniert gut bei Krankheiten, die nur durch ein Gen verursacht werden und bei denen die Diagnose eindeutig ist. Für psychische Erkrankungen, menschliche Eigenschaften und für menschliches Verhalten gilt aber weder das eine noch das andere.

Ein großes Problem der Verhaltensgenetik besteht darin, die Merkmale, die man untersuchen will, eindeutig zu definieren und zu messen. Das fängt bei der Schizophrenie an, ist bei der Intelligenz, wie wir gesehen haben, auch nicht so einfach und hört bei kriminellem Verhalten noch lange nicht auf. Man muß z. B. klar angeben können: Ist die untersuchte Person schizophren oder nicht? Neurotisch, ja oder nein? Intelligent oder dumm? Glücklich oder unglücklich? Daß selbst die Beantwortung der ersten Frage den Fachleuten schon Schwierigkeiten bereitet, werden wir im folgenden sehen.

Schizophrenie

Von der Schizophrenie sind weltweit knapp ein Prozent aller Menschen betroffen. Aus Familienstudien und Untersuchungen von eineiigen Zwillingen ist bekannt, daß sie sowohl genetische als auch umweltbedingte Ursachen hat, sie ist also eine „komplexe" Krankheit. Kenneth Kendler aus Richmond in den USA ist einer der führenden Forscher auf diesem Gebiet. Wie er sagt, steht man vor zwei Problemen: „Möglicherweise gibt es Menschen mit defekten Genen, die nicht erkranken, oder solche, die erkranken, ohne daß die Erbanlagen gestört sind." Außerdem kann sich Schizophrenie sehr unterschiedlich äußern. Sie sei „eher ein Syndrom als eine Krankheit". Das erschwert eine eindeutige Diagnose und die Zuordnung einer bestimmten Krankheitsform zu einem bestimmten Gen.

Da wahrscheinlich einmal das eine Gen, einmal ein anderes oder mehrere im Zusammenspiel die Krankheit verursachen, kann man die Daten mehrerer Familien oder verschiedener Studien nicht unbedingt miteinander vergleichen und zusammenfassen. Für eine zuverlässige statistische Aussage benötigt man aber eine gewisse Anzahl von vergleichbaren Fällen.

Als ob dies den Forschern nicht das Leben schon schwer genug macht, gibt es noch ein zweites Problem: Die Krankheit läßt sich, wie erwähnt, nicht eindeutig diagnostizieren, d. h. es ist manchmal schwierig zu entscheiden, ob jemand unter Schizophrenie leidet oder nicht. Fehldiagnosen können aber eine Untersuchung wertlos machen. Diese bittere Erfahrung mußten Wissenschaftler machen, die 1987 scheinbar ein Gen für manische-depressive Erkrankungen einem bestimmten Chromosom zuordnen konnten, indem sie zeigten, daß allen Erkrankten bestimmte Marker gemeinsam waren, die die Gesunden nicht besaßen. Diese Meldung erregte damals große Aufmerksamkeit. Nur wenig bekannt ist, daß die Forscher ihre Behauptungen in den folgenden Jahren zurückziehen mußten. Die Ergebnisse waren unter anderem nicht mehr haltbar, weil einige zuvor als gesund diagnostizierte Familienmitglieder erkrankten und außerdem noch weitere Personen untersucht worden waren, deren Ergebnisse nicht zur ursprünglichen Hypothese paßten.

Es ist deshalb kein Wunder, daß die Wissenschaftler – manchmal wahrscheinlich zu Recht, manchmal wahrscheinlich zu Unrecht – die Schizophreniegene auf den verschiedensten Chromosomen vermuten. Im Gespräch sind z. Zt. die Chromosomen 3, 5, 6, 8, 9, 13, 20 und 22.

WIE EIN EI DEM ANDEREN – ZWILLINGSSTUDIEN

Als Beleg dafür, daß etwas durch Gene (mit)verursacht wird, dienen oft Zwillingsstudien. Entweder vergleicht man eineiige mit zweieiigen oder eineiige Zwillinge, die gemeinsam aufgewachsen sind, mit solchen, die in verschiedenen Familien gelebt haben. Der zweite Ansatz, sog. Adoptionsstudien, ist als Beweis für eine Erblichkeit von

Verhalten besonders beliebt. Vor allem die sog. Minnesota-Studie geistert immer wieder durch die Medien. Dort hatte man angeblich zwischen Zwillingen, die sich vorher nicht kannten, weil sie von verschiedenen Familien adoptiert worden waren, verblüffende Übereinstimmungen gefunden. Da sie in einer unterschiedlichen Umgebung aufgewachsen waren, so die Theorie, müßten diese Übereinstimmungen angeboren sein.

196

Gerade diese Untersuchung ist aber aus mehreren Gründen fragwürdig, z. B. weil die Wissenschaftler ihre Versuchspersonen über Aufrufe in den Medien gefunden haben. Es handelt sich also um eine Auswahl von Menschen, die vermutlich sehr an Publicity interessiert sind. Von mindestens zwei Paaren weiß man, daß sie sehr wohl vor Beginn der Studie Kontakt zueinander hatten. Von Zwillingen aus ähnlichen Studien ist sogar bekannt, daß sie sich sehr gut kannten, weil sie z. B. von verschiedenen Mitgliedern ihrer eigenen Familie großgezogen wurden. Außerdem bleiben Adoptivkinder, auch wenn sie in anderen Familien aufwachsen, trotzdem oft in einem ähnlichen sozialen Umfeld.

Und schließlich: Stimmt es wirklich, daß getrennt aufgewachsene Zwillinge keinen gemeinsamen Umwelteinflüssen ausgesetzt waren? Immerhin haben sie neun Monate lang gemeinsam im Mutterleib verbracht und anschließend noch eine unterschiedlich lange Zeit bei ihrer Mutter, ehe sie adoptiert wurden. „Mütterlicher Einfluß" nennen Kathryn Roeder und ihre Kollegen von der Carnegie-Mellon-Universität in Pittsburgh in den USA diese gemeinsamen Erfahrungen von Zwillingen in einem Bericht, den sie im Sommer 1997 in der Zeitschrift „Nature" veröffentlicht haben. 20 % der Ähnlichkeit, die man bei Untersuchungen über den IQ zwischen Zwillingen findet, beruhen auf solchen mütterlichen Einflüssen, so die Wissenschaftler.

Bei der zweiten Art der Zwillingsforschung vergleicht man eineiige mit zweieiigen Zwillingen. Dabei argumentiert man, daß – sind die Zwillinge in derselben Familie und damit in derselben Umwelt aufgewachsen – eine größere Ähnlichkeit zwischen eineiigen Zwillingen für eine Erblichkeit der untersuchten Eigenschaft oder Krankheit spricht. Denn eineiige Zwillinge besitzen dieselben Erbanlagen, zweieiige haben jedoch, wie andere Geschwister, nur durchschnittlich die Hälfte ihrer Gene gemeinsam.

Für Heinz Schepank, Professor am Zentralinstitut für Seelische Gesundheit, Mannheim, und selbst Zwillingsforscher, haben sich die Untersuchungen anderer Wissenschaftler oft in methodischen Fallstricken verfangen. Er warnt davor, Zwillinge mit Hilfe der Medien zu suchen oder sich von Experten besonders interessante Fälle nennen zu lassen, weil so eine Vorauswahl getroffen wird. Das heißt, man findet mit diesem Vorgehen vermutlich besonders viele eineiige Zwillinge, die sich bemerkenswert ähneln. Die wichtigste Konsequenz ist laut Schepank somit, daß die Zwillinge wirklich nach einem echten Zufallsprinzip erfaßt werden.

Der Wissenschaftler weist auf einen weiteren Punkt hin, der manchmal übersehen wird. Es ist entscheidend wichtig zu überprüfen, ob die Probanden tatsächlich ein- bzw. zweieiig sind. Entgegen der landläufigen Vorstellung gleichen sich nämlich eineiige Zwillinge nicht unbedingt „wie ein Ei dem anderen", während dies wiederum bei zweieiigen durchaus der Fall sein kann. Bei neueren umfangreicheren Zwillingsuntersuchungen in den USA und Skandinavien mit mehreren tausend Paaren beschränkte sich die Eiigkeitsdiagnostik häufig auf eine Fragebogenuntersuchung, und oft ließ man diejenigen Zwillinge fort, deren Anwortbögen zweifelhaft blieben. „Mit dieser verständlichen, aber gewagten Selektion hatte man jedoch eine einseitige Vorauslese getroffen." So schloß man vermutlich gerade solche eineiigen Zwillinge aus, die sich voneinander unterschieden, oder aber auch zweieiige, die sich stark ähnelten.

Das soll nicht heißen, daß Zwillingsforschung nutzlos ist. Unter den richtigen Bedingungen – d. h. zufällige Auswahl der Versuchspersonen, ausreichend große Anzahl der Befragten usw. – kann sie tatsächlich Auskunft darüber geben, ob ein bestimmtes Merkmal eine erblich Komponente hat oder nicht. Man muß aber sehr genau hinschauen, ob die Ergebnisse das hergeben, was die Wissenschaftler behaupten. Am sichersten läßt sich aus den meisten Ergebnissen ableiten, daß eine Eigenschaft nicht völlig durch die Erbanlagen bestimmt wird – immer dann nämlich, wenn man auch bei einigen eineiigen Zwillingen Unterschiede findet.

HOMOSEXUALITÄT

Faßt man die Ergebnisse verschiedener Zwillingsstudien über Homosexualität bei Männern zusammen, so stimmten 57 % der eineiigen Zwillinge, 24 % der zweieiigen und 13 % der übrigen Brüderpaare überein. Bemerkenswert ist, daß zweieiige Zwillinge sich ähnlicher sind als andere Brüder, obwohl sie durchschnittlich denselben Anteil an Genen gemeinsam haben, nämlich 50 %. Sollte dies eine Folge der gemeinsam im Mutterleib verbrachten Zeit sein?

Der Amerikaner Dean Hamer vom National Cancer Institute in Bethesda, Maryland, hatte einen bestimmten Bereich des X-Chromosoms in Verdacht, das gesuchte Gen für Homosexualität zu beherbergen. Hat man schon eine Vermutung, welche die gesuchte Erbanlage sein könnte oder wo in etwa sie sich befindet, dann kann man die Richtigkeit dieser Vermutung mit einer bestimmten Methode, der Geschwisterpaaranalyse, überprüfen. Dafür sucht man sich Geschwisterpaare, bei denen beide die entsprechende Krankheit, Eigenschaft, Verhaltensweise usw. gemeinsam haben. Theoretisch stimmen Geschwister in etwa 50 % ihres Erbguts überein, da sie nach dem Zufallsprinzip von jedem Chromosomenpaar der Mutter oder des Vaters mal das eine Chromosom und mal das andere erhalten. Nur im Falle des Merkmals, das untersucht wird, weil es beiden gemeinsam ist, sollten beide Geschwister immer, also in 100 % der Fälle dasselbe Gen und damit dasselbe Chromosom bekommen haben.

1993 gab Dean Hamer die Ergebnisse einer Studie mit Paaren homosexueller Brüder bekannt und verursachte damit große Aufregung. Von 40 Brüderpaaren hatten 33 dieselben Marker des entsprechenden Bereichs des X-Chromosoms gemeinsam. Gäbe es kein Gen für Homosexualität oder befände es sich nicht an der vermuteten Stelle, so hätten nur 50 % der Paare, also 20, übereinstimmen sollen.

Jahre später ist die Begeisterung über dieses Ergebnis merklich abgekühlt. Weder hat Dean Hamer bisher das gesuchte Gen präsentiert, noch konnten andere Wissenschaftler seine Befunde bestätigen, obwohl es mehrere versucht haben. Sogar Hamer selbst fand bei einer zweiten Studie mit weiteren Brüderpaaren nur noch eine Übereinstimmung von 67 %, während es in der ersten Studie noch 82 % waren. Dies ist kein sehr beeindruckender Unterschied zu den 50 %, die man erwarten würde, wenn es keinen Zusammenhang geben sollte.

Die Reproduzierbarkeit von Ergebnissen ist ein wichtiges Kriterium, wenn es darum geht zu entscheiden, ob man einem Forschungsergebnis Vertrauen schenken kann. Das heißt, nur wenn andere die Versuche mit denselben Ergebnissen wiederholen können, gelten diese als glaubwürdig. Sonst besteht die Gefahr, daß das Ergebnis auf einem Zufall oder einem Fehler in der Versuchsanordnung beruht.

Im Grunde besagen Hamers Resultate sicher nur eines: Da er Brüderpaare gefunden hat, die sich in bezug auf ihr X-Chromosom unterscheiden, gibt es Männer, deren Homosexualität nicht auf diesen Bereich des Erbguts zurückzuführen ist. Über lesbisches Verhalten bei Frauen gibt es übrigens kaum Forschungsergebnisse, unter anderem vermutlich, weil Frauen sich schlecht in eine von zwei Kategorien einordnen lassen – weit mehr Frauen als Männer geben bei Umfragen an, bisexuell zu sein.

Die üblichen Verdächtigen – Kandidatengene

Bei Intelligenz, Schizophrenie oder Homosexualität können die Wissenschaftler noch kein Gen vorweisen und können deshalb auch nicht sagen, wie sein Produkt seine Wirkung entfaltet. Wir sind auf ihre Versicherung angewiesen, daß es solche Gene gibt. Aber haben Forscher nicht bereits Gene für Verhalten isoliert? War nicht schon zu lesen, sie hätten die Anlagen dingfest gemacht, die darüber entscheiden, ob wir Alkoholiker, neurotisch, kriminell oder aber glücklich sind?

In diesen Fällen war man anders vorgegangen, weil man schon bestimmte Erbanlagen – sog. Kandidatengene – in Verdacht hatte. Man mußte also nur noch prüfen, ob Menschen mit einem bestimmten Verhalten ein solches Gen oder eine solche Genveränderung besaßen.

Wenn es um Gefühle, Verhalten und anderes geht, was im Gehirn seinen Ursprung hat, gibt es für die Wissenschaftler ein paar „übliche Verdächtige", vor allem die im Gehirn vorkommenden Transmitter Serotonin und Dopamin sowie Proteine, die sie verarbeiten (Enzyme) oder ihre Signale empfangen und an die Zelle weitergeben (Rezeptoren). Die stark vereinfachten Vorstellungen, die der Gensuche meist zugrunde liegen, lauten: Ein Anstieg von Dopamin im Gehirn bewirkt Glücksgefühle und Euphorie; Drogen können z. B. anscheinend einen solchen Anstieg bewirken. Serotonin wird einerseits mit Traurigkeit und andererseits mit der Kontrolle der Stimmungen, also einer Ausgeglichenheit der Gefühle in Verbindung gebracht.

Da allerdings das Gehirn ein hochkompliziertes Netzwerk ist, in dem die verschiedenen Vorgänge sich auf vielfältige Art und Weise gegenseitig beeinflussen und außerdem noch auf die Umwelt reagieren, stellt sich die Frage nach der Henne und dem Ei: Produziert das Gehirn viel Serotonin, weil der Mensch deprimiert ist, oder ist er deprimiert, weil sein Gehirn mit Serotonin überflutet wird? Das Transmittersystem verursacht nicht nur Gefühle, sondern reagiert auch selbst auf diese und auf Vorgänge in der Umwelt. Das zeigen Versuche mit Langusten: Forscher ließen die Tiere zunächst Kämpfe austragen und injizierten ihnen dann Serotonin. Zu ihrer Überraschung aktivierte der Botenstoff bei den Gewinnern der Kämpfe einen bestimmten Nerv, während er bei den Verlierern die Aktivität desselben Nervs hemmte. Anscheinend waren je nach der vorherigen Erfahrung der Languste an der Oberfläche des Nervs unterschiedliche Rezeptoren für das Serotonin und seine Botschaft angeschaltet. Wenn aber Erfahrung schon bei so einfachen Lebewesen einen so großen Einfluß auf die Wirkung der Transmitter hat, läßt es sich kaum ausmalen, wie es bei uns Menschen aussieht.

Von der Veranlagung zum Alkoholismus bis zum Glücksgen – Kann man den Schlagzeilen glauben?

Es gibt eine Menge Wissenschaftler, die sich durch die Komplexität der Wechselwirkung der Transmitter im Gehirn nicht abschrecken lassen. Sie versuchen, bestimmte Krankheiten und Verhaltensweisen mit bestimmten Kandidatengenen in Verbindung zu bringen. 1990 fanden die Amerikaner Kenneth Blum und Ernest Noble eine bestimmte Form des Gens für einen Dopaminrezeptor bei 70 % einer Gruppe von Alkoholikern, aber nur bei 20 % einer Nichtalkoholikergruppe. Genau wie etwas später das Homosexualitätsgen verursachte die Bekanntgabe ihres Ergebnisses ein heftiges Rauschen im Blätterwald.

1993 durchforstete Joel Gelernter, Psychiater an der Universität Yale, alle Studien, die diese Form des Dopaminrezeptors und Alkoholismus untersucht hatten. Wenn man die Arbeiten von Blum und Noble unberücksichtigt ließ, so besagten die Ergebnisse, daß 18 % der Nichtalkoholiker, 18 % der Problemtrinker und 18 % der schweren Alkoholiker das entsprechende Gen besaßen. Auch in den folgenden Jahren konnte niemand die ursprünglichen Ergebnisse bestätigen.

In der Zeitschrift „Science" kommentierte Gelernter diese Art von Forschung: „Unglücklicherweise findet man nicht viele Ergebnisse, die eine Verbindung zwischen einem bestimmten Gen und einem komplexen menschlichen Verhalten herstellen, die reproduziert worden sind." Als Ausnahme nannte er einige Erkenntnisse der Alzheimer-Forschung.

Eine Schwierigkeit, die die Forscher ins Stolpern bringt, ist, daß auch beim Alkoholismus nicht einfach definiert werden kann, wer in welche Kategorie gehört. Trotz aller Probleme haben Blum und Noble einen Test für ihr „Alkoholismusgen" entwickelt. Da aber selbst nach ihren eigenen Resultaten die Mehrheit der Menschen mit diesem Gen keine Alkoholiker sind, ist der Nutzen eines solchen Tests mehr als zweifelhaft.

Die Soziologin Kaye Fillmore fand bei Adoptionsstudien übrigens heraus, daß die Bildungs- und ökonomische Schicht, der die Familie angehörte, die ein Kind aufnahm, einen größeren Einfluß auf den Alkoholismus des Adoptierten hatte als irgendeine genetische Hypothek von den biologischen Eltern.

Interessant ist auch, daß viele Asiaten mit Recht der Ansicht sein könnten, daß Europäer aus genetischen Gründen generell für Alkoholismus anfällig sind. Asiaten – z.B. etwa 50 % aller Japaner – besitzen „Schutzgene", die dafür sorgen, daß sie Alkohol nicht vertragen. Trinken sie ihn dennoch, tritt eine Rötung des Gesichts und Übelkeit auf. Eigentlich handelt es sich um eine Schädigung von einem Gen oder mehreren, die für die Bildung von Enzymen sorgen, die den Alkohol in der Leber abbauen. Bei einer Untersuchung in Japan war bei 41 % der Kontrollpersonen, aber nur bei 2 % der Alkoholiker ein bestimmtes, dem Alkoholabbau dienendes Enzym funktionsunfähig. Die deutschen und japanischen Forscher kommentierten dies so: „Das könnte erklären, warum Alkoholismus in Japan immer weniger verbreitet war, als in Europa und den USA." Da uns Europäern diese „schützenden" Genveränderungen fehlen, besitzen wir also aus japanischer Sicht eine Veranlagung für Alkoholismus.

Eine der umstrittensten Richtungen der Verhaltensgenetik beschäftigt sich mit der Entstehung von Kriminalität. Zwar behauptet niemand, daß es so etwas wie das „Kriminalitätsgen" gibt. Aber selbst dafür, daß Vererbung überhaupt eine Rolle spielt, gibt es kaum Hinweise. Der amerikanische Psychologe Glenn D. Walters analysierte 38 Studien. Danach ist der mögliche Einfluß der Vererbung nur gering. Er ergänzt: „Ein großer Teil der Forschung war nicht sehr gut." Und in den neueren, besseren Untersuchungen sprach immer weniger für genetische Ursachen.

Auch die Arbeiten niederländischer Wissenschaftler, die ein Gen für aggressives Verhalten gefunden haben wollen, widersprechen dem nicht wirklich. Die Forscher untersuchten eine große Familie, in der bei den männlichen Mitgliedern gehäuft aggressives Verhalten auftrat. Tatsächlich fanden sie bei den betroffenen Männern auf dem X-Chromosom ein defektes Gen, das normalerweise für die Bildung eines bestimmten Enzyms sorgt – der Monoaminooxidase A (MAOA). Die MAOA ist unter anderem am Dopamin- und Serotoninstoffwechsel, aber auch noch an der Verarbeitung verschiedener anderer Substanzen beteiligt.

Wie dieser Defekt aggressives Verhalten und eine ebenfalls auftretende geistige Behinderung verursachen soll, können die niederländischen Wissenschaftler nicht erklären. Außerdem müßten sie, um das Ergebnis abzusichern, noch andere Familien untersuchen. Bisher kennen sie jedoch keine weiteren Beispiele für diese Erkrankung, so daß es nicht verwundert, daß auch ihre Ergebnisse nie von anderen Forschern reproduziert werden konnten. Die Befunde sind also, selbst wenn sie zutreffen, vermutlich irrelevant, erklären sie doch nur eine extrem seltene Form aggressiven Verhaltens.

Die Amerikanerin Xandra Breakefield, die an den Untersuchungen mitgewirkt hat, weist darauf hin, daß der Enzymmangel nicht zwangsläufig zu Gewalttätigkeit führt: „Sogar bei dieser sehr speziellen Art von Syndrom gibt es Personen, die glücklich verheiratet sind und Kinder haben. Sie haben die richtige Art von Unterstützung erhalten." Für sie besteht der Sinn ihrer Forschung darin herauszufinden, welche Art von Unterstützung das ist und wer sie braucht. „Die Idee ist nicht, Menschen in Schwierigkeiten zu bringen, sondern sie da raus zu holen. Mit ein wenig Intervention kann alles gut gehen."

Zu den schillernderen Neuentdeckungen der letzten Zeit gehören Erbanlagen, die die Persönlichkeit beeinflussen sollen: Das Gen für neurotisches Verhalten (das ein Serotonintransportprotein hervorbringt), das Gen für Erlebnishunger (verantwortlich für einen

Dopaminrezeptor) sowie das Gen für Glücklichsein (leider noch nicht identifiziert).

Dazu nur soviel: Sollten die Ergebnisse über das Neurotizismusgen stimmen, so handelt es sich um eine Erbanlage, die laut Untersuchung bei 70 % der befragten männlichen Weißen verkürzt war. Diese Personen neigten durchschnittlich (d. h. das gilt nicht für alle von ihnen) etwas mehr als andere zu Pessimismus, Ängstlichkeit, Besorgtheit und ähnlichem. Die Autoren der Studie selbst wollen berechnet haben, daß das Gen für 3 bis 4 % der Unterschiede im neurotischen Verhalten in der Bevölkerung verantwortlich ist.

Im amerikanischen „Time Magazine" machte sich der Journalist James Collins über die Relevanz solcher Forschung lustig, als er schrieb: „Endlich gibt es einen Beweis für das, was man schon lange vermutet hat: Furcht, Grauen, Sorge, Pessimismus, Ängstlichkeit und andere neurotische Eigenschaften sind normal. Es sind die zuversichtlichen, selbstsicheren Menschen, die die Irren sind." Und etwas später fährt er fort: „Es ist noch nicht erforscht worden, ob das kurze Gen auch an eine Gereiztheit über schlecht untertitelte fremdsprachige Filme gekoppelt ist."

Beim Erlebnissuchtgen sind einem der beteiligten Forscher selbst Zweifel gekommen. Jonathan Benjamin von der Ben Gurion Universität in Israel hat inzwischen Bedenken, ob die Forschungsergebnisse irgendeine Aussagekraft haben. Er fürchtet, daß die Wissenschaftler unter dem Oberbegriff Erlebnissucht so viele verschiedene Eigenschaften zusammengefaßt haben, daß die Hypothese einer Verbindung mit einem bestimmten Gen bedeutungslos wird. Als Anzeichen für das Verlangen nach immer neuen Reizen werteten die Forscher beispielsweise Verschwendungssucht, Lügen, das schnelle Wechseln von Interessen, aber auch das Tourette-Syndrom – eine Krankheit, die durch plötzliche ticartige Muskelzuckungen im Gesichtsbereich sowie bestimmte Zwangshandlungen gekennzeichnet ist.

Und wie weit ist man beim Gen für Glücklichsein?

Wissenschaftler der Universität von Minnesota haben ein- und zweieiige, getrennt und gemeinsam aufgewachsene Zwillinge befragt, wie glücklich sie sind. Das Ergebnis: Glücklichsein ist erblich, und irgendwo da draußen bzw. tief in uns drinnen müssen die entsprechen-

den Gene stecken. Dean Hamer, der Entdecker des „Homosexualitätsgens", jedenfalls setzt auf die üblichen Verdächtigen: Dopamin (bei
den glücklichen Personen) und Serotonin (bei den unglücklichen).

Zwar hat er bisher das von ihm postulierte Homosexualitätsgen noch nicht gefunden, aber er ist trotzdem nicht aufzuhalten.
In einem Artikel über die Glücksgene, von deren Existenz er überzeugt ist, schreibt er: „... Forscher können Mut schöpfen angesichts
der Tatsache, daß das komplexe Verhaltensmerkmal 'Emotionalität'
bei Mäusen zu nur drei Genorten zurückverfolgt wurde." Hier bleibt
nur anzumerken, daß es oft schon schwierig ist, Krankheiten zwischen Tieren und Menschen zu vergleichen.

Solange die jeweiligen Studien nicht von anderen bestätigt
werden können und es keine Erklärung dafür gibt, auf welche Weise
genau das jeweilige Gen seine Wirkung ausübt, ist Skepsis angebracht. Wenn man schon Probleme hat, Gene für relativ klar umrissene psychische Krankheiten wie die Schizophrenie oder manisch-depressive Erkrankungen zu finden, weil man sie zum Teil nicht
eindeutig diagnostizieren kann, wie will man da erfassen, wie glücklich oder neurotisch einzelne Menschen sind? Und das ist schließlich
die wesentliche Voraussetzung dafür, daß man die entsprechenden
Gene, falls es sie gibt, finden kann.

Viel Lärm um nichts?

Im gesamten Bereich der Verhaltensgenetik gibt es genau betrachtet
sehr viele Spekulationen und sehr wenige harte Fakten. Das, was
man weiß, gibt im Hinblick auf eine mögliche Beeinflussung von
Persönlichkeit oder Verhalten wenig Anlaß zu Hoffnungen oder Befürchtungen – je nach Perspektive. Vom Homosexualitäts-, Alkoholismus- und Kriminalitätsgen hat man schon einige Zeit nichts mehr
gehört. Dem Neurotizismus- und dem Glücksgen wird es vermutlich
nicht anders ergehen. Wenn man Zeitungsmeldungen über das jeweilige neue „Gen der Woche" anhand der Kriterien, die in „Was ist
dran am Gen der Woche" aufgeführt werden, überprüft, wird deutlich, warum das so ist.

Am ehesten ist noch im Bereich der psychiatrischen Erkrankungen zu erwarten, daß die Wissenschaftler in naher Zukunft
verantwortliche Gene vorweisen können. So kennt man bereits Gene

für erbliche Formen der Alzheimer-Krankheit, die allerdings nur einen Bruchteil aller Fälle ausmachen.

Unsere Gefühle und unser Verhalten werden mit Sicherheit durch genetische Faktoren beeinflußt. Das ist im Grunde eine Binsenweisheit, wenn man davon ausgeht, daß unser Denken und Fühlen im Gehirn entsteht, dessen Struktur, Transmitter und vieles mehr durch die Aktivität von Genen bestimmt wird . Warum sollten Wissenschaftler dies nicht, wie so vieles andere, erforschen? Andererseits ist das Gehirn sehr plastisch, kann sich verändern und anpassen. Bei Menschen, die erblindet sind, kann z. B. der Bereich der Großhirnrinde, der für das Sehen zuständig war, andere Aufgaben übernehmen. Neuere Forschungsergebnisse zeigen, daß das Gehirn vor allem in den ersten Lebensjahren sogar auf Eindrücke und Einflüsse von außen angewiesen ist, um sich entwickeln zu können. Man sollte also die Bedeutung der Erbanlagen nicht überschätzen und darf für hochkomplizierte Vorgänge keine einfachen Erklärungen erwarten.

Warum löst trotz aller Schwierigkeiten und bisher nicht gerade überzeugender Ergebnisse die Suche nach Genen für menschliche Eigenschaften und Verhalten eine solche Begeisterung aus? Vermutlich verbirgt sich dahinter die Sehnsucht nach einfachen Lösungen. Wäre es nicht schön, wenn man Kriminalität durch Verabreichen von Medikamenten aus der Welt schaffen könnte oder wenn ein Drehen am Genschalter uns intelligenter und glücklicher machen würde? Aber leider – oder zum Glück – zeigen die Ergebnisse der bisherigen Forschung: Die Gene bestimmen nicht unser Schicksal.

Der französische Wissenschaftler Cohen hat ein schönes Bild dafür gefunden, wie Gene und Umwelt sich – wenn es um menschliches Verhalten geht – so stark gegenseitig beeinflussen, daß es im Grunde nicht möglich ist, sie auseinanderzudividieren: „Der alte Streit um 'angeboren' und 'erworben' hat mich immer gründlich gelangweilt... Die Frage, ob man sagen kann, dieses oder jenes Verhalten beruhe zu 40, 60 oder 90 % auf Angeborenem beziehungsweise Erworbenem, erschien mir immer reichlich absonderlich und lief meinem gesunden Menschenverstand zuwider. Genauso könnte man fragen..., was für die Oberfläche eines Rechtecks mehr zählt: Die Länge oder die Breite?"

Was ist dran am „Gen der Woche"?

Wenn Sie das nächste Mal etwas über ein Glücks-, Seitensprung- oder Intelligenzgen lesen, fragen Sie einmal:

1. Hat man tatsächlich schon ein Gen identifiziert und kann erklären, wie es seine Wirkung ausübt? Oder vermutet man nur aufgrund anderer Ergebnisse, daß es ein solches Gen gibt?
2. Wenn man das Gen noch nicht gefunden hat: Welcher Art war die Studie? Waren es Tierversuche, Vermutungen über den evolutionären Sinn des Verhaltens, psychologische Fragebogenuntersuchungen, Zwillingsstudien, Kopplungsanalysen usw.?
3. Hat schon jemand anders das Ergebnis bestätigt, d. h. reproduziert?
4. Wie wurde das untersuchte Merkmal (Alkoholismus, kriminelles Verhalten usw.) definiert/bestimmt/gemessen?
5. Sind die Ergebnisse repräsentativ? (Für wen gelten sie? Für Männer, Weiße, Studenten? Letztere Personengruppe nehmen insbesondere Psychologen gern für Befragungen.) Sind die Ergebnisse statistisch signifikant oder könnten sie auf einem Zufall beruhen, weil die Fallzahl zu klein war?
6. Sind die Ergebnisse relevant? Das heißt:
   a) Wie stark beeinflußt das Gen das untersuchte Merkmal/Verhalten? (Leiden z. B. alle, viele, einige Menschen mit dem Gen unter Schizophrenie? Und sind alle, viele, einige Menschen, die es nicht besitzen, frei von der Krankheit?)
   b) Inwiefern ist das Wissen nützlich? Nützt es dem Betreffenden oder anderen zu wissen, daß er beispielsweise ein Homosexualitätsgen besitzt?

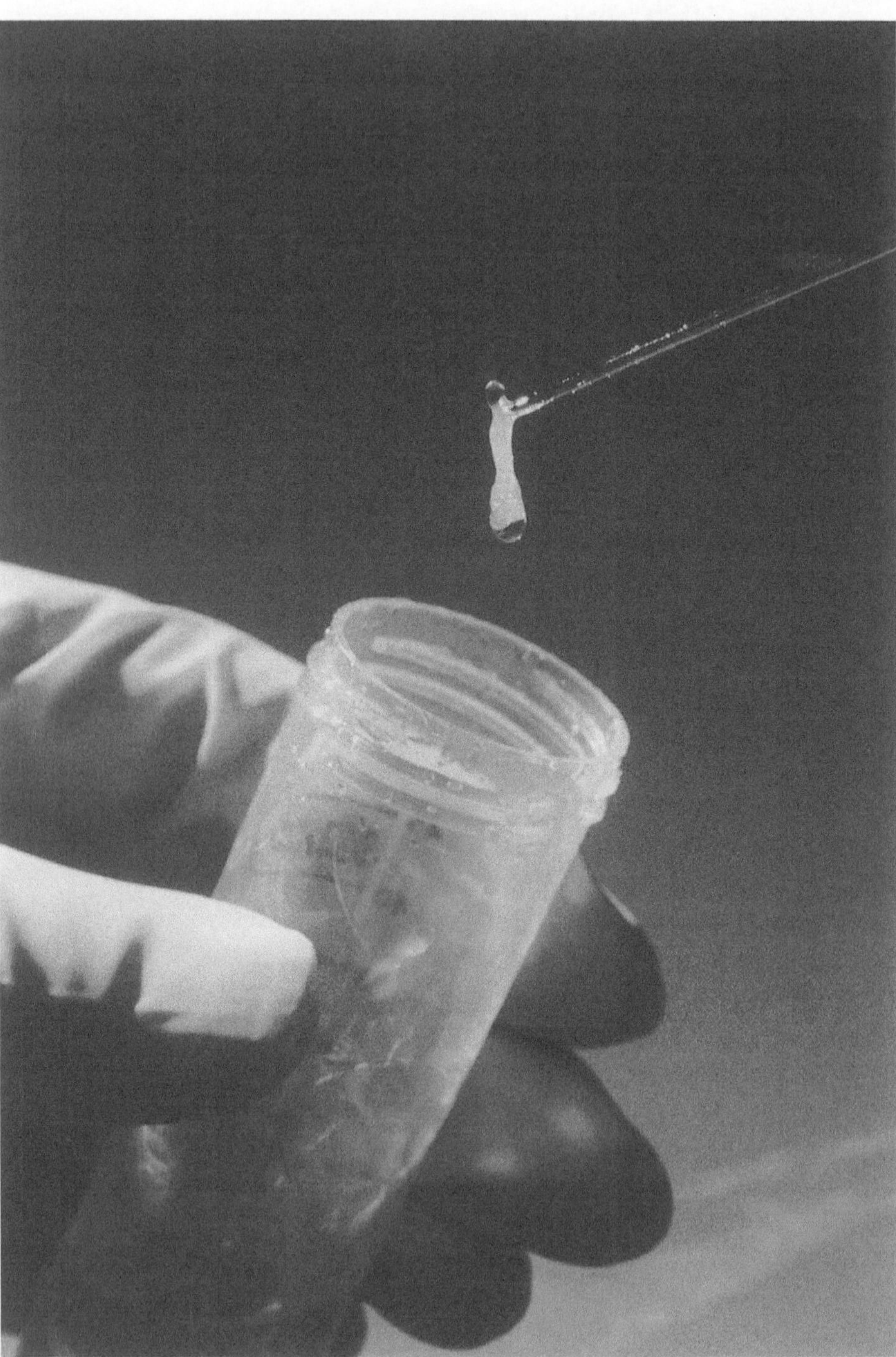

Der stoffliche Träger des Erbgutes, die Desoxyribonukleinsäure, ist nur in großen
Mengen mit dem bloßen Auge sichtbar.

15 Gentests und ihre Folgen

„Kinder nach Wunsch" bietet eine ganzseitige Anzeige in amerikanischen Zeitungen an. Paare können in einer Liste ankreuzen, wie ihr
Nachwuchs aussehen und welche Eigenschaften er haben soll. Hat die
Zukunft schon begonnen? Ganz unten auf der Seite, klein gedruckt,
die Auflösung: Die Anzeige wirbt für den amerikanischen Sciencefic-
tion-Film „Gattaca".

Manche befürchten, daß diese „schöne neue Welt" schon
bald Wirklichkeit wird; zwar nicht, weil Wissenschaftler Menschen
nach Maß schaffen können, aber weil es in ihrer Macht steht, die Erbanlagen von Zellen und Embryonen zu überprüfen und nur solche
auszuwählen, die gewünschte Eigenschaften besitzen bzw. frei sind
von unerwünschten. Sind diese Ängste begründet?

Fest steht: Wissenschaftler entdecken unaufhörlich neue
Krankheitsgene, und ist eine solche Erbanlage erst einmal aufgespürt
und entschlüsselt, dann ist auch ein Test möglich. „Potentielle neue genetische Tests rollen fast wöchentlich vom Fließband des Human-Genom-Projektes", so Norman Fost von der Universität von Wisconsin in
Madison, USA. Das Wissenschaftsmagazin „Scientific American" sieht
eine Ära genetischen Testens anbrechen. Es ist unmöglich, alle Tests
zu nennen und auf alle Entwicklungen einzugehen. Im folgenden werden deshalb nur einige der bekannteren Krankheitsgene herausgegrif-
fen und an ihrem Beispiel die Möglichkeiten und Probleme aufge-
zeigt, die sich so oder ähnlich bei allen Tests ergeben werden.

Welche Tests gibt es?

In Deutschland werden z. Z. Tests für mehr als 100 Erbkrankheiten
angeboten, von denen viele sehr selten sind. Meist sind es Universi-

tätsinstitute und große Kliniken, manchmal aber auch private Labors und niedergelassene Ärzte, die die Untersuchungen durchführen. Was geschieht bei diesen Tests, was wird untersucht?

Zur Erinnerung: Welche Rolle das jeweilige Gen spielt, ist in der verschlüsselt. Sie besteht aus vier Bausteinen, die man als Basen bezeichnet. Diese sind in jedem Gen auf spezifische Weise angeordnet. Eine Änderung in ihrer Abfolge kann dazu führen, daß das Gen nicht mehr richtig funktioniert. Eine solche Veränderung nennt man Mutation. Sie kann eine Krankheit oder einen Geburtsfehler hervorrufen. Die Gene werden paarweise vererbt, wobei jeweils eines vom Vater beziehungsweise von der Mutter stammt (siehe auch Kap. 3).

Bei vorgeburtlichen (pränatalen) Genanalysen untersucht man Zellen aus dem Fruchtwasser (Amniozentese) oder dem Choriongewebe, aus dem sich später die Plazenta bildet. Diese Verfahren dienen schon seit einiger Zeit dazu, Abweichungen in der Chromosomenzahl nachzuweisen (v.a. die Trisomie 21 / Down Syndrom).

Tests des Erbguts nach der Geburt können bei Kindern oder Erwachsenen dazu dienen, Krankheiten genauer zu diagnostizieren oder eine Anfälligkeit für eine spätere Erkrankung festzustellen. Außerdem kann man untersuchen, ob jemand ein Krankheitsgen besitzt, das er, wenn auch selbst gesund, an seine Kinder weitergeben kann, also Überträger des veränderten Gens ist (siehe auch Kap. 12).

Wissenschaftler entdecken immer neue Gene, so daß immer mehr Tests zur Verfügung stehen. Eine Möglichkeit, mit dieser Entwicklung Schritt halten und viele Analysen gleichzeitig durchführen zu können, sehen Experten in der Verwendung von Chips – ähnlich wie in der Computertechnologie.

Solche Chips werden in Zukunft wahrscheinlich auch die Entwicklung von Heimtests erlauben, Tests also, mit denen jeder bei sich zu Hause untersuchen kann, ob er Veranlagungen für bestimmte Krankheiten besitzt. Eigentliche Heimtests gibt es noch nicht, aber schon jetzt kann man in Großbritannien seinen Mund mit einer speziellen Lösung ausspülen und diese dann einer Firma schicken, die sie auf das Mukoviszidosegen hin untersucht. Das große Problem bei dieser Art von Test ist, daß es an einer qualifizierten Beratung fehlt, die hilft, das Ergebnis und seine Konsequenzen zu verstehen.

In Deutschland wurde einem ähnlichen Test, der das Aids-Virus nachweisen soll, vor kurzem die Zulassung verweigert. Genauso wird es vermutlich entsprechenden Genanalysen für den Hausge-

brauch ergehen. Auch Labors brauchen eine Zulassung, die an Fach-
kunde gebunden ist, um Untersuchungen des Erbguts durchführen
zu dürfen. Da viele Tests noch nicht als Routineverfahren eingesetzt
werden und damit auch kommerziell nicht interessant sind, werden
Testuntersuchungen meist von wissenschaftlichen Instituten, wie
Universitäten oder großen Kliniken, angeboten.

WIE FUNKTIONIERT EIN GENTEST?

Den Gentest gibt es nicht. Wie getestet wird, hängt vom jeweiligen
Labor und von dem Gen ab, um das es geht. So beruht die Chorea
Huntington auf einer bestimmten Mutation, die sich nachweisen und
untersuchen läßt, bei der Mukoviszidose gibt es verschiedene Genveränderungen, von denen aber manche so häufig sind, daß man fast
alle Betroffenen findet, wenn man gezielt nur nach sechs bis zehn
Genveränderungen sucht. Beim Brustkrebs gibt es dagegen eine Vielzahl von Mutationen, so daß man das gesamte Gen überprüfen muß,
wenn man nicht schon aus vorherigen Untersuchungen weiß, welche
Veränderung für eine bestimmte Familie typisch ist (siehe Kap. 12).

Es gibt verschiedene Wege, wie man herausfinden kann, ob
ein Gen in einer Zelle vorhanden ist, fehlt, verändert oder aktiv ist. Je
nach Gen und Vorwissen können die Mediziner unterschiedliche Methoden oder Kombinationen von Verfahren anwenden. Auf der einfachsten Ebene werden die Chromosomen in einer Zelle gezählt, wie
beim Test für Trisomie 21. Bei einer Kopplungsanalyse wird nach
Markern in der DNS gefahndet, von denen man weiß, daß sie mit dem
veränderten Gen gemeinsam, „gekoppelt", vererbt werden. Kennt
man das Gen und seine DNS-Sequenz, gibt es verschiedene Möglichkeiten herauszufinden, ob es geschädigt ist. Mit bestimmten Methoden läßt sich festellen, ob das Gen überhaupt mutiert ist. Wenn ja,
kann man nach der Art der Veränderung suchen. Weiß man bei einem Gen, welche Art von Schädigung zu erwarten ist, so testet man
das Erbmaterial mit Hilfe sog. Gensonden. Das sind DNS-Stücke, die
für diesen Defekt typisch sind. Schließlich kann man auch die Abfolge aller Bausteine in der DNS einer Erbanlage bestimmen. Eine solche
Sequenzierung ist allerdings sehr aufwendig, und kann z. B. im Falle
des sehr langen BRCA1-Gens Monate dauern (siehe Kap. 7).

Die Zukunft: DNS-Chips

Mit zwölf Millionen Dollar fördert Bill Gates (Gründer und Chef der Software-Firma Microsoft) an der Universität von Washington in Seattle die Entwicklung von DNS-Chips. Die Wissenschaftler dort – Biologen, Computerfachleute und Physiker – glauben, daß es in zehn Jahren möglich sein wird, mit Hilfe von Chips auf einen Schlag Dutzende von Genen aufspüren zu können. Die neuen Technologien sollen es auch erlauben, Hunderttausende von Gensonden auf Siliziumträgern anzubringen, die Computerchips ähneln. Mit Hilfe solcher Sonden, die z. B. aus je 20 DNS-Bausteinen bestehen, lassen sich Austausche einzelner Bausteine im Erbgut nachweisen. Fachleute halten es für vorstellbar, daß ein Chip 3 000–10 000 solcher Einzel-Basen-Abweichungen, die über das gesamte Genom verteilt sind, aufspüren könnte. So ließe sich die DNS-Diagnostik erheblich beschleunigen.

Ein Beispiel: Die Biotechnologiefirma Affymetrix südlich von San Francisco hat einen daumennagelgroßen Chip entwickelt, der bequem mehrere hunderttausend verschiedene Oligonukleotidsequenzen aufnehmen kann. Und die Computerfirma Hewlett Packard hat ein Gerät gebaut, das die Ergebnisse von etwa 400 000 Sonden auf einem Chip ablesen kann. (Geht man von 40 Sonden pro Gen aus, heißt das, daß das gesamte menschliche Erbgut sich vermutlich auf nur zehn Chips repräsentieren ließe.) Die Genforscher Francis Collins, Joseph Hacia und ihre Kollegen plazierten annähernd 100 000 20er Oligonukleotide auf einem Chip, die die normale Sequenz eines Bereichs des Brustkrebsgens BRCA1 sowie alle vorstellbaren Austausche von Basen, neu hinzugefügte Basen oder deren Fehlen abdeckten. Mit diesem Chip konnten sie bei einem Test 14 von 15 bekannten BRCA1-Mutationen identifizieren.

In fünf Jahren, so schätzt Doron Lancet vom Weizman-Institut in Rehovot, Israel, werden wir mit Hilfe von Sätzen solcher Chips das gesamte Genom eines Menschen durchtesten können. Das bedeutet, daß sich z. B. bei einer vorgeburtlichen Untersuchung auf einen Schlag alle bekannten Gene für Erbkrankheiten aufspüren ließen.

Gentests für Chorea Huntington

Krankheiten, die auf dem Defekt eines einzelnen Gens beruhen, sind relativ selten. Da ihre Erforschung aber am einfachsten ist, waren sie die ersten, für die DNS-Analysen entwickelt wurden. Eine von ihnen ist die dominant vererbliche Chorea Huntington, die das Nervensystem befällt (siehe Kap. 12). Kinder von Chorea-Huntington-Patienten haben bei diesem Vererbungsmodus ein 50 %iges Risiko, das Gen zu erben und ebenfalls zu erkranken.

Die Ursache des Leidens ist die Verlängerung einer Aneinanderreihung von Basentripletts mit der Abfolge CAG im Huntington-Gen. Alle Menschen, in deren Gen sich mehr als 40 „CAG-Wörter" hintereinander befinden, erkanken. Man weiß inzwischen außerdem: Je länger die Abfolge dieser Bausteine, desto früher bricht die Krankheit aus. Das heißt, man kann

1. bei Patienten die Diagnose bestätigen und präzisieren,
2. bei Risikopersonen feststellen, ob und wann ungefähr mit einer Erkrankung zu rechnen ist, und
3. bei einer Schwangerschaft eine vorgeburtliche Diagnose vornehmen.

Das große Problem bei der Chorea Huntington: Es gibt keine Behandlungs- und Heilungsmöglichkeit, so daß das Ergebnis eines Gentests eine große Belastung bedeuten kann. Ist es positiv, bedeutet das, daß der Betreffende mit Sicherheit und ohne Aussicht auf eine Heilung erkranken wird. Bei prädiktiven Tests, d. h. Untersuchungen von (noch) gesunden Personen, ergreift man deshalb eine ganze Reihe von Vorsichtsmaßnahmen.

In Deutschland geht man nach bestimmten Richtlinien vor, die auf Empfehlungen der internationalen Huntingtonvereinigung und des Weltverbandes der Neurologie beruhen. Ein Test erfolgt nur nach qualifizierter und ausführlicher humangenetischer Beratung sowie mit psychologischer Betreuung, die vor dem Test und nach Eröffnung des Ergebnisses angeboten wird. Wichtig ist, daß der Betroffene jederzeit den Prozeß aufhalten kann: Er kann sich z. B. Blut abnehmen lassen, nachdem die Beratungen erfolgt sind, und dann anrufen und sagen: Schluß, ich möchte doch nichts wissen. Liegt das Ergebnis nach wenigen Wochen vor, wird noch einmal nachgefragt, ob der Betreffende es wissen will. Und er allein entscheidet, wer das Ergebnis erfahren soll. Anschließend gibt es ein Nachsorgekonzept, bei dem weitere Gespräche angeboten werden.

Die internationalen Richtlinien für den Huntington-Test sehen vor, daß nur Personen über 18 Jahren getestet werden sollen, weil das Recht des Einzelnen auf Nichtwissen Vorrang hat – z. B. vor den Interessen der Eltern. Manchmal ist dieses Recht allerdings schwer zu gewährleisten. Ein Beispiel: Fällt bei einem jungen Mann, dessen Mutter Risikopatientin ist, der Test positiv aus, ist damit klar, daß die Mutter ebenfalls erkranken wird – obwohl sie die Diagnose vielleicht gar nicht wissen möchte.

Weniger als die Hälfte der Risikopersonen entschließen sich zu dieser Untersuchung, die anderen wählen ein Leben in Unsicherheit, aber eben auch mit Hoffnung. Zu ihnen gehört Nancy Wexler. Die amerikanische Wissenschaftlerin besitzt selbst ein fünfzigprozentiges Risiko, an Chorea Huntington zu erkranken, da sie das Gen von ihrer Mutter geerbt haben könnte. Nancy Wexler hat die Suche nach dem Gen für die Chorea Huntington entscheidend mit vorangetrieben. Sie selbst hat jedoch abgelehnt, sich testen zu lassen. Sie ist der Meinung: „Ein Test ist nicht gut, wenn man den Menschen keine Behandlung anbieten kann." Und im Falle eines positiven Ergebnisses befürchtet sie: „Das Wissen allein gibt einem nicht genügend Halt, um sein Leben weiterzuführen, man muß auch wissen, daß noch Hoffnung besteht."

Übrigens ist es immer wieder vorgekommen, daß man Menschen gesagt hat, sie haben die Mutation nicht, bei denen nach der anfänglichen Freude Depressionen aufgetreten sind und die anderen Angehörigen gegenüber Schuldgefühle hatten: Warum ich nicht? Auch sie benötigen psychologische Betreuung. Ähnlich empfindet Nancy Wexler, die sich nicht hat testen lassen: „Sowohl für meine Schwester als auch für mich müßte Entwarnung gegeben werden, damit wir frei wären."

Gentests für Mukoviszidose

Die rezessiv vererbte Mukoviszidose ist eine angeborene Fehlfunktion der Schweiß- und Schleimdrüsen, die vor allem Lunge und Bauchspeicheldrüse betrifft. Durch verbesserte Behandlungsmöglichkeiten hat sich die Lebenserwartung erheblich erhöht, so daß im Moment 50 % der Mukoviszidosepatienten 30 Jahre alt oder älter werden. Die Häufigkeit der (gesunden) Träger eines geschädigten Gens beträgt etwa 1:20 (5 %). Damit besteht in etwa jeder 400. Partnerschaft ein Risiko von 1:4 (25 %) für die Geburt eines an Mukoviszidose erkrankten Kindes (siehe Kap. 12).

Bei den üblichen Analysen in der genetischen Mukoviszidosediagnostik sucht man aus praktischen Gründen nach den sechs bis zehn häufigsten Genschäden. So lassen sich zwischen 80 und etwas mehr als 90 % der Veränderungen in einer bestimmten Bevölkerung abdecken. Da man so nicht alle Mutationen aufspürt, ist es möglich, wenn auch unwahrscheinlich, daß eine Person trotz negativem Testergebnis die Krankheit überträgt. Bei türkischen Familien in Deutschland entdecken die üblichen Tests einen geringeren Anteil der Mutationen, weil bei ihnen z. B. die Delta-508-Mutation sehr viel seltener ist.

Die häufigste Situation, in der ein Mukoviszidosetest gemacht wird, ist die, daß in einer Familie schon ein Kind erkrankt ist – Vater und Mutter sind also Überträger des Gens. Man versucht dann normalerweise, bei dem betroffenen Kind die Mutationen auf beiden Chromosomen zu identifizieren, um bei einem weiteren Kinderwunsch in der Familie eine pränatale Diagnostik anbieten zu können.

80 % der Kinder mit Mukoviszidose werden allerdings in Familien geboren, in denen es zuvor keine Krankheitsfälle gab. Wäre es da nicht sinnvoll, alle Menschen in Deutschland durchzuanalysieren, ob sie das Gen besitzen? (Natürlich freiwillig.) Abgesehen von der finanziellen Belastung des Gesundheitssystems halten die meisten Fachleute solch ein Programm auch für wenig sinnvoll. Wenn man mit einem Test nur 80 bis 90 % der Genträger erfaßt, ist seine Aussagekraft nicht klar und die Bedeutung des Ergebnisses dem Einzelnen in Beratungsgesprächen nur schwer zu vermitteln.

Außerdem reagiert die Allgemeinbevölkerung eher zurückhaltend auf Testangebote, wie mehrere amerikanische Studien ergeben haben. Bei einer Studie nahmen gerade einmal vier Prozent der Angesprochenen an einem Test teil. Die einzige Ausnahme bildeten Paare, die ein Kind erwarteten. Und selbst diese zukünftigen Eltern waren an einem Test anscheinend nur dann interessiert, wenn man ihn ihnen im Rahmen eines allgemeinen vorgeburtlichen Untersuchungsprogramms anbot, bei dem z. B. auf die Trisomie 21 hin untersucht wurde. In Deutschland werden solche Genträgerreihenuntersuchungen von Ärzten und Öffentlichkeit weitgehend abgelehnt, oder sie stoßen zumindest auf wenig Interesse. In den USA gibt es allerdings Bemühungen, sie einzuführen.

216 Gentests für das Retinoblastom

Der seltene Augentumor Retinoblastom ist das Paradebeispiel dafür, was Mediziner sich von der Gendiagnostik erhoffen. Das Retinoblastom wird durch eine Mutation in dem gleichnamigen Gen verursacht. 90 % der Menschen, die ein defektes Gen geerbt haben, entwickeln meist bis zu einem Alter von zwei bis drei Jahren einen Tumor (siehe Kap. 12).

Unbehandelt ist der Verlauf der Erkrankung tödlich; man kann den Tumor aber relativ leicht durch die Pupille entdecken und ihn mit verschiedenen Methoden zerstören. Geschieht das rechtzeitig, bleibt das Auge erhalten. Wenn man früher vermutete, daß ein Kind die Veranlagung für ein Retinoblastom von Vater oder Mutter geerbt haben könnte, wurde alle drei Monate bis zum Alter von 3 bis 4 Jahren eine Augenspiegelung in Vollnarkose durchgeführt; da das Risiko, daß Gen zu erben 50 % beträgt, wurde die Hälfte der Kinder dieser Prozedur „grundlos" ausgesetzt.

Jetzt untersucht man nach der Geburt, ob das Kind das mutierte Gen erhalten hat und Kontrolluntersuchungen des Auges nötig sind. In diesem Fall weicht man natürlich von der 18-Jahres-Regel und dem Recht auf Nichtwissen ab, weil die Untersuchung nur bei Kindern sinnvoll ist und weil man über eine Behandlungsmöglichkeit verfügt. Hier gibt es keine ethischen Probleme irgendeiner Art – der Wunschtraum eines jeden Genforschers und Arztes.

Gentests für Brustkrebs

In Deutschland erkranken circa 40 000 Frauen jährlich an Brustkrebs. Bei 5–10 % ist eine erbliche Komponente an der Krebsentstehung beteiligt. Die beiden bekanntesten der Gene, die man bisher gefunden hat, sind BRCA1 und BRCA2.

Eine der beiden Genkopien von BRCA 1 oder BRCA 2 ist bereits von Geburt an inaktiv. Wird nun noch die zweite Kopie in einer Zelle geschädigt, kann aus dieser ein Tumor entstehen (siehe Kap. 12).

Untersuchungen haben ergeben, daß fast jede der betroffenen Familien ihren eigenen „Tippfehler" in der DNS-Sequenz besitzt (mehr als 200 wurden bisher in den BRCA 1- und BRCA 2-Genen gefunden), so daß das Gen bei jeder Familie gründlich abgesucht werden muß. Ein allgemeiner Test wie bei der Chorea Huntington oder auch nur bei der Mukoviszidose, bei der es immerhin einige besonders häufige Genveränderungen gibt, ist deshalb z. Z. nicht denkbar.

Außerdem muß man beachten, daß ein negatives Ergebnis bei dem Test für ein bestimmtes Gen nur bedeutet, daß eine Person nicht in Gefahr ist, an der speziellen Krebsart zu erkranken, die durch dieses Gen verursacht wird. Das allgemeine Erkrankungsrisiko, das hierzulande bei Brustkrebs für Frauen immerhin 10 % oder mehr beträgt, bleibt aber bestehen.

BRCA 1 und BRCA 2 sind sehr große Gene, und es ist deshalb methodisch aufwendig, eine Mutation in ihnen aufzuspüren. Es gibt zwei Möglichkeiten, wie die Forscher vorgehen können: erstens können sie beide Gene von Anfang bis Ende durchsequenzieren, was sehr zeitaufwendig ist; zweitens können sie in einer Art Voranalyse feststellen, ob überhaupt irgendeine Mutation vorhanden ist und dann gezielt nachsequenzieren. Das ist ökonomischer, man übersieht aber dabei etwa 10 % der Genveränderungen. Beide Methoden werden – je nach Labor – in Deutschland angewendet. In bezug auf das Durchsequenzieren der BRCA-Gene gibt Prof. Claus Bartram, Direktor des Instituts für Humangenetik der Universität Heidelberg, zu bedenken: „Das große Problem ist z. Z. noch, zwischen harmlosen DNS-Polymorphismen und tatsächlichen Mutationen zu unterscheiden." Das heißt, wenn man eine Veränderung der Bausteinabfolge findet, ist damit nicht gesagt, daß diese eine Krankheit verursacht. Manchmal kann es sich auch um eine Variante handeln, die die Funktion des betreffenden Proteins nicht beeinträchtigt und deshalb harmlos ist.

Da Brustkrebs insgesamt recht häufig ist und die erbliche Form relativ selten auftritt, hat man sich überlegt, bei wem ein Gentest angebracht ist. Es sollten Anzeichen dafür vorhanden sein, daß man die erbliche Form erwarten kann. Eine molekulargenetische Untersuchung wird in Deutschland in der Regel nur eingeleitet, wenn bestimmte Kriterien erfüllt sind: Wenn beispielsweise die Frau selbst vor dem 50. Lebensjahr erkrankt ist und/oder nahe Verwandte (früh) erkrankt sind oder bei einer Verwandten bereits eine BRCA1- oder BRCA2-Veränderung nachgewiesen wurde.

Ein Beispiel: Eine gesunde Frau mit Verwandten, die an Brustkrebs erkrankt sind, wünscht einen (prädiktiven) Gentest. In diesem Fall würde der Arzt bei der Beratung und der Diagnose nach ähnlichen Regeln vorgehen wie bei der Chorea Huntington. Beim Brustkrebs kommt allerdings im Fall eines positiven Testergebnisses ein neuer Aspekt hinzu. Auch hier ist man im Grunde mit der molekularen Diagnostik weiter als mit der möglichen Behandlung. Aber im Gegensatz zur Chorea Huntington hat man zumindest gewisse Therapievorstellungen, ohne daß diese allerdings – wie wir sehen werden – in jedem Fall auf ihre Wirksamkeit hin überprüft worden sind. Das heißt, die Krankheit verläuft nicht zwangsläufig tödlich.

Was kann die Medizin Frauen mit einem Brustkrebsgen anbieten?

1. Man kann das normale Vorsorgeprogramm (Abtasten und Mammographie) intensivieren. In welchen Zeitabständen dies erfolgen muß, ist aber noch unklar. Bei einer Art von Genschädigung kommt es auch häufiger zu Eierstockkrebs, dann würde man auch hier verstärkt untersuchen.
2. Die Ärzte können Medikamente anbieten: bestimmte Hormone oder Substanzen, die ihnen ähneln, wobei im Grunde genommen noch nicht bewiesen ist, daß sie etwas nützen.
3. Am radikalsten sind chirurgische Maßnahmen, das Amputieren der Brüste (Mammektomie) und evtl. die Entfernung der Eierstöcke. Allerdings kann man das Brustdrüsengewebe nicht vollständig entfernen, so daß noch verstecktes Gewebe vorhanden bleibt. Deshalb garantiert selbst ein solcher Eingriff nicht, daß nicht doch ein Tumor entsteht. Außerdem gibt es Anzeichen dafür, daß diese Gene auch noch für andere Krebsarten anfällig machen – wenn auch nicht im selben Ausmaß.

Wie Claus Bartram erklärt, stehen die Ärzte hier vor einer ganz neuen Situation. In Heidelberg würde man alle drei Behandlungsmöglichkeiten ansprechen, eine totale Mammektomie jedoch „nur auf besonderes Drängen der Frau" durchführen. Insgesamt sind die Experten in Deutschland der Meinung, daß Brustamputationen nicht die Therapie der Wahl sind.

Um die vielen offenen Fragen im Zusammenhang mit den Gentests für Brustkrebs zu klären, finanziert die Deutsche Krebshilfe seit 1997 zehn Zentren drei Jahre lang mit je einer Million Mark (eines davon in Heidelberg). Das Ziel ist die Erarbeitung von Richtlinien für die genetische Beratung, Diagnostik und Therapie. Die Studie soll auch die Frage klären: Wieviele Frauen wollen überhaupt einen Test?

Weil im Zusammenhang mit der Analyse der BRCA-Gene noch so große Unklarheit herrscht, drängen auch die Amerikanische Gesellschaft für Humangenetik (American Society of Human Genetics) und die Nationale Brustkrebskoalition (National Breast Cancer Coalition), eine Gruppe, die für die Interessen der Patientinnen eintritt, in den USA darauf, daß Tests nur im Rahmen von Forschungsvorhaben durchgeführt werden sollten. Allerdings mit wenig Erfolg, denn in den USA bieten schon mehrere Firmen Gentests für Brustkrebs an.

Dabei haben neue Forschungsergebnisse gezeigt, daß dies problematisch sein kann, weil die Tests nur sehr ungenaue Voraussagen erlauben. Wissenschaftler berichten, daß das Risiko von Frauen mit Mutationen in den BRCA-Genen, Krebs zu bekommen, geringer ist, als bisher angenommen, und daß diese Mutationen außerdem bei Personen aus Familien, in denen sich Brustkrebsfälle häufen, wahrscheinlich seltener vorkommen, als man bisher berechnet hatte.

So betrug das Risiko von Trägerinnen der BRCA1- oder BRCA2-Mutationen, bis zum Alter von 70 Jahren an Brustkrebs zu erkranken, nur 56 % im Gegensatz zu einem Wert von 87 % aus früheren Studien. Andere Forscher fanden heraus, daß im Gegensatz zu früheren Untersuchungen, bei denen 45 % der Frauen mit familiärem Brustkrebs ein geschädigtes BRCA1-Gen besaßen, dies bei ihrer Studie nur bei 16 % oder, unter bestimmten Bedingungen, sogar nur bei 7 % der Frauen der Fall war.

Bernadine Healy, Dekanin der medizinischen Abteilung der Ohio State Universität und frühere Leiterin der nationalen Gesundheitsinstitute der USA, kommentiert die neuen Erkenntnisse so: „Die Ergebnisse zeigen, daß Routineuntersuchungen für BRCA1-Mutationen, selbst bei Frauen mit Brustkrebsfällen in der Familie eine Verschwendung sind, weil die Tests in mehr als 9 von 10 Fällen negativ ausfallen werden." Diese Meinung wird von anderen Experten geteilt.

Die Wissenschaftlerin fährt fort: „Diese Beobachtungen unterstreichen insgesamt, daß auch noch andere Faktoren – seien sie genetisch, hormonell, ernährungs- oder umweltbedingt – dabei eine Rolle spielen, ob eine bestimmte BRCA-Mutation Krebs auslöst. Ohne Erkenntnisse über diese anderen Variablen lesen die Wahrsager aus einer ziemlich trüben Kristallkugel." Und die Ärzte ermahnt sie: „Es ist noch zu früh, um BRCA-Gentests in der täglichen klinischen Praxis einzusetzen, da dies ein Gebot des gesunden Menschenverstands in der Medizin verletzt: Bestell keinen Test, wenn Dir die Fakten fehlen, um ihn interpretieren zu können." Kurz gesagt besteht also z. Z. bei den Gentests für Brustkrebs bei einem positiven Ergebnis die Gefahr eines falschen Alarms und bei einem negativen Ergebnis die eines falschen Gefühls der Sicherheit.

Gentests als Geschäft

Myriad Genetics, 1991 in Salt Lake City gegründet, ist eine von mehreren Firmen, die in den USA Gentests für BRCA1 anbieten. Seit Ende Oktober 1996 offerieren sie allen Frauen mit der Diagnose Brust- oder Eierstockkrebs und deren nahen Verwandten einen BRCA1-Test. Die Idee dabei: Die Patientinnen sollen so feststellen können, ob ihre Erkrankung auf einem Defekt dieses Gens beruht. Sollte dies der Fall sein, könnten dann die Angehörigen testen lassen, ob auch sie gefährdet sind. Allein an betroffene Patientinnen ließen sich so mehr als 200 000 Tests pro Jahr verkaufen – ein verlockender Markt.

Bei dem BRCAnalysis genannten Test wird für eine Gebühr von etwa 2 400 Dollar die gesamte DNS des BRCA1-Gens sequenziert. Hat man die Genveränderung identifiziert, so kostet der Test für diese Mutation jedes weitere Familienmitglied knapp 400 Dollar. Große Schwierigkeiten wird den Frauen und den sie behandelnden Ärzten aber vermutlich die Interpretation der Ergebnisse bereiten, da der Test auch harmlose Abweichungen in der Abfolge der Bausteine des Gens aufspürt.

Zwar empfiehlt die Firma, daß die Patientin informiert und beraten wird, ehe der behandelnde Arzt einen Test anfordert, dieses Vorgehen ist jedoch nicht Pflicht. Francis Collins, Leiter des amerikanischen Human-Genom-Forschungszentrums (National Center for Human Genome Research), kritisiert Myriad und andere Firmen, die Tests anbieten. Seiner Meinung nach ist der Nutzen solcher Tests nicht nur fraglich, sondern „es ist absoluter Wahnsinn, keine Beratung für die Testpersonen zur Bedingung zu machen."

Gentests für die familiäre Polyposis

Bei einer anderen erblichen Krebsform – einer besonderen Art von Darmkrebs – haben die Ärzte bessere Handlungsmöglichkeiten als beim Brustkrebs. Zuerst bilden sich im Darm des Patienten viele gutartige Polypen, die dann später zu Krebs entarten. Eine Veränderung des APC genannten Gens führt fast zwangsläufig zu Krebs, wenn nicht bereits in jungen Jahren der Dickdarm des Patienten entfernt wird. Auch hier führt man Tests schon bei Personen unter 18 Jahren durch, da eine lebensrettende Vorbeugung möglich ist, die aber früh genug erfolgen muß. Ähnlich wie beim Retinoblastom ist eine Beobachtung und Behandlung nur noch bei Familienmitgliedern mit Genveränderungen nötig. In Heidelberg hat Prof. Christian Herfart an der chirurgischen Universitätsklinik ein Polyposisregister eingerichtet, das gefährdete Personen in der Region erfaßt und ihnen ein standardisiertes Untersuchungsprogramm anbietet. Allerdings lassen sich mit einem solchen Vorsorgeprogramm nicht alle gefährdeten Personen aufspüren. Bei gut einem Drittel der Polyposisfälle handelt es sich nämlich um neu auftretende Genschädigungen.

Wissenschaftler haben sogar Hinweise gefunden, daß die Art der notwendigen Operation von der Lage der Mutation im Gen abhängt. Die Ärzte haben nämlich prinzipiell die Wahl, ein längeres oder ein kürzeres Stück des Darms zu entfernen. Die erste Möglichkeit verhindert zwar, daß im Mastdarm ein Tumor entsteht, weil dieser mit herausgeschnitten wird, sie ist aber aufwendiger und für den Patienten belastender. Jetzt hat man herausgefunden, daß anscheinend vor allem Personen mit einer Mutation im hinteren Teil des Gens gefährdet sind, Mastdarmkrebs zu bekommen.

Tay-Sachs-Krankheit, Thalassämie und Alzheimer-Krankheit
– Möglichkeiten und Grenzen von Gentests –

Wie bereits zu Anfang erwähnt, läßt sich im Prinzip für jedes neu entdeckte Gen ein Test entwickeln. Die Tay-Sachs-Krankheit führt z. B. zu schwersten Entwicklungsstörungen und dem Tod des Kindes in den ersten drei Jahren. Besonders bei jüdischen Menschen ist dieses rezessive Gen verbreitet. Manche jüdischen Gemeinden in Israel und den USA bieten voreheliche Tests an, und wenn Mann und Frau Träger des Gens sind, informiert der Rabbi die Familien, daß die Ehe nicht geschlossen werden sollte. Allerdings ist dieses Programm selbst unter orthodoxen Juden umstritten.

Andere, wie die Familie Abshire, von der die Wissenschaftszeitschrift „Scientific American" berichtet, vertrauen auf die Präimplantationsdiagnostik – also eine Diagnose der befruchteten Eizellen, ehe sie in die Gebärmutter eingepflanzt werden. Renee and David Abshire, beide gesunde Träger des Tay-Sachs-Gens, hatten 1989 eine Tochter durch diese schreckliche Krankheit verloren und sich geschworen, daß sie nur ein weiteres Kind haben wollten, wenn sie sicher sein könnten, daß es nicht ebenfalls darunter litte. Im Januar 1994 wurde dann nach einer Präimplantationsdiagnose ihre gesunde Tochter Brittany geboren.

Ein Vorfall, von dem die „Münchener Medizinische Wochenschrift" berichtete, verdeutlicht, daß selbst Ein-Gen-Krankheiten komplizierter sind, als viele denken. Mittels DNS-Analyse war in einem Fall pränatal eindeutig gezeigt worden, daß der Fetus Gendefekte besaß, die eine β-Kettenthalassämie – eine schwere Blutkrankheit aufgrund einer zu geringen Bildung der β-Kette des Hämoglobins – hervorrufen würden.

Die Eltern entschieden sich gegen einen Abbruch – und das Kind war völlig gesund. Des Rätsels Lösung: Das Kind hatte neben der nachgewiesenen noch eine weitere Mutation, und zwar in dem Gen, das die Synthese der α-Kette des Hämoglobins steuert (auf die hier nicht untersucht worden war). Der Blutfarbstoff Hämoglobin setzt sich zu gleichen Teilen aus α- und β-Ketten zusammen, und Thalassämien sind die Folge eines Ungleichgewichts zwischen der Produktion dieser beiden Bestandteile. Da bei dem Kind von beiden Kettenarten weniger gebildet wurde, war es gesund. Natürlich sind solche Fälle extrem selten. Das Beispiel zeigt aber, daß und warum selbst bei Krankheiten, die auf der Störung eines Gens beruhen, die Genschädigung nicht immer dieselbe Wirkung haben muß.

Tests für komplexe Krankheiten, also solche, bei deren Entstehung vermutlich eine Vielzahl von Genen und Umwelteinflüssen mitwirken, sind – wie die Brustkrebsgene zeigen – schwieriger zu deuten, obwohl in dem Fall die Gene noch eine relativ große Rolle spielen. Je mehr Faktoren an der Entstehung einer Krankheit beteiligt sind, desto weniger Aussagekraft hat ein einzelner Test. Ein Beispiel ist die Alzheimer-Krankheit. Hier hat man herausgefunden, daß der Besitz des Gens für die Variante E4 des sog. Apolipoproteins (apoE4) das Erkrankungsrisiko auf das Vier- beziehungsweise Dreißigfache erhöht, je nachdem, ob man eine oder zwei Kopien des Gens besitzt.

Der Forscher Peter St. George-Hyslop von der Universität Toronto in Kanada weist darauf hin, daß bei einer Alzheimer-Erkrankung meist mehrere Gene sowie verschiedene Umwelteinflüsse beteiligt sind. Seine Meinung: Ein Test hätte nur geringe Aussagekraft, da man weiß, daß selbst bei Menschen mit zwei Kopien die Krankheit im Alter von 50 oder aber auch erst mit 90 Jahren ausbrechen kann, und manche Menschen mit dem Gen nie die Alzheimer-Krankheit bekommen, andere, die das Gen nicht besitzen, jedoch sehr wohl. Weil also die Voraussagen des Tests zu ungenau sind und weil es außerdem keine Vorbeugungs- oder Behandlungsmöglichkeit gibt, hält der Wissenschaftler die Ergebnisse eines Apolipoprotein-Gentests für nutzlos.

BERATUNG WICHTIG

Vielen Menschen und ihren Ärzten stellt sich die Frage: Test ja oder nein, und wenn ein Test, wie ist dann das Ergebnis zu bewerten. Damit die Betroffenen dies entscheiden können, ist eine umfassende Beratung nötig. Prof. Claus R. Bartram, der Direktor des Instituts für Humangenetik der Universität Heidelberg, glaubt deshalb: „Der Bedarf an Beratung über genetische Inhalte wird enorm zunehmen." Das Problem ist: Das Wissen entwickelt sich so rasend schnell weiter, daß die Ärzte kaum noch damit Schritt halten können. Bartram vertritt deshalb die Meinung, daß die Beratung – nicht unbedingt die Diagnostik – in die Hand ausgebildeter Humangenetiker gehört.

Aus anderen Ländern, vor allem den USA, ist bekannt, daß die Beratung oft zu wünschen übrig läßt. 1997 ergab eine amerikanische Untersuchung über die Verwendung von kommerziellen Tests für das Gen für die familiäre Polyposis, daß bei 83 % der 177 befragten Patienten ein Test tatsächlich angebracht war, weil sie schon Symptome besaßen oder aufgrund von Erkrankungen in der Familie gefährdet schienen. Nur etwa 19 % der Probanden (33 von 177) erhielten vor dem Test eine genetische Beratung, und in fast 32 % der Fälle interpretierten die behandelnden Ärzte die Testergebnisse falsch! Die amerikanischen Wissenschaftler forderten aufgrund der Resultate ihrer Studie: „Ärzte, die Gentests anfordern, sollten auch zu einer genetischen Beratung bereit sein."

Selbst wenn eine Beratung erfolgt, verstehen nicht immer alle Patienten, was die Ergebnisse eines Tests bedeuten. So waren englische Forscher „beunruhigt", daß z. B. bei einem Mukoviszidosetest nur 44 % der Frauen mit einem negativen Ergebnis verstanden hatten, daß sie trotzdem noch ein Kind mit Mukoviszidose bekommen konnten – weil ja ein solcher Test nur die häufigsten, aber nicht alle Genschäden erfaßt. Dieselbe Wissenschaftlergruppe berichtete, daß wenn sie praktischen Ärzten kostenlose Mukoviszidosetests anboten unter der Bedingung, daß diese eine angemessene Beratung durchführten, die Hälfte der Ärzte ablehnten, größtenteils weil ihnen eine Beratung zu zeitintensiv war. Aber auch die Ärzte, die sich an den Tests beteiligten, verwendeten nur wenig Zeit darauf, sie den Patienten zu erklären.

Generell sind Gentests in Deutschland berufsrechtlich an eine angemessene genetische Beratung gebunden, die vor und nach dem Test durch einen Arzt erfolgen sollte. So legt z. B. der Berufsverband für medizinische Genetik großen Wert auf eine ausreichende Beratung und bemüht sich auch darum, für eine Qualitätssicherung bei den Tests zu sorgen, was wichtig ist, damit es nicht zu Fehldiagnosen kommt. Bei einer europäischen Tagung 1996 in London zeigte sich, daß qualitätssichernde Maßnahmen derzeit nur in Großbritannien und Deutschland regelmäßig durchgeführt werden.

In Deutschland und vielen anderen europäischen Ländern sowie bei vielen Experten und Betroffenen in den USA herrscht der Konsens, daß Tests nur erfolgen dürfen:

-   Auf freiwilliger Basis; d. h. niemand darf gezwungen werden, es gibt ein Recht auf Nichtwissen.

- Erst bei Personen ab 18 Jahren, außer es gibt wichtige Gründe für eine Ausnahme, weil z. B. eine Behandlung in jüngeren Jahren nötig ist.
- Gekoppelt an eine umfassende, qualifizierte Beratung vor und nach dem Test, die den Ratsuchenden nicht beeinflußt.
- In qualifizierten Labors.

Andererseits sollten Tests niemandem verwehrt werden, der sie ausdrücklich wünscht. Eine Ausnahme wäre allerdings z. B. die Geschlechtsbestimmung bei Ungeborenen.

Die bisherigen Erfahrungen in den USA und Großbritannien zeigen übrigens: Es gibt keineswegs einen Massenansturm auf Gentests, auch wenn manche Genetiker das Gegenteil vorausgesagt haben. Ein Grund, wenn auch vorwiegend in den USA und wahrscheinlich auch nicht der wichtigste, ist, daß manche Menschen bei einem positiven Ergebnis eine Diskriminierung durch Versicherungen und Arbeitgeber befürchten.

Das Recht auf Vertraulichkeit – Versicherungen und Arbeitgeber

In den USA warnen Wissenschaftler in der Anwerbungsphase vieler klinischer Studien ihre Probanden vor möglichen Komplikationen beim Abschluß von Versicherungen. Denn Forscher haben Anzeichen dafür gefunden, daß eine „genetische Diskriminierung" einige Menschen ihren Arbeitsplatz oder die Versicherung gekostet hat. Das Wissenschaftsmagazin „Science" berichtet: In den frühen siebziger Jahren diskriminierten verschiedene Versicherungsgesellschaften völlig gesunde Träger des Gens für Sichelzellenanämie. Viele Beobachter bezweifeln, daß Versicherungen und andere Institutionen in der Lage sind, genetische Informationen überhaupt richtig zu interpretieren.

Über die Häufigkeit und die Bandbreite genetischer Diskriminierung sind nur wenig Informationen vorhanden. Aus den USA gibt es Einzelberichte darüber, daß Kranken- und Lebensversicherer die Aufnahme verweigerten oder wieder rückgängig machten, Adoptionsagenturen verlangten, daß zukünftige Eltern sich zunächst einem genetischen Test unterzogen (in einem Fall aber das Ergebnis falsch verstanden) und Arbeitgeber Mitarbeiter entlassen oder gar nicht eingestellt haben aufgrund von behandelbaren genetischen Krankheiten oder der bloßen Möglichkeit zu erkranken.

Aber selbst wenn die Daten richtig verwendet werden und man außer acht läßt, daß zumindest in Deutschland die Versicherungen auf dem Solidaritätsprinzip beruhen: Lohnt sich der Aufwand für die Versicherungen überhaupt? Fachleute – auch innerhalb der Versicherungen – bezweifeln das. „In jedem von uns schlummern vier oder fünf wirklich üble Gene", zitiert das Nachrichtenmagazin „Focus" den Leiter des amerikanischen Genomprojekts, Francis Collins. Und der Humangenetiker Professor Jan Murken erklärte in der „Münchener Medizinischen Wochenschrift": „Von seiten der Versicherungen wird bei uns übrigens kein Druck ausgeübt, schon auch deshalb, weil im Verhältnis zum Gesamtrisiko die Krankheiten, um die es hier geht, mit einer Häufigkeit von etwa 1:10 000 völlig untergehen."

Im Moment spielen Gentests in Deutschland weder bei Versicherungsabschlüssen noch in der Arbeitswelt eine Rolle. Wegen der gesetzlichen Krankenversicherungen ist die Lage bei uns etwas anders als in den USA. Aber auch private Kranken- und Lebensversicherungen sehen derzeit anscheinend keinen Nutzen in DNS-Tests.

Im Hinblick auf Vorkommnisse in den USA scheint es trotzdem angebracht, sich auch hierzulande darüber Gedanken zu machen, wie man mit diesen Fragen umgehen will. Die meisten Wissenschaftler legen großen Wert auf die Freiwilligkeit von Gentests. Claus Bartram spricht sicher für viele, wenn er sagt, daß wenn Menschen, die nichts über eine Krankheitsveranlagung wissen wollen, z. B. von Familienangehörigen, Versicherungen oder Arbeitgebern zu Gentests gedrängt oder erpresst werden, „dann wäre das eine bedenkliche, ja verwerfliche Entwicklung".

In den USA haben die Behörden, die für die Human-Genom-Forschung zuständig sind, das National Center for Human Genome Research and das Energieministerium, eine Arbeitsgruppe eingesetzt, die sich mit den ethischen, rechtlichen und sozialen Auswirkungen der Humangenomforschung (ELSI) beschäftigen soll. Diese Arbeitsgruppe empfahl: „Informationen über den früheren, aktuellen oder zukünftigen Gesundheitszustand, einschließlich genetischer Informationen, sollten nicht dazu verwendet werden, den Abschluß einer Krankenversicherung zu verweigern."

In den USA, wo es keine gesetzliche Krankenversicherung gibt, haben inzwischen mehrere Bundesstaaten Gesetze verabschiedet, die verbieten, daß Personen aufgrund ihrer genetischen Ausstattung eine Krankenversicherung verweigert wird. Der amerikanische Präsident Bill Clinton erklärte im Sommer 1997, daß er Gesetze plant, die es Versicherungsgesellschaften verbieten, genetische Tests zu verwenden, um den Abschluß einer Versicherung abzulehnen oder die Prämien zu erhöhen: „Amerikaner sollten nicht wählen müssen zwischen dem Erhalt ihrer Krankenversicherung und der Teilnahme an einem Test, der ihr Leben retten könnte."

Was für eine Gesellschaft wollen wir?

Die vorgeburtliche (pränatale) genetische Diagnostik wirft spezielle Probleme auf. Eine Beratergruppe der Europäischen Kommission hat erklärt, daß Schwangere nie zu solchen Tests gezwungen werden sollten und daß das Ergebnis allein den Eltern, nicht aber z. B. Versicherungen mitzuteilen sei. Zudem sollte das Verfahren ausschließlich auf medizinische Probleme beschränkt und nicht zum Feststellen des Geschlechts oder anderer medizinisch nicht relevanter Merkmale verwendet werden. Um die Qualität der Tests und der Beratung sicherzustellen, sollten sie außerdem nur lizensierten medizinischen Zentren gestattet sein.

Ein großes Problem bei den vorgeburtlichen Untersuchungen – wie auch bei anderen Gentests – besteht darin, daß die Diagnostik mit jedem Gen, das entdeckt wird, Fortschritte macht, daß aber die Behandlungsmöglichkeiten bei den meisten mit diesen Genen assoziierten Krankheiten weit hinterherhinken. Das heißt, der Handlungsspielraum verengt sich bei den meisten Testergebnissen auf die Frage: Abtreibung – ja oder nein?

Je mehr Gene entdeckt werden, desto schwieriger wird es sein, festzulegen, bei welcher „Indikation" eine Genanalyse gerechtfertigt ist. Das heißt, die Grenzen zwischen dem, was pränatal getestet werden sollte und was nicht, werden immer diffuser. Ein weiteres Problem ist, daß zukünftige Eltern sich gezwungen fühlen könnten, Tests durchführen zu lassen und Entscheidungen zu fällen, die sie eigentlich gar nicht wollen.

Die Tests für das Mukoviszidosegen eignen sich gut, um die verschiedenen Schwierigkeiten zu illustrieren. Bei Untersuchungen in den USA und in Großbritannien hatten die meisten Menschen wenig Interesse gezeigt herauszufinden, ob sie Träger dieser Erbanlage sind oder nicht. Oder, wie das Wissenschaftsmagazin „Science" feststellte: „Die Menschen sind einfach nicht so begierig, etwas über ihre Gene zu erfahren."

Trotzdem hat ein Komitee der amerikanischen nationalen Gesundheitsinstitute im April 1997 empfohlen, allen schwangeren Frauen einen Mukoviszidosetest nahezulegen. Sollte eine Frau sich als Genträgerin erweisen, wäre der weitere Ablauf vermutlich so, daß sich ihr Partner ebenfalls untersuchen lassen sollte und, wäre er ebenfalls positiv, ein vorgeburtlicher Test des Kindes empfohlen würde. Damit wird der Test wahrscheinlich zur Routine, schon weil Ärzte anderenfalls befürchten müßten, verklagt zu werden.

Andererseits weiß man aus verschiedenen Untersuchungen, daß viele Ärzte nicht gewillt oder in der Lage sind, ihre Patienten ausführlich und richtig zu beraten. Außerdem ist es wenig wünschenswert, zukünftige Eltern bei einer schon bestehenden Schwangerschaft plötzlich vor eine Entscheidung zu stellen. Da aber Mukoviszidosetests sonst auf wenig Interesse in der Bevölkerung stießen, fühlten sich die Experten des Gremiums zu diesem Schritt bemüßigt. Damit wurde weltweit zum ersten Mal die Empfehlung ausgesprochen, der gesamten Bevökerung einen Test für eine Erbkrankheit anzubieten.

Damit geschieht genau das, wovor ein Berichtsentwurf des ELSI-Konsortiums warnt: Es könnte künstlich ein Bedarf für eine Untersuchung geschaffen werden, weil man Patienten dazu drängt, einen Test zu akzeptieren, den sie möglicherweise nicht verstehen oder von dem sie keinen Nutzen haben. Am Ende der Entwicklung könnte ein Automatismus stehen, der zur Abtreibung aller Föten führt, bei denen man zwei Mukoviszidosegene gefunden hat.

In Deutschland ist man in dieser Frage spürbar zurückhaltender als in den USA, wie eine Stellungnahme des Berufsverbands Medizinische Genetik von 1990 belegt, dem die Mehrzahl der genetisch-diagnostischen Labors angeschlossen ist. Der Berufsverband betrachtet einen allgemeinen Mukoviszidosetest als problematisch, „weil einerseits ein Test auf Verlangen nicht verweigert werden kann und andererseits unbeabsichtigt Entwicklungen eintreten können, deren Ergebnisse auch bei strikter Individualisierung des Testes als eugenisch eingestuft werden müssen. Eine derartige Entwicklung wäre z. B. dann zu befürchten, wenn eine ärztliche Aufklärung über die Möglichkeiten des Testes rechtsverbindlich wäre oder wenn der Test in Schwangerschaftsvorsorgeuntersuchungen eingebunden würde." Nach Auffassung des Berufsverbandes gehört der Test nicht zur allgemeinen medizinischen Versorgung der Bevölkerung; ein Testangebot sollte aber ergehen, wenn ein naher Verwandter an Mukoviszidose erkrankt ist.

Und was sagen die Betroffenen, d. h. Menschen mit Mukoviszidose, dazu? Die Deutsche Gesellschaft zur Bekämpfung der Mukoviszidose e. V. vertritt die Interessen von Patienten und ihren Angehörigen. Sie stellt fest: „Im Wesentlichen ist das die Entscheidung über Leben und Tod eines Ungeborenen mit Mukoviszidose im Falle eines positiven Ergebnisses der pränatalen Diagnose. Im Einzelfall einer von der Mutter als untragbar angesehenen Belastung (z. B. bei einem bereits vorhandenen Kind mit Mukosviszidose) muß die persönliche Entscheidung der Eltern selbstverständlich respektiert werden." Auch der Mukoviszidose e. V. betrachtet es aber als problematisch, einem großen Personenkreis solche Tests anzubieten. So befürchtet Stephan Kruip, selbst an Mukoviszidose erkrankt, einen „Einstieg in die schöne neue Welt, in der das Geborenwerden zum embryonalen Hindernislauf wird und die Humangenetik zum Qualitätssicherungsprogramm verkommt".

Diese Gefahr sehen auch andere Betroffene. Nachdem das Gen für Achondroplasie, die häufigste Form von Zwergwuchs, isoliert worden war, beschrieb die Vereinigung Little People of America die Reaktion ihrer Mitglieder so: „.. Andere befürchteten, daß die Ergebnisse genetischer Tests dazu benutzt werden, die entsprechenden Schwangerschaften zu unterbrechen und damit Menschen wie uns und unseren Kindern die Lebensmöglichkeit zu nehmen." Und weiter: „Der rote Faden, der sich durch alle Diskussionen zog, war, daß wir als kleinwüchsige Personen produktive Mitglieder der Gesellschaft sind, die die Welt darüber aufklären müssen, daß wir zwar mit Schwierigkeiten zu kämpfen haben, diese aber meist, wie bei Menschen mit anderen Behinderungen, durch unsere Umwelt bedingt sind und daß wir die Möglichkeit zu schätzen wissen, zur Vielfalt unserer Gesellschaft unsere ganz eigene Perspektive beizutragen."

Manchen Fachleuten wiederum ist unwohl bei dem Gedanken an Tests ohne ausreichende Beratung. „Wie soll man für 4 Millionen schwangere Frauen jährlich Beratungsmöglichkeiten bereit stellen?" fragte einer von ihnen in der Zeitschrift „Scientific American". Angesichts der Tatsache, daß es in den USA kaum mehr als 1 000 professionelle genetische Berater gibt, werden sich diese, sollten Mukoviszidosetests tatsächlich flächendeckend angeboten werden, nicht mehr vor Klienten retten können. Als Folge davon wären die meisten Ratsuchenden auf ihren Arzt angewiesen.

Die zentrale Frage wird in Zukunft lauten: Welche Tests wollen wir? Jean-François Mattei, ein französischer Professor für Kinderheilkunde und medizinische Genetik hat in einer Zeitschrift der Weltgesundheitsorganisation auf Entwicklungen in der vorgeburtlichen Diagnostik hingewiesen, die er bedenklich findet: „Obwohl dieses Verfahren davon ausgeht, daß der Arzt das Prinzip akzeptiert, einen „Patienten", den er nicht heilen kann zu eliminieren, was dem Zweck der Medizin widerspricht, wurde die Pränataldiagnostik akzeptiert, weil sie für fast alle betroffenen Familien positive Auswirkungen hatte und weil eine Diagnose der Trisomie 21 bedeutete, daß das ungeborene Kind unter einer schweren und unheilbaren Schädigung des Gehirns litt."

Er erwähnt dann Gentests, die z. B. halfen, die Häufigkeit der Thalassämie, die wie die Mukoviszidose von gesunden Eltern vererbt wird, auf Sardinien erheblich zu senken. Wissenschaftler sprechen in so einem Zusammenhang gern von Prävention, also Krankheitsvorbeugung. Mattei gibt zu bedenken: „Was jedoch niemandem aufzufallen schien, war, daß dies keine Frage der Prävention, sondern der Diagnostik sowie der Möglichkeit war, eine Krankheit auszurotten, indem man den Patienten eliminiert."

Ein anderes Problem sieht er, wenn entschieden werden soll, welche Krankheiten schwerwiegend sind, und nennt wieder den Test für die Trisomie 21 als Beispiel. Dabei lassen sich, sozusagen nebenher, noch andere Chromosomenanomalien aufspüren, etwa das Vorhandensein zweier Y-Chromosomen, statt eines einzelnen, oder das Klinefelter-Syndrom, bei dem bei einem Jungen zusätzlich zu X- und Y-Chromosomen ein oder mehrere weitere X-Chromosomen vorhanden sind.

Der französische Arzt hat beobachtet, daß viele Paare, die mit solchen Anomalien konfrontiert werden, deren Auswirkungen weder immer gleichbleibend noch schwerwiegend sind, die Schwangerschaft abbrechen. „Nach und nach," so Mattei, „ist die Sorge, die Geburt eines schwerstbehinderten Kindes zu vermeiden, ersetzt worden durch die Forderung nach einem „normalen Kind", oder nach einem, das den Vorstellungen der Eltern entspricht."

Er erinnert an die Kriterien, die ursprünglich dazu dienten, den Trisomie-21-Test zu rechtfertigen:

- Es muß sich um eine schwere Behinderung handeln.
- Die Krankheit muß unheilbar, nicht behandelbar sein. Es wurde z. B. schon der Wunsch nach einem Test für Phenylketonurie geäußert – eine Krankheit, die sich medizinisch behandeln läßt.
- Das Kind muß im Mittelpunkt der Überlegungen stehen. Ökonomische oder familiäre Gründe haben seiner Meinung nach nichts mit dem Kind zu tun.
- Die Diagnose muß zuverlässig sein: Geht es also z. B. um eine Krankheit, die mit Sicherheit eintreten wird, oder nur um ein Krankheitsrisiko?

Jean-François Mattei kommt zu dem Schluß, daß wir einerseits die Entscheidungsfreiheit des Einzelnen respektieren müssen, also z. B. von Paaren, die einen Pränataltest wünschen, daß wir aber andererseits auch Vorstellungen davon, was Humanität ist, beachten und darüber nachdenken müssen, was für eine Art von Gesellschaft wir schaffen wollen.

Ein gutes Beispiel für einen Bereich, in dem das funktioniert, ist die Geschlechtsbestimmung beim ungeborenen Kind. Bei vorgeburtlichen Untersuchungen kann man schon seit längerem sozusagen nebenher feststellen, ob es ein Junge oder ein Mädchen wird. Es gibt hierzulande jedoch einen Konsens, daß das Geschlecht des Kindes kein Grund für eine Schwangerschaftsunterbrechung ist. Hilfreich ist dabei natürlich, daß Familien mit Töchtern – anders als z. B. in Indien – keine Benachteiligung zu erwarten haben.

Es stimmt vermutlich, daß das, was möglich ist, auch irgendwo von irgendwem gemacht wird. Ob es aber in größerem Umfang geschieht, hängt davon ab, was eine Gesellschaft für wünschenswert hält und was nicht. Und Claus Bartram gibt zu bedenken: „Natürlich reflektiert den Standard einer Gesellschaft nicht nur, wie gut kann ich was molekular diagnostizieren, sondern auch, wie gehe ich mit Behinderten um." Das heißt, die Machbarkeit von Gentests muß nicht zwangsläufig zu einer Entwicklung in Richtung „Kind nach Maß" führen.

Und schließlich können sowieso alle Gentests der Welt Eltern nicht zu einem gesunden Kind verhelfen. Wie Experten erklären, bleibt bei jeder Schwangerschaft ein etwa drei Prozent hohes Basisrisiko für die Geburt eines behinderten oder kranken Kindes, auch in Familien ohne genetische Belastung. Eine Untersuchung, bei der nichts Auffälliges festgestellt wurde, ist also keineswegs eine „Garantie" für ein gesundes Kind. Außerdem sind viele Menschen nicht aufgrund von erblichen Schäden, sondern als Folge einer späteren Erkrankung oder eines Unfalls behindert.

Diagnose im Reagenzglas

Bei der Präimplantationsdiagnostik, kurz PID, wird eine Eizelle künstlich im Reagenzglas befruchtet. Nachdem sie sich zwei- bis dreimal geteilt hat, wird dem aus vier oder acht Zellen bestehenden Embryo eine Zelle entnommen und genetisch untersucht. Danach wird entschieden, ob die verbliebenen Zellen – aus denen sich ein Kind entwickeln kann – in die Gebärmutter verpflanzt (implantiert) oder vernichtet werden.

Befürworter der Methode, darunter viele Fortpflanzungsmediziner und Humangenetiker, meinen, daß sie für viele Menschen akzeptabler ist als die mit der Unterbrechung einer bereits bestehenden Schwangerschaft einhergehenden Diagnoseverfahren. Im übrigen würde man nichts wesentlich anderes machen als bei der heute üblichen Pränataldiagnostik.

Gegner befürchten, daß diese Art von Tests eine Eigendynamik hin zu einem „Zwang zum gesunden Kind" entwickelt. Stephan Kruip, Vorstandsmitglied des Mukoviszidose e. V., meint: „Werdende Eltern, die fürchten, eine Krankheit zu vererben, sollen umfassend genetisch beraten werden, bevor sie eine Präimplantationsdiagnostik durchführen lassen." Es müsse ihnen auch eine Entscheidung für das Leben eines chronisch kranken Kindes bleiben.

Nach dem deutschen Embryonenschutzgesetz ist die Präimplantationsdiagnostik verboten. In verschiedenen anderen europäischen Staaten wird sie jedoch bereits angewendet.

SCHÖNE NEUE ZUKUNFT?

Zum Schluß einige Zahlen aus den Vereinigten Staaten:

- Eine Studie hat ergeben, daß die Empfehlung, welcher Behandlung sich eine Frau mit einem Brustkrebsgen unterziehen soll, davon abhängt, welche Art von Arzt sie fragt. So empfahlen 50 % der Chirurgen und 28 % der übrigen Ärzte eine Entfernung der Brüste.
- Dieselbe Befragung ergab, daß ein Drittel aller Ärzte bei einem 13 Jahre alten Mädchen einen Test auf Brustkrebsgene durchführen würden, obwohl es keine vorbeugenden Maßnahmen gibt, die sich in diesem Alter schon anwenden lassen.
- Nach einer Umfrage unter Gentestlabors in den Vereinigten Staaten haben 23 % auch Kinder von unter zwölf Jahren auf die Huntington-Mutation hin untersucht.
- In einer anderen Studie erklärten Mediziner, daß sie in einigen Fällen bereit wären, die ärztliche Schweigepflicht zu verletzen: 54 % gaben an, daß sie selbst gegen den Willen des Patienten Verwandten mit einem Erkrankungsrisiko das Ergebnis eines Tests für die Chorea Huntington mitteilen würden; 24 % würden dem Arbeitgeber des Patienten und 12 % einer Versicherungsgesellschaft Auskunft erteilen.

Amerikanische Verhältnisse – gewiß. Insgesamt geht man in Deutschland vorsichtiger vor. Das gilt für brachiale Methoden wie die Brustamputation bei Frauen mit Brustkrebsgenen, deren Nutzen keineswegs erwiesen ist, wie auch für den Respekt vor dem Recht des Einzelnen auf Wissen und Nichtwissen und auf die Vertraulichkeit der Testergebnisse.

1996 war im Magazin „Stern" zu lesen: „Schon bald kann die moderne Medizin die Zukunft eines Kindes voraussagen – und über Gesundheit und Aussehen oder vielleicht auch Charakter entscheiden." Im Moment spricht nichts dafür, daß dies jemals möglich sein wird. Nicht einmal die Gesundheit eines Menschen, noch viel weniger sein Charakter und ganz bestimmt nicht seine Zukunft sind in seinen Erbanlagen festgeschrieben.

Es läßt sich jedoch nicht leugnen, daß die Medizin einen wachsenden Einfluß darauf hat, wer geboren wird und wer nicht. Das wirft ethische Fragen auf, die jeder Einzelne für sich, Mediziner und Wissenschaftler und auch Staat und Gesellschaft rechtzeitig beantworten müssen. Anzeigen wie die in Hollywood für den Film „Gattaca" erdachte, die das „Kind nach Wunsch" anpreisen, sollten – da sind sich wohl alle einig – am besten Sciencefiction bleiben.

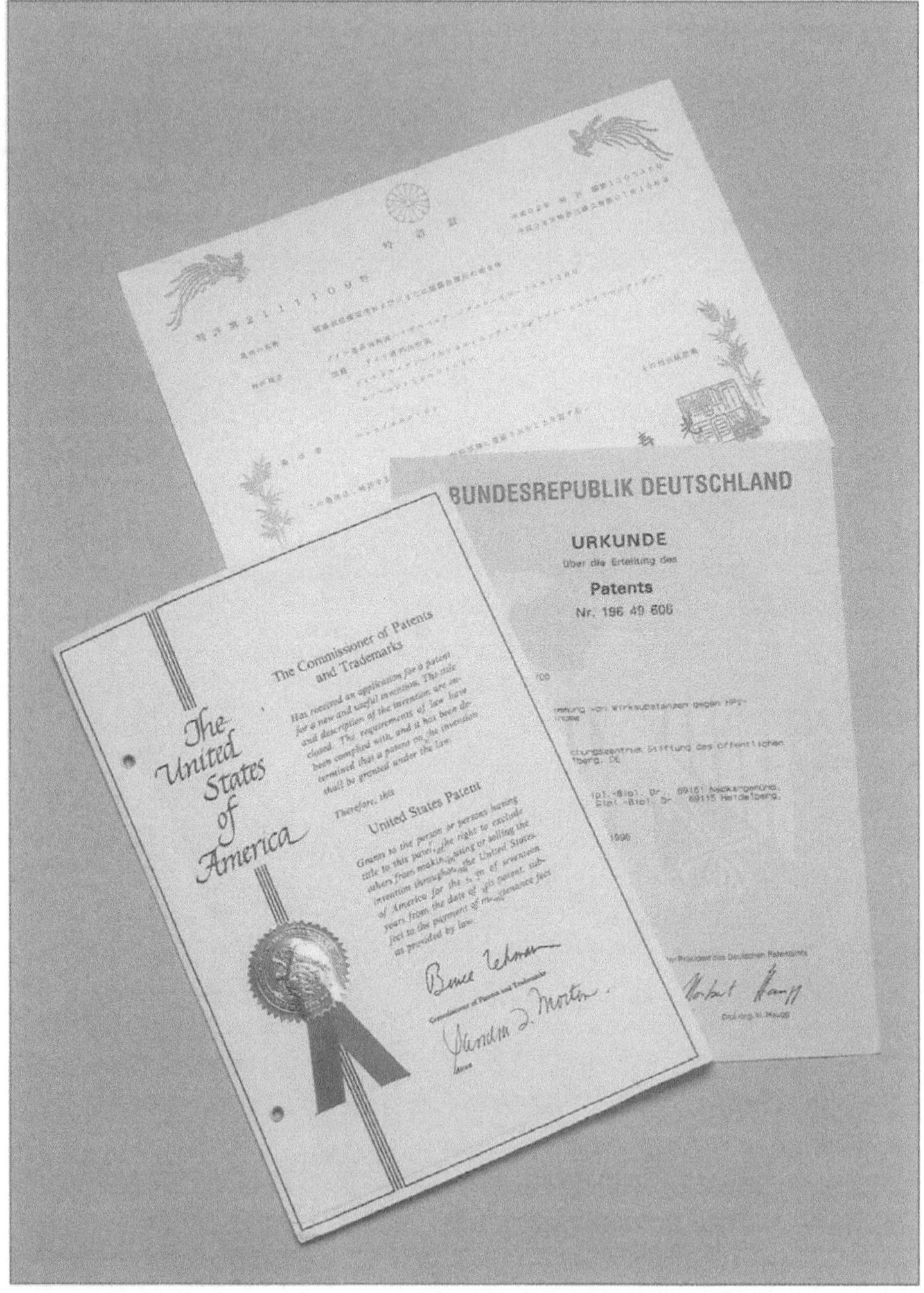

16 Geschäfte mit dem menschlichen Genom: Wem gehören die Gene?

Patente – Für und Wider

Ein Patent auf ein menschliches Gen? Die Idee erscheint absurd. Patente sollen schließlich Erfindungen schützen. Und doch sind weltweit mehr als 1 000 Patente auf menschliche Gene erteilt worden, wobei die meisten „Erfindungen" in der Medizin angewendet werden sollen. In den USA und Europa sind übrigens mehr als die Hälfte der Patentinhaber öffentliche Einrichtungen, z. B. Universitäten.

Das bislang gewinnbringendste Patent ist wohl das auf das Gen für Erythropoetin. 1997 hat es der Firma Amgen in Kalifornien einen Umsatz von mehr als zwei Milliarden Dollar eingebracht. Als Mittel gegen Blutarmut erspart es vielen chronisch nierenkranken Patienten langwierige und risikoreiche Bluttransfusionen (siehe Kap. 13). Der Markt ist also groß. Dieses Beispiel zeigt, daß das Wissen über menschliche Erbanlagen nicht nur auf die Heilung von Krankheiten hoffen läßt, sondern auch – zumindest potentiell – große finanzielle Gewinne verspricht, allerdings nur dem, der das Patent besitzt.

Der Schutz geistigen Eigentums

Was ist ein Patent? Die meisten Menschen haben eine ungefähre Vorstellung davon: Ein Patent sichert dem, der eine Erfindung zuerst gemacht hat, die Rechte an seiner Idee. Damit aber verständlich wird, worum es bei dem Streit um die Patentierung des menschlichen Erbguts geht, ist ein kleiner Ausflug in die Welt der Gesetze und Paragraphen nötig. Ein Patent erhält man entweder für ein Produkt oder für eine Methode. Damit es erteilt werden kann, müssen drei Bedingungen erfüllt sein: Die vorgeschlagene Lösung muß

- neu,
- gewerblich anwendbar
- und eine Erfindung (nicht eine bloße Entdeckung) sein.

Noch einmal – weil das für die Diskussion so wichtig ist –, die Kriterien sind: 1. Neuheit, 2. Nützlichkeit und 3. erfinderische Tätigkeit. Das gilt in mehr als 100 Ländern, also mehr oder weniger weltweit.

Außerdem gibt es im europäischen Patentrecht einen Artikel, der besagt, daß Patente nicht erteilt werden für „Erfindungen, deren Veröffentlichung oder Verwertung gegen die öffentliche Ordnung oder die guten Sitten verstoßen würde." Dies muß allerdings in besonders krasser Weise geschehen, denn „ein solcher Verstoß kann nicht allein aus der Tatsache hergeleitet werden, daß die Verwertung der Erfindung in allen oder einem Teil der Vertragsstaaten durch Gesetz oder Verwaltungsvorschrift verboten ist." Dieser Artikel ist deshalb so wichtig, weil sich Gegner der Patentierung von Genen und genmanipulierten Tieren häufig auf ihn berufen.

Sind alle genannten Bedingungen erfüllt, wird ein Patent erteilt. Dieses erlaubt dem Inhaber, 20 Jahre lang „andere von der Benutzung seiner Erfindung auszuschließen", so das Deutsche Patentamt. Oder anders gesagt: Die Erteilung eines Patents verleiht dem Inhaber das zeitlich beschränkte Recht, Dritten zu verbieten, seine Erfindung gewerblich anzuwenden.

Was viele nicht wissen: Ein Patent erlaubt dem Inhaber nicht, seine Erfindung zu benutzen, wenn dies gesetzlich verboten ist – z. B. aufgrund des Arzneimittel- oder Embryonenschutzgesetzes. Dr. Christian Gugerell, der Direktor des Europäischen Patentamts (EPA), nennt als Beispiel Heilmittel: „Wenn man ein Patent hat, heißt das noch nicht, daß man ein Medikament verkaufen darf. Dafür braucht man noch die Zulassung." Oder, um noch einmal das Deutsche Patentamt zu zitieren: „Patente stellen somit keinen Freibrief für die uneingeschränkte Nutzung eines Erfindungsgegenstandes dar." Umgekehrt bedeutet das auch, daß die Verweigerung eines Patents nicht dazu führt, daß eine Methode oder ein Gegenstand nicht verwendet werden dürfen. Der Antragsteller hat dann nur kein Monopol darauf.

Hat jemand ein Patent, so heißt das auch nicht, daß ihm der Gegenstand des Patents gehört. Er darf nur andere – wie schon gesagt – von der gewerblichen Nutzung ausschließen beziehungsweise Lizenzgebühren nehmen. Es bedeutet also nicht, daß ein Gen oder ein Lebewesen Eigentum eines bestimmten Menschen sind. Außerdem darf – zumindest in Europa – jeder den geschützten Gegenstand oder die geschützte Methode für Forschungszwecke verwenden.

Ein Gen erfinden?

Womit viele Menschen Schwierigkeiten haben: Sie verstehen, daß man ein Gen „entdecken" kann, aber wie kann man es „erfinden"? Und dies ist doch eine der Bedingungen für die Erteilung eines Patents. Dazu das Deutsche Patentamt (und ähnlich sieht man das in anderen Ländern): „Menschliche Gene können grundsätzlich Gegenstand von Patentrechten sein. Die Patentierbarkeit menschlicher Gene beurteilt sich hierbei grundsätzlich nach den gleichen rechtlichen Gesichtspunkten wie die Patentierbarkeit von anderen in der Natur vorkommenden Stoffen." Naturstoffe sind z. B. Antibiotika, also Mittel gegen Bakterien, die man aus Mikroorganismen isolieren kann. „Eine patentfähige Erfindung im Zusammenhang mit in der Natur vorkommenden Stoffen besteht regelmäßig darin, daß der Erfinder die Existenz von Stoffen beschreibt, mitteilt, zu welchem Zweck diese zu gebrauchen sind, und auf diese Weise die Stoffe 'bereitstellt'." Die bloße Entdeckung eines Stoffes wäre dann gegeben, wenn man sich auf den Hinweis auf die Existenz eines Stoffes beschränkt. „Dies bedeutet, daß alleine aus dem Nachweis eines Gens, d. h. der Angabe, an welcher Stelle eines menschlichen Chromosoms ein Gen lokalisiert ist, noch keine patentfähige Erfindung folgt." Das Patentrecht betrachtet ein Gen im Grunde wie eine beliebige chemische Substanz.

Das klingt ziemlich kompliziert. Wir wollen dies einmal für ein beliebiges Gen durchspielen. War es bisher unbekannt, gab es keine Veröffentlichung in der Fachpresse, dann ist es „neu". Haben es die Forscher isoliert, das heißt z. B. aus menschlicher DNS herausgeschnitten und in andere Zellen – z. B. von Bakterien oder Hefe – eingebaut, die das zugehörige Protein jetzt munter produzieren, so war das die „erfinderische Tätigkeit". Kann der Patentinhaber in spe jetzt noch erklären, was das Genprodukt, also z. B. ein Hormon, im menschlichen Körper für eine Rolle spielt und wie man es als Medikament verwenden könnte, so ist auch die dritte Bedingung erfüllt; der gewerbliche Nutzen eines Medikaments ist offensichtlich.

Das heißt, kurz gesagt: Bei einem menschlichen Gen sind die Bedingungen z. B. erfüllt, wenn es zum ersten Mal isoliert wurde und mit seiner Hilfe ein Produkt hergestellt werden kann, das sich als Medikament einsetzen läßt.

Was spricht für Genpatente?

Die Befürworter einer Patentierung von menschlichen Genen machen geltend: Nur wenn es einen Patentschutz gibt, lohnt sich für Firmen die Investition in die Erforschung und Entwicklung von Substanzen, die auf menschlichen Erbanlagen beruhen. Gerade kleine Biotechnologiefirmen leben oft davon, daß sie Gene entdecken, sich das Patent sichern und dann die Lizenz für die Produktion der Substanz an größere Unternehmen verkaufen.

Ein weiteres Beispiel für Medikamente auf Genbasis sind – neben Erythropoetin, das bereits zu Anfang genannt wurde,- Gerinnungsfaktoren für Bluter. Werden sie gentechnisch hergestellt und nicht wie früher aus menschlichem Blut gewonnen, so bannt das die Gefahr einer Übertragung des Aids-Virus oder anderer Krankheitserreger. Verschiedene amerikanische Gruppierungen, die Patienten mit bestimmten Krankheiten vertreten (z. B. Multipler Sklerose, Parkinson-Krankheit oder Mukoviszidose), haben deshalb eine Patentierung von menschlichen Genen ausdrücklich gutgeheißen. Außerdem verhindern Patente im Grunde die Geheimhaltung wichtiger Erkenntnisse, weil für ein Patent die Ergebnisse offengelegt werden müssen.

Patente, die für Schlagzeilen sorgten

Kommen wir jetzt zu einigen umstrittenen Fällen, die mehr oder weniger starkes Aufsehen erregt haben. Die Kritikpunkte, die etwa von den Grünen, von Journalisten und Privatpersonen, aber auch von manchen Wissenschaftlern genannt wurden, waren dabei im wesentlichen: Gene sind nicht neu und keine Erfindung, und die Patentierung von menschlichen Genen und transgenen Tieren (siehe Kap. 13) ist sittenwidrig.

Da war zunächst der Fall „Relaxin": Dieses Protein wird von schwangeren Frauen gebildet und sorgt bei der Geburt für die Entspannung der Muskeln des Geburtskanals. Es ließe sich also möglicherweise bei Entbindungen einsetzen. Für das Gen hat das Europäische Patentamt 1991 ein Patent erteilt. Dagegen legte die Fraktion der Grünen des Europäischen Parlaments Einspruch ein. Begründung: der Gegenstand des Patents sei nicht neu, weil das Gen schon immer im menschlichen Körper vorhanden war. Außerdem mangele es an erfinderischer Tätigkeit, unter anderem da die Isolierung des Gens mit herkömmlichen Methoden erfolgte. Des Weiteren sei die Gewinnung des Gens aus Gewebe, das einer schwangeren Frau entnommen worden sei, sittenwidrig, weil es die Menschenrechte verletze und die Patentierung von menschlichen Genen wie dem für Relaxin gegen das Selbstbestimmungsrecht des Menschen verstoße. Schließlich werde dadurch menschliches Leben patentiert, was an sich sittenwidrig sei.

Die Einspruchabteilung des Europäischen Patentamts antwortete darauf unter anderem: „Daß es menschliches H2-Relaxin gibt, war bislang nicht bekannt. Der Patentinhaber hat ein Verfahren zur Gewinnung von H2-Relaxin und der für H2-Relaxin codierenden DNS entwickelt, hat diese Produkte durch ihre chemische Struktur beschrieben und einen Verwendungszweck für das Protein gefunden. Die Produkte sind deshalb gemäß Artikel 52 (2) EPÜ patentfähig."

Zum Vorwurf der „Sittenwidrigkeit" meinte das EPA: „Eine Frau war nur zu einem einzigen Zeitpunkt, nämlich in der Anfangsphase der Erfindung, involviert, und zwar als (freiwilliger) Spender der Relaxin-mRNS…DNS ist, das sei ausdrücklich betont, eben nicht 'Leben', sondern ein chemischer Stoff, der genetische Informationen trägt und als Zwischenprodukt bei der Herstellung möglicherweise medizinisch nützlicher Proteine eingesetzt werden kann…Gegen die Patentierung und medizinische Verwertung von anderen menschlichen Stoffen wie Proteinen (sogar des H2-Relaxin-Proteins) haben die Einsprechenden offenbar nichts einzuwenden. Grundsätzlich ist aber aus ethischer Sicht kein Unterschied zwischen der Patentierung von Genen einerseits und der sonstiger menschlicher Stoffe andererseits zu erkennen."

Mehr Schlagzeilen als das Relaxin machte allerdings die Krebsmaus, die 1995 in den Medien Berühmtheit erlangte. Wissenschaftler der Harvard Universität hatten in das Erbgut von Mäusen das krebsauslösende Gen c-myc eingeschleust. Das machte die Tiere anfälliger für Tumorerkrankungen, und man hoffte, daß sie sich für die Krebsforschung einsetzen ließen. 1988 erhielt Harvard vom US Patent and Trademark Office (PTO), dem amerikanischen Patentamt, ein Patent, und 1991 zog das EPA nach. Das Patent umfaßt alle Säugetiere, die durch einen Eingriff in ihr Erbgut für Krebs anfälliger geworden sind. Gegen diese Entscheidung legten verschiedene Tier- und Umweltschutzgruppen sowie Einzelpersonen beim EPA Einspruch ein, über den 1995 verhandelt, aber dann doch nicht entschieden wurde.

Zu diesem Fall äußerte sich Prof. Joseph Straus in der Zeitschrift „Die Woche". Er ist Direktor am Münchener Max-Planck-Institut für Internationales Patentrecht und gehört dem Komitee für patentrechtliche Aspekte der Human Genome Organization in London an. Er vertrat in dem Interview die Meinung: „Ein Patent darf (nach unseren Gesetzen) nur verweigert werden, wenn seine Verwertung verboten ist und das Verbot zu den tragenden Grundsätzen unserer Rechtsordnung zählt – wie etwa das Verbot, bestimmte Landminen zu bauen, weil sie gegen die Menschenwürde verstoßen." Hier ging es um den Vorwurf der „Sittenwidrigkeit". Straus erklärte dann weiter: „Die Krebsmaus wird – mit oder ohne Patent – nicht nur in der Forschung eingesetzt, sie ist auch frei verkäuflich…Zur Klärung der Frage, ob die Tiere unnötig leiden, haben wir das Tierschutzgesetz. Verstößt ein Patentinhaber dagegen – weil etwa seine Zucht tierquälerisch ist -, wird er bestraft." und weiter „Über grundsätzliche Fragen der Ethik entscheiden sinnvollerweise normale Gerichte. Es wäre doch vermessen, wenn eine Beschwerdekammer beim Patentamt das entscheiden wollte."

Die Einsprüche zeigen vor allem eines: Viele Menschen empfinden großes Unbehagen und befürchten, daß sich die Einstellung gegenüber Lebewesen im Allgemeinen und dem Menschen im Besonderen grundsätzlich ändert, daß diese künftig mehr und mehr zu Objekten werden, bei denen hauptsächlich ihre kommerzielle Verwertbarkeit interessiert. Manchen machen auch die möglicherweise umfassenden Eingriffe in die Natur (Stichwort: Krebsmaus) zu schaffen. Bei der Diskussion über die Patente machen sich diese Ängste und der Unmut offenbar Luft. Die meisten Fachleute (z. B. in der Deutschen Forschungsgemeinschaft und in der HUGO) sind allerdings der Meinung, daß man ethische Fragen nicht den

Patentämtern überlassen, sondern vielmehr durch andere Gesetze klären solle.

Eine weitere strittige Frage lautet: Wem steht der Gewinn zu, der mit einem menschlichen Gen gemacht wird? Dem „Erfinder", demjenigen, von dem es stammt, beiden? Das ist vielleicht noch leicht zu beantworten, wenn es sich um ein Gen handelt, das alle Menschen besitzen. Was aber, wenn das Gen in dieser besonders interessanten oder nützlichen Form nur in einem bestimmten Menschen oder einer bestimmten Volksgruppe vorkommt? In ähnlichen Fällen, in denen es allerdings nicht um Gene, sondern um Zell-Linien ging, hat man in den USA zugunsten des „Erfinders" entschieden. (Zell-Linien sind Nachkommen von Einzelzellen, die man aus dem Körper isoliert hat und die sich nun in Kulturgefäßen im Labor unendlich vermehren und dabei möglicherweise interessante Substanzen produzieren können.)

NOCH VIELE UNGEKLÄRTE FRAGEN

Auch wenn bisher vielleicht der Eindruck entstanden ist, daß zumindest für die Juristen und die beteiligten Wissenschaftler alles klar ist: Dem ist nicht so. Nur liegen für diese „Experten" die Probleme auf einem anderen Gebiet und sind eher praktischer Art. Was beinhaltet ein Patent (welche Folgeprodukte sind z. B. mit abgedeckt), wie umfassend darf es sein? Was genau ist patentierbar, was nicht?

Dies läßt sich am besten an zwei Beispielen vedeutlichen: den ESTs und dem Leptin-Rezeptor. ESTs, eine Art Genetiketten, sind kurze DNS-Sequenzen aus Genen. Sie wirken wie Angelhaken, mit denen man aus dem Meer des menschlichen Genoms die tatsächlichen Erbanlagen herausfischen kann (siehe Kap. 5).

Der Pionier auf diesem Gebiet ist J. Craig Venter, der Gründer und Leiter von The Institute for Genomic Research (TIGR) in Rockville, Maryland. In den fabrikartigen Labors von TIGR wurden nicht nur zigtausende von ESTs, sondern auch das gesamte Erbgut, das Genom, verschiedener Bakterien wie am Fließband sequenziert. 1995 beschrieben Venter und seine Kollegen in der Zeitschrift „Nature" 88 000 verschiedene ESTs, von denen sich fast 30 000 zu ganzen Genen oder großen Teilen davon zusammensetzen lassen. Nimmt man die übrigen ESTs noch hinzu, dann werden so vermutlich mindestens 50 % aller menschlichen Gene zum ersten Mal charakterisiert. In mehr als 10 000 Fällen kann man schon aufgrund der Sequenzen Vermutungen über die Funktion der Gene anstellen.

Bereits einige Jahre zuvor hatten sich die amerikanischen nationalen Gesundheitsinstitute, für die Venter damals arbeitete, um Patente auf ESTs bemüht. Das amerikanische Patentamt hatte aber den Antrag abgeschmettert, unter anderem weil es den „Erfindungen" an Nützlichkeit mangele. Die nationalen Gesundheitsinstitute verzichteten darauf, Einspruch zu erheben. Unter anderem aus Ärger darüber gründete Venter kurz darauf sein Institut TIGR. Dieses ist zwar gemeinnützig, arbeitete aber beispielsweise für Human Genome Sciences Inc. (HGS), ebenfalls in Rockville, ein Unternehmen, das wiederum hauptsächlich von dem Pharmakonzern SmithKline Beecham finanziert wird.

HGS hat eine Vielzahl von Patenten auf die von TIGR gefundenen ESTs beantragt. Hat man eine Krankheit mit einem abgegrenzten Bereich auf einem bestimmten Chromosom in Verbindung gebracht, so kann man die dort vorhandenen Gene anhand ihrer Etiketten (ESTs) herausziehen und untersuchen, welches von ihnen bei dieser Krankheit gestört ist. Auf diese Funktion der ESTs als Angelhaken für Gene (Nutzen!) gründen sich neuere Patentanträge, denen das amerikanische Patentamt nun doch prinzipiell stattgeben will. Die Begründung des Patentamts lautet, daß selbst ein geringer Nutzen – wie in diesem Fall – für die Erteilung eines Patents ausreicht. Leroy Hood, ein angesehener Genforscher von der Universität von Washington in Seattle, erklärte dazu: „Die Entscheidung überrascht mich nicht, weil das Patentamt schon früher Dummheiten gemacht hat, aber ich bin trotzdem entsetzt."

Was die Firmen, die solche Patente anmelden, hoffen und andere Wissenschaftler fürchten, ist folgendes: Die Patentinhaber könnten später auch das Recht an den Genen erhalten, von denen die ESTs ein Bestandteil sind, weil sie durch die Patenterteilung auch als erste „Erfinder" dieser Erbanlagen gelten. Und nach Meinung von Experten ist hier die Lage z. Z. völlig unklar; keiner weiß, wie die Gerichte in einem solchen Fall entscheiden würden.

Szenenwechsel zum zweiten Beispiel: Vom Leptin-Rezeptor hat der eine oder die andere vielleicht schon gehört. Er soll bei der Regulierung des Körpergewichts eine Rolle spielen, und man hofft – ob zu Recht oder zu Unrecht, sei einmal dahingestellt –, mit seiner

Hilfe ein Wundermittel gegen Übergewicht herstellen zu können. Dem Patentinhaber winken also möglicherweise große Gewinne. Das Problem ist nur: Eine Firma hat zwar das Gen sequenziert und zum Patent angemeldet, eine andere aber seine Funktion als „Gewichtsregulator" entdeckt und ebenfalls ein Patent beantragt. Die Juristen müssen nun entscheiden: Was ist wichtiger, die Sequenz oder die Funktion?

Für die meisten Wissenschaftler ist der Fall klar. HUGO veröffentlichte 1995 eine Stellungnahme, die sich sowohl auf das EST- als auch auf das Leptin-Problem anwenden läßt: „HUGO ist besorgt, daß mit der Erteilung von Patenten auf unvollständige und uncharakterisierte cDNS-Sequenzen die belohnt werden, die Routineentdeckungen machen, und daß gleichzeitig diejenigen, die die biologische Funktion oder Anwendbarkeit bestimmen, bestraft werden." Und weiter: „Es wäre ironisch, wenn das Patentsystem Routine belohnen und Innovationen entmutigen würde."

Allerdings entscheiden in diesem Fall nicht die Wissenschaftler, sondern die Gesetzgeber, Patentämter und Gerichte. Und das amerikanische Wissenschaftsmagazin „Science" argwöhnt: „Viele Investoren träumen davon, mit menschlichen Genen reich zu werden. Aber wer dann wirklich reich wird, das hat vielleicht mehr mit der Fähigkeit zu tun, die Schwierigkeiten des Patentrechts zu umschiffen, sowie mit den unvorhersagbaren Entscheidungen von Bundesrichtern als mit der Bedeutung der biologischen Sachverhalte, die man entdeckt hat." Ein Gewinner steht jedenfalls fest: Die Rechtsgelehrten, für die sich ein weites Betätigungsfeld auftut.

Die Frage aus der Überschrift dieses Kapitels läßt sich also nur teilweise beantworten: Grundsätzlich gehören die Gene eines jeden Menschen ihm selbst. Für manche Gene haben sich aber Firmen oder Institutionen per Patent das Recht gesichert, sie 20 Jahre lang allein zu vermarkten. In einer Reihe von Fällen ist noch völlig unklar, wer mit welchen Genen Gewinne machen darf.

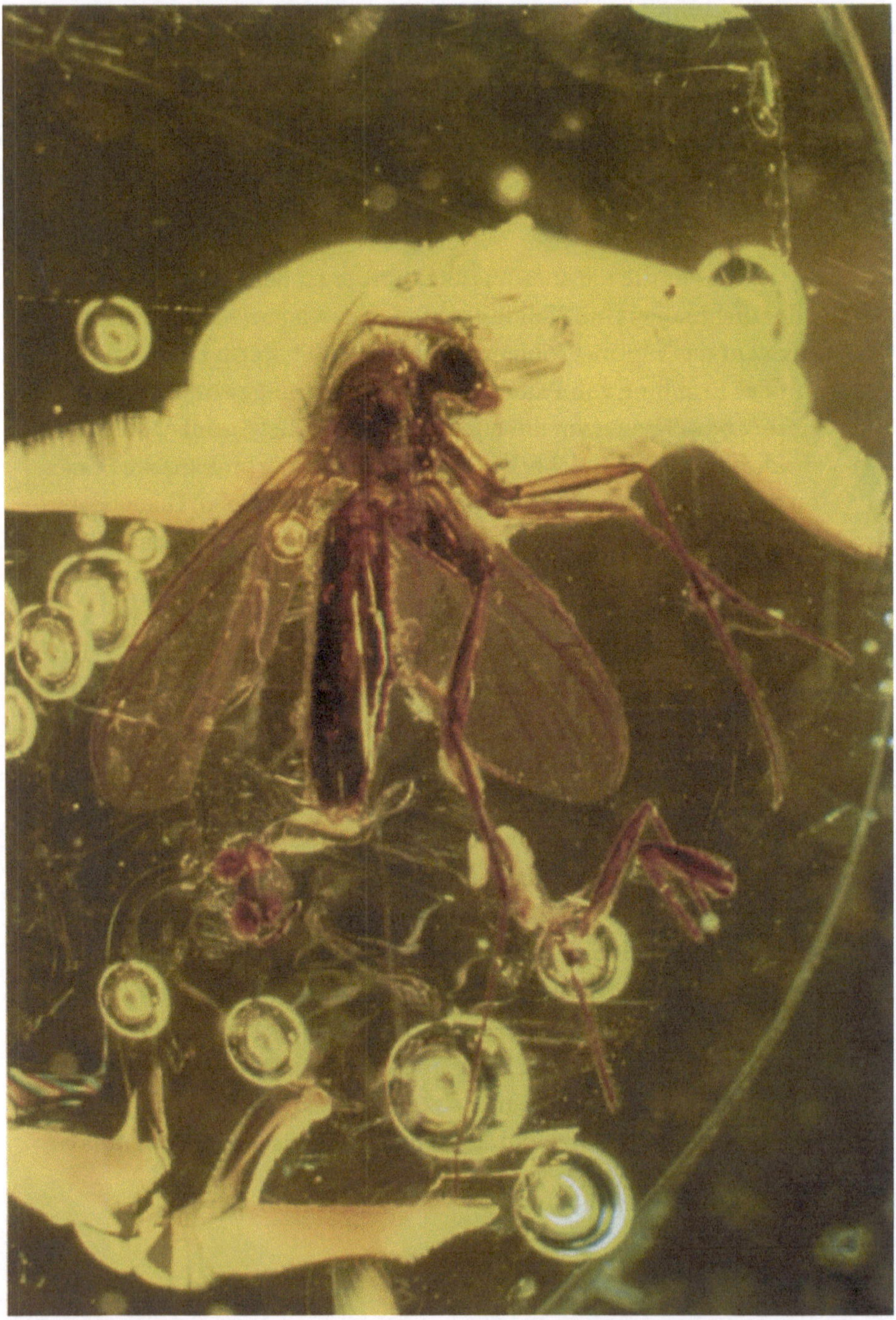

Der Bernstein erhält nicht nur die Gestalt von Insekten oft in hervorragender Weise;
ob er auch ihr Erbgut konserviert hat ist noch umstritten.

17 Molekulare Archäologie

Ein Fenster in die Vergangenheit

Mumien, fossile Knochen und versteinerte Pflanzenreste haben in
den vergangenen Jahrhunderten schon so manchen Altertumsfor-
scher in Begeisterung versetzt. Viele Rätsel dieser Funde blieben jedoch ungelöst. Die moderne Genomforschung brachte eine unver-
hoffte Wende. Plötzlich wurden Einblicke in Zusammenhänge
gewährt, die zuvor außerhalb jeder Vorstellungskraft lagen. Mit Methoden ähnlich dem genetischen Fingerabdruck in der Gerichtsmedizin machten sich auch die Archäologen und die Paläontologen an
die Spurensicherung. Einer Fülle spannender Fährten sind sie in den
letzten Jahren nachgegangen und haben so manches Geheimnis ge-
lüftet. Sie haben Erbmaterial tausend Jahre alter ägyptischer Königs-
kinder gleichsam wieder zum Leben erweckt, sind der Urmutter der
Menschheit auf die Spur gekommen, haben Verwandtschaften zwischen lebenden und längst ausgestorbenen Tierarten festgestellt, die
sterblichen Überreste des letzten russischen Zaren identifiziert und
viele andere spannende Fragen geklärt.

Der Jugendtraum des Schweden Svante Pääbo war die Archäologie. „Vor allem die ägyptischen Mumien hatten es mir angetan.
Doch nach einigen Semestern Ägyptologie war mir klar, daß mit herkömmlichen Methoden hier nicht mehr allzu viel zu holen ist", erinnert sich der Wissenschaftler, der jetzt an der Universität München
forscht. Diese Einsicht war für die Archäologie ein Glück. Denn während des dann folgenden Medizinstudiums lernte Pääbo die Analy-
senmethoden der molekularen Biologie kennen. Die Archäologie hat
ihn nie wieder losgelassen. Schon als junger Wissenschaftler entwickelte er daher die kühne Idee, bei uralten Mumien nach Überresten von Erbmaterial zu suchen. In winzigen Gewebeproben von Mu-
mienhaut, die ihm großzügige Museumskonservatoren zur

Verfügung stellten, fahndete Pääbo nach Erbmaterial. Doch zunächst gab keine der mehr als zwanzig untersuchten Mumien ihre Geheimnisse preis. Fündig wurde der Wissenschaftler erst bei einem einjährigen Königskind aus dem Ägyptischen Museum in Ost-Berlin. Lange vor dem Fall der Mauer hatte die Museumsleitung dem Forscher erlaubt, eine Hautprobe von der besonders gut erhaltenen Mumie zu nehmen. Sie führte ihn zum Erfolg. Er isolierte ein recht ansehnliches Stück Erbmaterial und klonierte es in Bakterienzellen. Manch einem Zeitgenossen mag ein Schauer über den Rücken gelaufen sein, als er von Pääbos Experimenten hörte. Denn der Forscher hatte durch die Klonierung nicht weniger getan, als ein mehr als zweitausend Jahre altes Stück Erbmaterial wieder zum Leben zu erwecken. Es war die Geburtsstunde eines neuen Wissenschaftszweiges, der molekularen Archäologie.

Verwandtschaft bei ausgestorbenen Tieren

Etwa zur gleichen Zeit wie sein Kollege Pääbo hatte auch der amerikanische Evolutionsforscher Allan Wilson von der kalifornischen Universität in Berkeley eine ähnlich abenteuerliche Idee. Wilson ging in ein Naturkundemuseum, entnahm eine Gewebeprobe von einem ausgestopften Tier, dem Quagga, das seit mehr als hundert Jahren ausgestorben ist, und isolierte ein wenig Erbmaterial. Ihn interessierte die Frage, ob der ähnlich wie ein Zebra quergestreifte, aber im Körperbau dem Pferd ähnliche Quagga ein naher Verwandter des Pferdes oder des Zebras ist. Bald war das Rätsel mit Hilfe eines genetischen Fingerabdrucks gelöst. Anders als die meisten Forscher bislang angenommen hatten, ist der Quagga näher mit dem Zebra verwandt als mit dem Pferd.

Auch Pääbo befaßt sich mit Fragen der Artenverwandtschaft. Er fand unter anderem heraus, daß die inzwischen ausgestorbene südamerikanische Beutelratte keineswegs mit den Beuteltieren Australiens verwandt ist, auch wenn sie dem tasmanischen Wolf sehr ähnlich sieht. „Offenbar haben sich beide Beuteltierarten völlig unabhängig voneinander entwickelt," faßt der Forscher die Befunde zusammen. Überraschend war auch die Erkenntnis einer englischen Forschergruppe. Sie stellte das Verwandtschaftsverhältnis zwischen dem ebenfalls bereits ausgestorbenen Mammut und dem Elefanten klar. Die Wissenschaftler gewannen Erbmaterial aus den Knochen eines Mammuts, der im sibirischen Eis hervorragend konserviert worden war. Der genetische Fingerabdruck ergab: Das Mammut ist mit dem afrikanischen Elefant näher verwandt als mit dessen asiatischem Vetter. Bislang waren die meisten Wissenschaftler der umgekehrten Meinung gewesen.

Die Urmutter der Menschheit in Afrika

Zu den spannendsten Themen, in die die modernen Evolutionsforscher neues Licht gebracht haben, gehört die Frage, wo der erste Mensch entstanden ist, und wie er sich über die Kontinente hinweg ausgebreitet hat. Zahlreiche Beobachtungen der Anthropologen, die vor allem fossile Knochen und Schädel untersuchten, hatten bereits darauf hingewiesen, daß der Mensch aus Afrika stammt. Strittig war jedoch die Frage, ob der moderne Mensch, der Homo sapiens, sich aus seinem Urahn, dem Homo erectus, noch in Afrika entwickelt hat oder ob schon der Urahn aus Afrika auswanderte und sich an mehreren Orten zum modernen Menschen entwickelte. Wilson machte sich 1987 daran, diese Frage durch die Analyse von Erbmaterial zu klären. Er untersuchte mitochondriale DNS von Personen zahlreicher geographisch verstreuter Gegenden und verglich, wie nah oder fern verwandt sie jeweils miteinander waren.

Bei der mitochondrialen DNS handelt es sich um Erbmaterial, das nicht aus dem Zellkern, sondern aus den als Mitochondrien bezeichneten Zellorganellen stammt. Die Mitochondrien sind die Kraftwerke der Zellen und liefern die für die Lebensvorgänge notwendige Energie. Jede menschliche Zelle enthält mehrere hundert bis tausend Mitochondrien. In jedem Mitochondrium befinden sich fünf bis zehn Kopien der mitochondrialen DNS. Sie besitzt mehrere Vorteile, die sie besonders geeignet für die genetische Spurensuche macht. In jeder Zelle gibt es nicht nur ein, sondern zahlreiche Exemplare vom mitochondrialem Erbmaterial. Dieses ist zudem stabiler als die chromosomale DNS, weil es sich um ein kleines ringförmiges Erbmolekül handelt. Vorteilhaft ist auch, daß die mitochondriale DNS nur von der Mutter vererbt wird. Es kommt daher nicht so leicht zu Vermischungen (Rekombinationen), die Stammbäume leicht verwischen können. Nicht zuletzt hat das mitochondriale Erbmaterial den Vorteil, daß sich Mutationen darin ansammeln. Je älter eine Stammbaumlinie ist, um so größer sind die Abweichungen in der mitochondrialen DNS.

Wilson fand heraus, daß die größten Unterschiede in der mitochondrialen DNS bei den Menschen in Afrika vorkommen. Er schloß daraus, daß die dort lebenden Menschen stammesgeschichtlich besonders alt sind. Er folgerte weiter, daß sich der moderne Mensch in Afrika entwickelte und von dort aus die übrigen Kontinente besiedelt hat. Computeranalysen zufolge hat sich der Homo sapiens erst vor 100 000 bis 200 000 Jahren aus seinem Urahn, dem Homo erectus, entwickelt. Die Berkeley-Forscher hatten sich zunächst auf die Analyse der mütterlichen Linie beschränkt. Sie sind überzeugt, daß sich alle heute lebenden Menschen auf ein einziges Paar in Afrika zurückverfolgen lassen. Der vermeintlichen Urmutter gaben sie den Spitznamen „Mitochondrien-Eva". Manche Forscher stellen die Schlußfolgerungen Wilsons jedoch in Frage. Denn noch fügen sich nicht alle Mosaiksteinchen der Menschheitsgeschichte lückenlos zu einem klaren Bild zusammen. Durch die Zusammenarbeit vieler verschiedener Spezialisten – Anthropologen, Molekularbiologen, Sprachwissenschaftler, Volkskundler und Mathematiker – wird man vielleicht bald mehr darüber wissen, wo genau die Wiege der Menschheit in Afrika liegt und wie sich die Kindeskinder der Urmutter und des Urvaters schließlich über die ganze Erde verteilten.

Für große Überraschung sorgte im Frühjahr 1997 schließlich die Entdeckung Pääbos, daß die mitochondriale DNS des heute lebenden Menschen bemerkenswerte Unterschiede zu dem im vergangenen Jahrhundert bei Düsseldorf gefundenen Neandertaler zeigt. Der Forscher schließt daraus, daß der Homo sapiens neandertalensis nicht der Vorfahr des heute lebenden Homo sapiens sapiens ist. Haben sich beide Zweige der Menschheit möglicherweise nicht einmal gekannt?

Die Untersuchung mitochondrialer DNS von Menschen aus den unterschiedlichsten Gegenden hat auch schon manche Frage zu den großen Völkerwanderungen gelöst. So geht aus den Vergleichsstudien der Biologin Erika Hagelberg aus dem englischen Cambridge hervor, daß Asiaten zumindest eine der Völkergruppen waren, die vor langer Zeit Amerika besiedelten. Darauf hatten auch schon zahlreiche kunsthistorische und anthropologische Beobachtungen hingewiesen. Außerdem lassen die überraschend großen Unterschiede in der mitochondrialen DNS von Mumien im Nordwesten Amerikas und verschiedener heute lebender Indianerstämmen vermuten, daß der amerikanische Kontinent nicht von einer einzigen Familie, sondern unabhängig voneinander von mehreren besiedelt wurde. Die Neue Welt wurde offensichtlich mehrfach entdeckt.

18 Licht auf rätselhafte Schicksale

Der Eismensch aus Tirol

Auch spannende Fragen des aktuellen Tagesgeschehens lassen sich
mit modernen Genanalysen schneller und genauer beantworten als
mit herkömmlichen Methoden. Als Alpenwanderer im Grenzgebiet
zwischen Österreich und Italien am 19. September 1991 eine Leiche aus
einem Gletscher herausragen sahen, ahnten sie nicht, daß sie einem
Menschen aus der Bronzezeit begegnet waren. Mit Hilfe einer klassischen Methode der Altersbestimmung, der Radiokarbondatierung,
war bald klar, daß der im Eis mumifizierte Mann vor gut 5 000 Jahren
gelebt haben muß. Möglicherweise wurde er von einer Lawine überrascht und kam so zu Tode. Svante Pääbo, der mit molekulargeneti-
schen Methoden Erbmaterial vom Tiroler Eismenschen untersuchte,
fand schließlich heraus, daß es sich bei dem Mann offenbar um einen
Einheimischen handelte. Sein Erbmaterial glich jedenfalls mehr dem
eines Nord- oder Mitteleuropäers als dem eines Vertreters aus den
Mittelmeerländern oder aus Afrika. Das wissenschaftliche Ergebnis
hat nicht zuletzt das Gerücht widerlegt, das Ganze sei ein Schaber-
nack. Manche Experten hatten nämlich bereits zu argwöhnen begonnen, ein tollkühner Zeitgenosse hätte zur Verwirrung der Wissenschaft eine ägyptische oder indianische Mumie in das Eis gelegt!

Die Romanows und die falsche Zarentochter

Der genetische Fingerabdruck hat nach dem Untergang der Sowjet-
diktatur auch Licht in das Schicksal der letzten russischen Zarenfamilie gebracht. 1993 hatte die russische Regierung britischen Experten den Auftrag gegeben, in Zusammenarbeit mit russischen

Fachleuten zu überprüfen, ob es sich bei den sterblichen Überresten eines flachen, scheinbar in aller Eile geschaffenen Grabes in Jekaterinburg im Ural tatsächlich um die Überreste der Zarenfamilie handelte. Im Volksmund hatte sich die Überzeugung wachgehalten, dort seien 1918 der ermordete Zar Nikolaus II, seine Frau, die Zarin Alexandra, und seine Kinder verscharrt worden. 1991 hatte man in dem Grab neun Skelette gefunden. Russische Gerichtsmediziner hatten sie anhand verschiedener Merkmale vorläufig als die Überreste des Zaren, der Zarin und drei ihrer Töchter, des Familienarztes Dr. Botkin und von drei Bediensteten identifiziert. Der britische Molekulargenetiker Alec Jeffreys erklärte sich bereit DNS-Analysen vorzunehmen. Sie bestätigten, daß fünf der Toten zur selben Familie gehörten und daß eines dieser Familienmitglieder männlichen Geschlechts war. Um sicher festzustellen, ob es sich in der Tat um die Zarenfamilie handelte, wurde ihre mitochondriale DNS mit derjenigen einiger heute lebender Verwandter der weiblichen Linie der Romanows verglichen. Zu den Vergleichspersonen gehörte unter anderem Prinz Philip von England, der Prinzgemahl der britischen Königin Elisabeth II., der ein Großneffe der Zarin ist. Schwieriger war die Identifizierung des Zaren. Man fand schließlich Personen, die in fünfter und sechster Generation mit der Großmutter mütterlicherseits des Zaren, der Großherzogin Louise von Hessen, verwandt waren. Der Vergleich der DNS-Muster ließ den zweifelsfreien Schluß zu, daß es sich bei den fünf miteinander verwandten Skeletten um den Zar, die Zarin und drei ihrer vier Töchter handelt. Über das Schicksal der vierten Tochter und des einzigen Sohnes ist nichts bekannt.

Das Rätselraten ging aber weiter, hatte sich doch 1921 in Berlin die Patientin einer Nervenheilanstalt als Anastasia, die letzte noch lebende Zarentochter ausgegeben. Immer wieder tauchten in deutschen Illustrierten Spekulationen über „Anastasia, die letzte Zarentochter", auf. Die Frau ließ sich später als Anna Anderson in Charlottesville im amerikanischen Bundesstaat Virginia nieder. Dort wurde sie von vielen Mitbürgern als die Tochter des letzten russischen Zaren verehrt. Doch bis über ihren Tod hinaus blieb ungeklärt, ob sie tatsächlich die echte Anastasia war.

Einer ihrer Anhänger, ein amerikanischer Rechtsanwalt, hat 1994/1995 veranlaßt, daß Gewebeproben der Anna Anderson genetisch untersucht und mit denen der Romanow-Familie verglichen wurden. Glücklicherweise fand sich in einer amerikanischen Klinik eine Gewebeprobe, die zum Zweck einer Krebsuntersuchung entnommen worden war. In Deutschland spürte man außerdem eine alte Blutprobe auf. Und schließlich stellte ein amerikanischer Verehrer auch eine Haarlocke als Untersuchungsmaterial zur Verfügung. Das Ergebnis lag bald klar auf der Hand. Alle Proben zeigten, daß Anna Anderson nicht mit den Romanows verwandt ist. Die vermeintliche Anastasia war also nicht die letzte Zarentochter.

KASPAR HAUSER – KEIN GEHEIMNISVOLLER PRINZ

Mehr als hundert Jahre hielt sich das Gerücht, ein 1828 in Nürnberg aufgetauchtes Findelkind mit einem anonymen Brief in der Hand sei der Erbprinz von Baden. Der fünfzehnjährige Junge, der sich Kaspar Hauser nannte, hatte erzählt, er sei in einem dunklen Raum ohne jeden Kontakt zur Außenwelt aufgewachsen, versorgt nur mit Wasser und Brot. Das Kind war seelisch, geistig und körperlich verkümmert, als man es fand. Bald entstand die Mär, Kaspar sei in Wirklichkeit adeliger Abstammung und aus Gründen der Staatsraison in einer Art Käfig aufgezogen worden. Der Verdacht, der arme Habenichts sei der Sohn der Großherzogin von Baden, der geborenen Stéphanie de Beauharnais, hielt viele in seinem Bann. Ihr Sohn, der so alt gewesen wäre wie Kaspar Hauser, war bald nach der Geburt gestorben und feierlich begraben worden. Als die zweite Frau des Großherzogs einen Sohn gebar, der die Nachfolge antreten sollte, wurde das Gerücht verbreitet, das Kind eines armen Schluckers sei anstelle des Prinzen beerdigt worden. Der Prinz selbst lebe bei irgendeiner Familie. So kam es, daß das Findelkind Kaspar Hauser nach seinem Auftauchen in Nürnberg Zutritt zu vornehmen Kreisen erhielt und nach großer Entbehrung ein angenehmes Leben führte. Doch 1833 wurde er von einem Unbekannten niedergestochen. Als er drei Tage später starb, gab das dem Gerücht, er sei des Großherzogs Sohn, erneut Nahrung.

Um das Geheimnis des angeblichen Prinzen zu lüften, hat das Nachrichtenmagazin „Der Spiegel" gemeinsam mit der Stadt Ansbach Gerichtsmedizinern der Universität München 1996 einen interessanten Auftrag erteilt. Sie sollten anhand genetischer Fingerabdrücke die Verwandtschaft von Kaspar Hauser mit dem Geschlecht der Badener Herzöge endgültig klären. Das Erbmaterial eines Blutflecks aus einem Wäschestück, das man nach der Ermordung des Findelkindes konserviert hatte, wurde mit Blutproben zweier noch lebender Frauen des Hauses Baden verglichen. Das Ergebnis der Münchner Wissenschaftler und ihrer britischen Kollegen lautete: Kaspar Hauser kann nicht der Sprößling des Großherzogs von Baden sein. Das Märchen ist für viele damit zu Ende. Doch die Beweggründe für die grausame Vernachlässigung des Kindes Kaspar Hauser und dessen spätere Auslieferung an die Öffentlichkeit bleiben weiterhin im dunkeln.

Rätselhafter Weg der Tuberkulose

Auch auf medizinhistorischem Gebiet hat die Analyse von Erbmaterial schon mit so manchem Vorurteil aufgeräumt. Bis vor kurzem galt es als Tatsache, daß die Spanier bei der Eroberung Amerikas den Einheimischen die Tuberkulose mitgebracht hätten. Unzählige Menschen seien an der Schwindsucht gestorben, weil sie offensichtlich keine Abwehrkräfte gegen den für sie neuen Erreger hatten, war die Lehrmeinung. Dem Paläobiologen Arthur Aufderheide von der amerikanischen Universität von Minnesota in Duluth waren jedoch vor einigen Jahren an den mumifizierten Überresten einer tausend Jahre alten peruanischen Indianerin merkwürdige Knoten in der teilweise erhaltenen Lunge aufgefallen. Solche Lungenknoten treten typischerweise bei Tuberkulosekranken auf. Mit einer Gensonde, die Tuberkulosebakterien erkennt, machte sich der Wissenschaftler auf die Suche nach Überresten des Erregers. Er fand sie ohne Schwierigkeit in dem Lungengewebe der Frau, die schon 700 Jahre vor der Eroberung Amerikas gestorben war. Damit steht fest, daß es die Tuberkulose in der Neuen Welt längst gab, als die Eroberer aus Europa kamen. Ganz unschuldig dürften die Europäer aber an den nach ihrer Ankunft in Amerika um sich greifenden Tuberkuloseepidemien dennoch nicht gewesen sein. Mit dem Elend, das sie über die verarmende einheimische Bevölkerung brachten, schufen sie Bedingungen, unter denen sich die Schwindsucht besonders leicht ausbreiten konnte.

Vergängliches Erbmaterial

Nachdem die Genforscher Erbmaterial aus den ungewöhnlichsten Quellen – dem Innern von Zähnen, ausgestopften Tieren, dem Eismenschen und sogar tausendjährigen Mumien – isoliert hatten, schien der Phantasie kaum mehr eine Grenze gesetzt. So erprobten die Forscher ihr Glück auch an noch viel älteren Resten einstiger Lebewesen. Eine Rekordmeldung folgte der nächsten, in angesehenen wissenschaftlichen Journalen ebenso publiziert und gerne gelesen wie in Laienzeitschriften. Die einen fanden Erbmaterial in einem versteinerten Magnolienblatt, das 20 Millionen Jahre alt war, andere spürten DNS-Reste gar in den Fossilien von Dinosauriern auf, die vor mehr als 65 Millionen Jahren lebten. Besonders publikumswirksam war die Entdeckung, daß auch aus den in Bernstein eingeschlossenen Insekten, die vor mehr als 10 Millionen Jahren in der Luft umherschwirrten, Erbmaterial gewonnen wurde. Kaum eine Zeitschrift, die sich mit biologischen Themen beschäftigte, die nicht zur Untermalung der spannenden Berichte eindrucksvolle Aufnahmen von wunderbar in Bernstein erhaltenen Insekten gebracht hätte. Der Ausschluß von Wasser und Sauerstoff hatte die Lebewesen über Millionen von Jahren konserviert. Viele Wissenschaftler nahmen an, daß auch das Erbmaterial der winzigen Mumien erhalten sei. Nur wenige Chemiker warnten davor, daß schon das einfallende Licht die langen Kettenmoleküle längst zerstört haben könnte. Doch der Gedanke, Erbmaterial versteinerter Organismen mit der Polymerasekettenreaktion (siehe Kap. 7) gleichsam wieder zum Leben zu erwecken, war zu schön, um ihn einfach wieder aufzugeben.

Doch in der jüngsten Zeit sind die Forscher vorsichtiger geworden. Im Mai 1997 warnten britische Fachleute in einem Bericht an die Königliche Akademie der Wissenschaften in London, daß noch längst nicht sicher erwiesen sei, ob aus den Versteinerungen tatsächlich Millionen Jahre altes Erbmaterial gewonnen wurde. Sie selbst hatten mit äußerster Sorgfalt mehr Proben von versteinerten Lebensformen untersucht als alle bislang veröffentlichten Untersuchungen zusammen. Im Gegensatz zu ihren Kollegen hatten sie jedoch bei keinem in Bernstein eingeschlossenen Insekt Spuren uralter Gene gefunden.

Noch sind ihre Proben nicht von einer unabhängigen Forschergruppe ein zweites Mal untersucht worden. Aber die Chancen stehen schlecht, daß das in vielen Sciencefiction-Romanen und in Steven Spielbergs Film „Jurassic Park" gezeichnete Szenario vom Auferstehen vieler Millionen Jahre alter Gene etwas mit der Wirklichkeit zu tun hat.

19 Ein neues Bild vom Menschen

Darwins Thesen

Im Jahre 1859 veröffentlichte Charles Darwin sein berühmtes Werk „The Origin of Species", in dem er die Entstehung der Arten aus primitiven Urformen postulierte und vor allem die natürliche Auslese als Selektionsprinzip und als treibende Kraft für die Entwicklung neuer Spezies erkannte. Das wirklich neue an diesem Werk war weniger die Erkenntnis einer Evolution von Arten, die schon auf den Beginn des 19. Jahrhunderts zurückgeführt werden kann, als Lamarck in Frankreich im Jahre 1801, Wells, von Buch, Owen und einige andere Autoren in den folgenden Jahren verwandte Ideen geäußert hatten. Entscheidend war vielmehr, daß Darwin die natürliche Auslese und die Anpassung an veränderte Umweltbedingungen als Triebfedern der Evolution definierte und hierfür eine gewaltige Datenfülle zusammentrug. Im Kernsatz seiner Einführung schreibt er: „Obwohl vieles unklar ist und auch lange unklar bleiben wird, habe ich nach ausführlichstem Studium und dem ausgewogensten Urteil, dessen ich fähig bin, nicht den geringsten Zweifel, daß die von den meisten Naturforschern bis vor kurzem vertretene Vorstellung, die ich auch selbst früher vertrat – daß nämlich jede Art unabhängig geschaffen wurde – falsch ist. Ich bin nachdrücklich davon überzeugt, daß Arten nicht unveränderbar sind, sondern daß die, die wir der gleichen Artengruppe zuordnen, sich direkt von gewissen anderen und überwiegend ausgestorbenen Arten ableiten lassen... Darüber hinaus bin ich davon überzeugt, daß die Natürliche Auslese die bedeutsamste – wenn auch nicht ausschließliche – Triebfeder der Veränderungen darstellt."

Zwölf Jahre später, im Jahr 1871, verfaßte Darwin dann ein zweites Hauptwerk „The Descent of Man and Selection in Relation to Sex", das die Ideen der Ausgabe von 1859 auf den Menschen übertrug,

dessen Abstammung aus primitiven affenähnlichen Vorstufen im
Verlauf einer langen Evolution forderte und zu dem Schluß kam, daß
die geschlechtliche Wahl eine entscheidende Rolle bei der Entstehung
der Menschenrassen gespielt habe. Ein eindrucksvoller Satz prägt
hier seine Einleitung: „Es wurde oft und selbstsicher behauptet, daß
der Ursprung des Menschen nie verstanden werden wird. Aber Un-
wissenheit erzeugt öfter Selbstvertrauen als Wissen. Es sind diejenigen, die wenig wissen und nicht diejenigen, die viel wissen, die so positiv behaupten, daß dieses oder jenes Problem nie von der
Wissenschaft gelöst werden kann."

Es ist viel über die kontroverse Diskussion, die den Veröffentlichungen Darwins folgte, gesprochen und geschrieben worden.
Seine Bücher haben tiefgreifenden Einfluß nicht nur auf die Biologie
der folgenden Jahrzehnte gehabt, sondern auch zu heftigen weltanschaulichen Kontroversen geführt. Obwohl etwa 140 Jahre später seine Ideen im naturwissenschaftlichen Bereich eine breite Akzeptanz
gefunden haben, haben sich in einigen Ländern die weltanschaulichen Kontroversen bis in unsere Tage hinein gehalten und spielen etwa in den Vereinigten Staaten in den Auseinandersetzungen der Krea-
tionisten mit den Evolutionisten um den Schulunterricht in einzelnen
Distrikten eine bedeutsame Rolle. Noch im vergangenen Jahr (1996)
erschien das Buch eines amerikanischen Biochemikers, Michael J. Be-
he, mit dem Titel: „Darwin's Black Box" und dem vielsagenden Unter-
titel „The Biochemical Challenge to Evolution", in dem er aufgrund
der Komplexität von Organentwicklung und biochemischen Funktionen die Thesen Darwins infrage zu stellen glaubt, ohne – wie es aus
vielen seiner Stellungnahmen hervorgeht – seine Bücher wirklich gelesen zu haben. Dennoch spielen solche Veröffentlichungen von angeblichen Fachleuten eine wesentliche Rolle in dieser immer noch
nicht abgeschlossenen weltanschaulichen Auseinandersetzung.

Als Darwin seine grundlegenden Werke verfaßte, verwandte er zwar den Begriff „Mutation", ohne damit jedoch spezifische Veränderungen des Erbmaterials zu bezeichnen, die später diesem Begriff zugrunde gelegt wurden. Natürlich hatte er keine Kenntnisse
von den etwa zeitgleich ablaufenden Versuchen des Brünner Mön-
ches Gregor Mendel, der mit seinen Vererbungsregeln den Grundstock für die moderne Genetik lieferte (siehe Kap. 2). Für Darwin war
die Mutation die bleibende und auch erbliche Veränderung eines Organismus, deren molekulare Basis ihm zu dieser Zeit unbekannt blei-

ben mußte. Die Veränderbarkeit bestehender Arten auf der anderen Seite war für ihn wesentlicher Teil seines wissenschaftlichen Credos. Der Mutationsbegriff Darwins ist später vielfach mißverstanden und in seiner heutigen Interpretation angewandt worden, was teilweise wohl auch zu gewollten Fehlinterpretationen geführt hat.

Wie recht hatte Darwin? Läßt sich das Gewicht seiner Aussagen durch die Entwicklung der Biotechnologie untermauern oder etwa schmälern? Was bedeuten die moderne Molekularbiologie, die Erkenntnisse über Struktur und Funktion von Genen, über deren Rekombinations- und Mutationsmöglichkeiten, über das sog. Spleißen von mRNS-Molekülen und über die Möglichkeiten der Funktionsänderungen von Proteinmolekülen in Abhängigkeit von ihrer Faltung für unser Verständnis über uns selbst, über unsere eigene vergangene und zukünftige Evolution, für unsere Stellung in der belebten Welt und damit letztlich für unsere Weltanschauung?

Ein gewaltiger Bewußtseinswandel zeichnet sich ab: Bei der Analyse individueller Gene sehen wir, daß die gleichen Genstrukturen, die z. B. die Zellteilung bei der Hefe steuern, sich bis hin zum Menschen in einer modifizierten Form erhalten haben, und daß viele der lebenswichtigen Funktionen durch Gene gesteuert werden, deren Ursprungsformen bereits bei Mikroorganismen angelegt sind. Es lassen sich Genstammbäume erstellen, die uns aufgrund der im Verlauf der Evolution erworbenen Veränderungen Rückschlüsse auf Verwandtschaftsgrade und auf den Zeitraum der Abspaltung verwandter Spezies erlauben.

Vergleichende Evolutionsgenetik

Neben der Analyse menschlicher Wanderbewegungen in der Vorzeit wird uns die vergleichende Bestimmung des Erbgutes unserer nächsten Verwandten – etwa der Schimpansen – mit unseren Genen wichtige Rückschlüsse über einzelne Evolutionsschritte der Hominiden eröffnen. Dies kann sich auf einzelne Merkmale wie den Verlust der Körperbehaarung beim Menschen beziehen, die gelegentlich aufgrund von Mutationen wieder auftreten und bei den betroffenen Personen zu einem dichten Körperfell führen kann. Offensichtlich sind also noch die dafür kodierenden Gene in einer inaktiven Form in unserem Erbgut verankert.

Eine besonders interessante Frage bezieht sich auf die Ursache unserer Großhirnentwicklung, die die entscheidende Voraussetzung für höhere intellektuelle Leistungen und die Entwicklung menschlicher Kulturen ist. Heute kann man nur spekulieren, daß im Verlauf unserer Evolution Veränderungen in der Regulation von Genen stattgefunden haben, die das Wachstum der Großhirnrinde regulieren und die zu einer Verlängerung der Entwicklungsphase führten. Ob dies aufgrund von Mutationen zustande kam oder auf der Basis von Translokationen, bei denen ganze Chromosomenabschnitte neu zusammengefügt wurden, muß z. Z. noch Spekulation bleiben. Diese Frage wird vermutlich jedoch in Zukunft beantwortet werden können, wenn die verantwortlichen Sequenzen bei Affen und Menschen hinreichend analysiert sind. Möglicherweise zeichnen sich dann interessante Perspektiven ab, wenn etwa eine Koppelung zweier unterschiedlicher Entwicklungen nachgewiesen werden könnte. Es wäre z. B. vorstellbar, daß der Verlust der Körperbehaarung und die Entwicklung des Großhirns ein gekoppelter Vorgang in unserer frühen Evolution war, wenn über eine Translokation Kontrollelemente, die sonst den Haarwuchs regeln, jetzt das Wachstum von Zellen der Großhirnrinde fördern. Das sind natürlich etwas wilde Spekulationen, sie sollen aber aufzeigen, welche Möglichkeiten die vergleichende Genomanalyse bietet.

Ein ganz anderer Sektor, der sich heute in einer stürmischen Entwicklung befindet, entfaltet sich über die molekularbiologische Analyse der Embryonalentwicklung und von Regenerationsvorgängen. Auch dieser Bereich wurde durch die vergleichende Bestimmung von bestimmten Genen, den sog. Homöobox-Genen, bei Würmern, Fliegen, Krebsen und Wirbeltieren und der Steuerung ihrer Regulation entscheidend vorangetrieben. Diese Gene sind für die Segmentierung des Körpers verantwortlich, wie wir sie besonders ausgeprägt bei Insekten beobachten können, und regeln das Wachstum der Extremitäten. Ihre An- und Abschaltung unterliegt einer strikten Regulation innerhalb der Embryonalentwicklung. Jede Fehlleistung führt zu Mißbildungen. Einige Spezies – bis hin zu den Amphibien, spezifisch hier den Molchen – haben sich die Fähigkeit erhalten, beim Verlust eines Beines oder der Augenlinse, diese Gene in einer spezifischen Reihung wieder zu aktivieren und die verlorene Extremität oder die Linse wieder zu regenerieren. Es liegt auf der Hand, daß diese Gengruppe auch unter praktischen Perspektiven hochinteressant sein muß, etwa wenn es um die Regenerationsfähigkeit von Zellen des Zentralnervensystems, der Leber, des Herzens, möglicherweise sogar von verlorenen Extremitäten geht. Hier liegt die eigentliche Bedeutung der gegenwärtigen Klonierungsexperimente von Schafen und Rindern: Es geht um die Bestimmung des Potentials spezifischer Stammzellen für die Regeneration bestimmter Zell- und Organsysteme und die Analyse ihrer Regulation.

SURVIVAL OF THE FITTEST

Man kann heute mit fast beliebigen Gengruppen den Verlauf der Evolution untersuchen. Angefangen von bakteriellen Lebensformen lassen sich entsprechende Stammbäume entwickeln, die die Richtigkeit der Grundthese Darwins belegen. Das von Darwin postulierte „survival of the fittest" und damit die Anpassung an Umweltveränderungen auf der Basis mutativer Veränderungen des Erbgutes kann heute jeder Biologiestudent in Bakterienkulturen unter unterschiedlichen Kulturbedingungen experimentell nachvollziehen.

Eine wichtige Entdeckung der jüngeren Zeit erklärt auch ein vieldiskutiertes und mit der Lehre Darwins gelegentlich als unvereinbar erklärtes Phänomen: Im Verlauf der Erdgeschichte ist es in vereinzelten Epochen zu einem relativ plötzlichen Auftreten unterschiedlicher Arten gekommen, einer Ausstrahlung in verschiedene Spezies, während in anderen Phasen wiederum eine relative Stabilität bestand. Umweltbedingter Stress, etwa die Exposition gegenüber radioaktiver und ultravioletter Strahlung oder gegenüber genotoxischen Chemikalien kann zur Aktivierung von Mutatorgenen führen, die die Mutationsrate der betroffenen Zellen deutlich erhöhen. Die dadurch bedingten Mutationen, Translokationen und Amplifikationen bestimmter Abschnitte des Erbgutes vermindern zwar die „Fitness" der betroffenen Individuen und ihrer Nachkommen, erhöhen aber deutlich die Wahrscheinlichkeit für adaptive Mutationen, die ein Überleben unter veränderten Umweltbedingungen gewährleisten. Weltweite Katastrophen, wie etwa der postulierte riesige Meteoraufschlag vor etwa 65 Millionen Jahren, der vermutlich zum Aussterben der Saurier führte, sollten entsprechende Gene in den überlebenden Spezies aktiviert haben.

Wird unser Bezug zur lebenden Materie verändert, wenn wir heute den Verlauf der Evolution sogar in gewissen Details nachvollziehen können? Wie wird dadurch die Sicht unserer Stellung in der Natur und im Evolutionsgeschehen und letztlich damit auch unser Weltbild beeinflußt?

Wir begreifen uns als Teil einer Entwicklung, die an spezifischen Punkten – durch Zufallsereignisse gesteuert – sprunghafte und jedenfalls gegenwärtig nicht voraussagbare Entwicklungsschritte veranlaßt. Sie hat im Fall des Menschen zur Dominanz einer Spezies – zumindest für eine bestimmte Entwicklungsphase – geführt. Dabei müssen wir erkennen, daß unser eigenes Erbgut einer beständigen Fluktuation unterliegt, die gleichzeitig eine entscheidende Voraussetzung für mögliche Anpassungen an eine sich ebenfalls kontinuierlich oder auch gelegentlich diskontinuierlich ändernde Umwelt darstellt. Diese Fluktuation ist auf einzelne Generationen bezogen gering. Sie hat aber in der heute lebenden menschlichen Bevölkerung zu einer deutlichen Heterogenität geführt und sicherlich werden Menschen in 10 000 oder 20 000 Jahren – wenn sie dann noch existieren – genetische Differenzen zu der Mehrzahl der heute lebenden Volksgruppen aufweisen.

Evolution von Hirnfunktionen und Verhaltensmustern

Darüber hinaus beginnen wir die molekulare Basis unseres Verhaltens zu verstehen: Das Großhirn des Menschen hat sich im Verlauf der Evolution zu einer Schaltzentrale besonderer Art entwickelt, die an Komplexität unübertroffen ist und zahlreiche parallele Leistungen erbringen kann. Durch das Nebeneinander- und Hintereinanderschalten von Nervenzellen wird hier eine erhebliche Leistungssteigerung im Vergleich zu Einzelzellen oder weniger komplexen Nervenverbänden erbracht, was die Lösung komplexer Aufgaben und das bewußte Verarbeiten von Reizen aus der Umwelt erlaubt.

Wir finden bemerkenswerte Vorstufen dieser Entwicklung auch im Tierreich in sehr unterschiedlicher Ausprägung, etwa wenn eine Gruppe von Blattschneideameisen in einer erstaunlichen Arbeitsteilung Blätter in bestimmten Positionen zusammenhält, während andere Tiere der Gruppe sie an ihren Kanten zusammenweben. Weitere koloniebildende Insekten weisen Kooperationen auf, die zumindest auf den ersten Blick als „überlegte" Prozesse erscheinen mögen: Es sei nur an den „Honigtanz" der Bienen erinnert, der anderen

Mitgliedern des Bienenvolks die Lokalisation von Blütenständen anzeigt, an den Wiederaufbau partiell zerstörter Wespennester oder an die Rettung der Ameisenbrut, wenn gut belüftete Brutkammern an der Erdoberfläche zusammenbrechen.

Wir werten diese Vorgänge als Instinkthandlungen, d. h., die Reaktionen werden unter gegebenen Voraussetzungen zwanghaft ausgelöst und lassen sich unter experimentellen Bedingungen gut reproduzierbar wiederholen. Die Ursache dieser zwanghaften Prozesse ist aber offenkundig die angeborene Bahnung von Reizketten – die feststehende Verknüpfung von elektrischen Entladungen, die auf bestimmte Reize hin erfolgen – bis hin zu den Erfolgsorganen und das daraus resultierende Verhaltensmuster. Auf eine ganz bestimmte Art von Bahnung wurde im Verlauf der Evolution selektiert, sie erwies sich für die betreffende Art als vorteilhaft und nutzt die verfügbaren Reizverarbeitungssysteme (Nervenzellen) in offensichtlich optimaler Weise.

Mit zunehmender Entwicklung des Zentralnervensystems bei den Wirbeltieren wird die Selektion auf vorteilhafte Verhaltensbahnungen und deren weitere Vererbung komplexer: Man denke nur an die Wanderungen der Aale zu ihren extrem entfernten Laichplätzen im Saragossameer oder der Lachse aus dem Meer in die oberen Flußläufe. Auch die Vogelwanderungen sollen hier Erwähnung finden, z. B. die des jungen Kuckucks, der ohne jede Anleitung durch Altvögel zu feststehenden Jahreszeiten Wanderungen über zwei Kontinente unternimmt. Brutpflege, Nahrungssuche und Revierverhalten sind durch angeborene Muster bestimmt, die einer gleichlaufenden Reizverarbeitung entsprechen, deren Bahn sich über endlose Generationsfolgen als vorteilhaft erwies und durch Selektion fortgeschrieben wurde.

Mit der Vergrößerung des Zentralnervensystems im Verlauf der Evolution erhöhte sich dessen Reizverarbeitungskapazität. Als neue Komponente entstand die Möglichkeit später Bahnungsprozesse, wobei die Reaktionsart auf bestimmte Reize nach der Geburt erlernt werden konnte, d. h. das Verhalten konnte nun durch „Erfahrungen" geprägt werden.

Solche Prägungen lassen sich schon bei wirbellosen Tieren – etwa bei den Würmern – in Ansätzen erkennen, Mäuse und Ratten zeigen bereits ein klares Lernverhalten. Berühmt wurde auf diesem Sektor der Pavlowsche Hundeversuch, bei dem durch einen Glockenton die Sekretion von Magensaft ausgelöst werden konnte, da der Hund diesen Ton mit der bevorstehenden Fütterung verknüpfte.

Die Ursache für diese Entwicklung liegt in der zunehmenden Plastizität des Zentralnervensystems, die in steigendem Umfang Alternativen für die Reizleitung anbietet und neue Rezeptoren für den Reizempfang entwickelt. Rezeptoren für das Sehen, Hören, Riechen, Schmecken und Fühlen geben ihre Signale über parallel vernetzte Wege weiter und erlauben Verknüpfung etwa eines Geräuscheffektes sogar mit dem vegetativen Nervensystem – wie es die Magensaftsekretion im Pavlowschen Versuchsansatz eindrucksvoll belegt. Kommt es zu vorteilhaften Erfahrungen, so werden die damit verbundenen Bahnen bei entsprechenden Reizen eindeutig bevorzugt – ein Lernprozeß hat stattgefunden, der das Verhalten erfahrungsbedingt prägt. Dieses wiederholte Reaktionsmuster auf frühere Erfahrungen ist die Grundlage des Gedächtnisses. Der molekulare Mechanismus, der die Reizverarbeitungswege bestimmt, damit Verhaltensmuster prägt und die Speicherung der entsprechenden Information bewirkt, ist z. Z. noch unklar.

Die Rolle von Sprache und Schrift in der menschlichen Evolution

Bei Primaten und in besonderer Weise beim Menschen erlaubt die Hirnentwicklung besonders komplexe Schaltvorgänge, eine Fülle von Parallelschaltungen, die nicht nur ein langfristiges Erfahrungssammeln ermöglichen, sondern auch das Abwägen von Erfahrungsinhalten gegeneinander, vor allem aber das Abrufen solcher Inhalte auch ohne erkennbare äußere Reize.

Durch das Sammeln von Erfahrungen, d. h. durch ein ausgeprägtes Erinnerungsvermögen und das Verknüpfen unterschiedlicher Erfahrungsinhalte, ist eine neue Qualität in die Evolution gekommen, die die Anpassungsmöglichkeiten des Individuums – und mehr noch der Art – an Umweltveränderungen erheblich erweitert. Sie wurde in entscheidender Weise dadurch gefördert, daß für den Menschen über die Entwicklung der Sprache die Möglichkeit entstand, solche Erfahrungen auch über die Generationskette weiterzugeben. In Ansätzen findet sich dies schon im Tierreich, wo über Laute, Gestik, Geruch und Gefühl sich kommunikative Strukturen zu bilden beginnen.

Informationsinhalte, die über die Sprache von Generation zu Generation weitergegeben werden, haben ähnlich wie biologische Informationsinhalte, die nicht mit überlebensnotwendigen Funktionen verknüpft sind, ein hohes Maß an Plastizität und „degenerieren" zunehmend. Hier brauchen wir nur an die mündliche Überlieferung antiker Götter- und Heldengeschichten oder – näher liegend – an die Modifikation und Verformung beliebter Witze über bestimmte Zeitspannen zu denken.

Der Wunsch nach „Konservierung" solcher Erfahrungsinhalte in weniger modifizierbarer Form führte zur Entwicklung der Schrift und von geeigneten Materialien, diese Aufzeichnungen über lange Zeiträume zu erhalten. Bücher sind sozusagen die erweiterte Speicherkapazität unseres Hirns, sie erlauben uns, den Erfahrungsschatz auch unabhängig von der familiengebundenen Überlieferung weiterzureichen. Heute wird diese Entwicklung stürmisch ausgeweitet durch die Entwicklung von Verfahren zur Konservierung akustischer und visueller Eindrücke, in besonderer Weise aber auch durch die enorm ansteigende automatisierte Datenerfassung und -verarbeitung, die gerade in diesen Jahren zunehmend unser Leben verändert.

Unter der Perspektive der Evolution gesehen, führen Entwicklungen wie Sprache und Schrift – heute die Auswirkungen der modernen Technik – zu zunehmender Unabhängigkeit von Umweltbedingungen und damit zu verbesserter Anpassung auch an ungünstige Lebensbedingungen. Sie haben bewirkt, daß der Mensch ein historisches Gedächtnis entwickelt, vielleicht wichtiger noch – mit diesen Hilfsmitteln konnte er sich auch in klimatisch besonders ungünstigen Zonen ansiedeln und ausbreiten. Sprache und Schrift dürften die eigentliche Ursache der übergroßen Bevölkerungszahlen auf der Erde sein. Sie beginnen aber auch einen neuen Entwicklungsprozeß – wiederum einzigartig in der Evolution – einzuleiten: Die Vorausschau auf künftige Jahre vor dem Hintergrund der bisher registrierten Entwicklung, verbunden mit planerischen Eingriffen zur Konservierung der durch Überbevölkerung bedrohten Lebensräume.

Die Krone der Schöpfung?

In der Evolution läßt sich die Entwicklung von Verhaltensweisen in Abhängigkeit von der Entwicklung von Reizleitungs- und -Reizverarbeitungsprozessen und damit vom Nervensystem definieren. Wir sehen, daß vererbte Bahnungsprozesse für Instinkthandlungen gegenüber einer späteren Prägung durch Erfahrungen, deren Verknüpfung mit anderen Erlebnisinhalten (Denken) und der Fähigkeit des Wiederabrufs (Erinnerungsvermögen) zunehmend zurücktreten. Darüber hinaus wurden dann von einer Spezies, dem Menschen, technische Möglichkeiten zur Datenerfassung und -verarbeitung außerhalb des Körpers entwickelt, die sein Erinnerungsvermögen wie auch Verknüpfungsprozesse in geradezu unerhörter Weise vergrößern und seinen Lebensraum in der Umwelt beträchtlich erweitern.

Die Vorstellung von der Plastizität unseres Erbgutes und der damit zusammenhängenden kontinuierlichen oder – durch Umweltkatastrophen ausgelöst – auch diskontinuierlichen Evolution des Menschen ist unserer Gesellschaft heute noch weitgehend fremd. Auch wenn sich in der Vergangenheit langsam und mühevoll das frühere heliozentrische Weltbild änderte, und wir die Erde als einen Punkt in einem Weltall von unvorstellbarer Ausdehnung zu begreifen beginnen, so verstand und versteht sich der Mensch auch heute noch als Krone der Schöpfung und verbindet damit ein anthropozentrisches und letztlich statisches Weltverständnis.

Die Molekularbiologie ist heute dabei, Lebensprozesse und Verhaltensmuster bestimmten Strukturen und sich davon ableitenden Funktionen zuzuordnen. Sie hat die Voraussetzungen dafür geschaffen, in beide Bereiche einzugreifen. Gleichzeitig legte sie damit das Fundament, Leben rational verstehen zu können. Dies wird einen nachhaltigen Wandel der Sicht unseres Lebens auf diesem Planeten und unserer Stellung in der Evolution bewirken, einen Wandel, der uns viel tiefgreifender berühren wird als aufgeregte Diskussionen über Gentomaten und klonierte Schafe.

Glossar 269

ALLEL Zustandsform eines Gens. Eine Erbanlage kann in bestimmten Variationen, als unterschiedliche Allele, vorkommen.

BAC (BACTERIAL ARTIFICIAL CHROMOSOME) Ein besonders stabiler Klonierungsvektor, der sich von einem bakteriellen Fertilitätsfaktor (F-Faktor) ableitet. Sein Vorteil gegenüber anderen Plasmiden besteht darin, daß es von ihm nur ein bis zwei Exemplare je Zelle gibt. Da er sich nicht so schnell vermehrt, sammeln sich in ihm auch nicht so leicht Mutationen an. Geeignet für das Klonieren von großen dns-Fragmenten.

BAKTERIOPHAGEN Viren, die sich in Bakterien vermehren.

BASENPAAR (BP) Die Paarbildung zwischen zwei Basen in einem DNS-Molekül. Die Nukleinsäurebasen Adenin und Thymin sowie Guanin und Cytosin bilden jeweils ein charakteristisches Paar. Die Paarbildung führt dazu, daß zwei DNS-Stränge sich zu einer Doppelhelix zusammenlagern.

BIOINFORMATIK Bearbeitung, Analyse und Speicherung der bei der Genomforschung gewonnenen Informationen (Basen- und Aminosäuresequenzen, genetische Karten, physikalische Karten usw.) mit Hilfe von Computern.

CDNS(KOMPLEMENTÄRE DNS) Die im Labor mit Hilfe des Enzyms reverse Transkriptase synthetisch hergestellte Kopie einer mRNS. Beliebt zum Klonieren von Genen, weil sie praktisch nur die Nettoinformation einer Erbanlage (ohne Introns) enthält.

CENTIMORGAN (cM) Einheit der Rekombinationshäufigkeit und damit Maß für die relativen Abstände zwischen Erbanlagen auf einem Chromosom. Ein Centimorgan entspricht etwa (aber niemals genau) der Länge von 1 Million Basenpaaren.

CHROMOSOMENBANDE Durch Anfärben der Chromosomen mit dem Giemsa-Farbstoff erscheinen Querstreifen („Banden") auf den Chromosomen. Der Verlust, der Zugewinn oder die Umlagerung von Chromosomenstücken lassen sich anhand veränderter Bandenmuster erkennen.

CONTIG (CONTIGUOUS GENE SEQUENCE) Zusammenhängende Sequenz eines DNS-Abschnitts, die sich aus einander überlappenden DNS-Stücken ergibt.

COSMIDE Vektoren zum Klonieren von rund 40 000 Basenpaaren langen dns-Fragmenten. Durch den Einbau des für die Verpackung des Bakteriophagen Lambda verantwortlichen cos-Gens in ein bakterielles Plasmid kann man das neukombinierte DNS-Molekül dazu bringen, in eine Phagenhülle verpackt zu werden. Diese künstlichen Phagenkonstrukte können Bakterienzellen infizieren, die dann das Plasmid mit dem fremden Gen vermehren („klonieren").

COSMID-BIBLIOTHEK Eine Sammlung von Bakterien, von denen jeder Klon jeweils ein anderes Cosmid beherbergt. In ihrer Summe ergeben die Cosmide die Gesamtheit eines Genoms.

DESOXYRIBONUKLEINSÄURE (DNS) Das Erbmaterial, also der materielle Träger der genetischen Information. Sie hat die Form einer Doppelhelix, in der zwei gegenläufige Nukleinsäurestränge über Basenpaare zusammengehalten werden. Da die beiden DNS-Stränge einander komplementär sind, stellt der eine Strang stets die Matrize für den anderen Strang dar.

DOMINANT Erbanlage, die sich als eine Merkmalsänderung bereits bemerkbar macht, wenn nur eines der beiden einander entsprechenden Exemplare eines Gens mutiert ist.

EUGENIK Die Vorstellung, das Erbgut der Menschheit zu verbessern.

POSITIVE EUGENIK Bevorzugte Fortpflanzung von Menschen mit „guten"
Erbanlagen.

NEGATIVE EUGENIK Verhindern der Fortpflanzung von Menschen mit
„schlechten" Erbanlagen.

EXON Ein kodierender Abschnitt in einem aus Exons und Introns bestehenden Gen. Nur die Exons werden in eine Aminosäurekette übersetzt und werden zu einem Teil des Proteins. Die als Introns bezeichneten Abschnitte erscheinen nicht in dem Protein; sie werden bei
der Reifung der mRNS aus der RNS-Kopie eines Gens herausgeschnitten.

FLUORESZENZHYBRIDISIERUNG Verwendung von Gensonden, die mit einem
Fluoreszenzfarbstoff markiert sind, zum Orten von Genen auf DNS-
Fragmenten oder Chromosomen.

GELELEKTROPHORESE Methode, um große Biomoleküle wie DNS oder Proteine aus einem Gemisch zahlreicher ähnlicher Moleküle zu trennen.
Durch ein Gel, das aus einem organischen Polymer (z. B. Polyacryl-
amid) besteht und wie ein molekulares Netz wirkt, wird Strom geleitet. Die Moleküle wandern dann entsprechend ihrer Ladung und
Größe mit unterschiedlicher Geschwindigkeit durch das Gel.

GEN Teil des Erbmaterials, der die genetische Information für einen bestimmten Zellbestandteil, eine Ribonukleinsäure oder ein Protein,
enthält.

GENBIBLIOTHEK Sammlung aller in zahlreiche Teilstücke zerlegter Gene
eines Organismus.

GENDIAGNOSE Nachweis einer gesunden oder kranken Erbanlage, mit Hilfe
einer hochspezifischen Gensonde oder durch Bestimmung der Bausteinreihenfolge des zu untersuchenden Gens.

GENETISCHER CODE Der Übersetzungsschlüssel zwischen der in Dreier-
gruppen von Basenpaaren (Tripletts) gespeicherten genetischen Information und der Aminosäuresequenz des entsprechenden Proteins.

GENETISCHER FINGERABDRUCK Charakteristisches DNS-Schnittmuster, sichtbar gemacht mit Gensonden, die individualspezifische Besonderheiten im Erbgut erfassen. Erinnert im Aussehen an Codestreifen von Supermarktware.

GENETIKETTEN Kurze DNS-Stücke, die in ihrer Bausteinreihenfolge einem winzigen Teilbereich eines (echten) Gens entsprechen. Dienen als Sonden, um die betreffenden Erbanlagen im Genom zu identifizieren.

GENEXPRESSION Umsetzung der in einer Erbanlage gespeicherten genetischen Information in ein entsprechendes Protein oder eine Ribonukleinsäure. Weist auf die Aktivität eines Gens hin.

GENETISCHE KARTE (GENKARTE) Bestimmung der relativen Lage von Genen bzw. der wie Gene vererbten charakteristischen Merkmale auf einem Chromosom.

GENOM Gesamtheit des genetischen Materials eines Organismus. Die Größe des Genoms wird als Summe der Basenpaare eines Erbmaterials angegeben. Höher entwickelte Organismen haben in der Regel, aber nicht immer, größere Genome als niedere Lebewesen.

GENOTYP Die genetische Ausstattung eines Individuums.

GENSONDE Kurze DNS-Kette (Oligonukleotid), die in ihrer Bausteinfolge zu einem bestimmten Abschnitt in einem Genom paßt, so daß sie diesen mittels komplementärer Basenpaarung eindeutig orten kann.

GENTHERAPIE Behandlung mit Genen. Die gesunde Erbanlage wird mit Hilfe eines Transporters, eines Vektors, oder als „nackte" DNS in das zu behandelnde Gewebe eingeschleust. Das Produkt des gesunden Gens korrigiert den Mangel oder die unplanmäßige Aktivität einer Erbanlage.

HETEROZYGOTIE Mischerbigkeit, d. h. die einander entsprechenden Gene zweier Chromosomen haben eine unterschiedliche Bausteinfolge (verschiedene Allele) und liefern somit ein unterschiedliches Proteinprodukt.

HOMOLOGE CHROMOSOMEN Die beiden einander entsprechenden, vom Vater beziehungsweise von der Mutter stammenden Exemplare eines bestimmten Chromosoms.

HYBRIDISIERUNG Bildung komplementärer Basenpaare zwischen zwei genau zueinander passenden DNS-Abschnitte. Bildet die Grundlage beim Identifizieren bestimmter Genabschnitte mit Hilfe von Gensonden.

HYBRIDZELLE Aus zwei Zellen verschiedener Arten (z. B. Hamster und Mensch) verschmolzene Riesenzelle. Enthält oft letztlich alle Chromosomen der einen Art (Hamster) und einzelne Chromosomen der zweiten Art (Mensch).

IMPULSFELD-GELELEKTROPHORESE Verbesserte Form der Gelelektrophorese, die mit wechselnden elektrischen Feldern arbeitet. Der pulsierende Strom ermöglicht auch sehr großen DNS-Molekülen das Wandern in einem Gel. Vermag DNS-Stücke bis zu 100 000 Millionen Basenpaaren zu trennen.

INTRON DNS-Abschnitt zwischen den Exons eines Gens. Erscheint in der RNS-Kopie eines Gens, nicht aber in der Aminosäuresequenz eines Proteins. Kann in seltenen Fällen ein Mini-Gen oder ein genetisches Steuerungselement enthalten.

KILOBASE (KB) Maßangabe für 1 000 Basenpaare.

KLON Vervielfältigte Einheit, z. B. ein DNS-Fragment, ein Gen, eine Zelle oder ein Organismus.

KLONIEREN Vorgang der identischen Vervielfältigung eines DNS-Stücks, eines Gens, einer Zelle oder eines Organismus.

KLONIERUNGSVEKTOR Die für die Replikation (Vermehrung) zuständigen Teile eines Bakteriophagen, Virus, Plasmids oder Chromosoms, in die man ein DNS-Stück einfügt, um es gleichsam mit Hilfe eines fremden Motors biologisch zu vervielfältigen.

KNOCK-OUT-MÄUSE Mäuse, in deren Erbgut man ein Gen gezielt ausgeschaltet hat. Für die Funktionsanalyse von Genen viel verwendet.

Koppelung Die gemeinsame Vererbung zweier benachbarter Gene oder Polymorphismen.

Koppelungskarte Genetische Karte, die relative Abstände zwischen den Genorten angibt. Wird erstellt anhand der Häufigkeit, mit der erbliche Merkmale gemeinsam vererbt werden.

 Locus Bezeichung für den Ort eines Gens oder eines anderen erblichen Merkmals auf einem Chromosom.

Marker Aus dem Englischen übernommene Bezeichnung für ein erbliches Merkmal auf einem DNS-Molekül oder einem Chromosom.

Megabase (Mb) Maßangabe für 1 Million Basenpaare.

Messenger-RNS (mRNS) Botenribonukleinsäure; enthält die Nettoinformation eines Gens; entsteht aus der Ribonukleinsäurekopie eines Gens, befreit von den nichtkodierenden Intron-Abschnitten. Wandert vom Zellkern in das Zellplasma, wo sie an den Ribosomen in ein Protein übersetzt wird.

Mikrosatelliten-DNS Hochvariable DNS-Abschnitte im Genom, die aus sehr kurzen, sich vielmals wiederholenden Sequenzen bestehen. Da sie nicht für ein Protein kodieren, verändern sie sich leicht durch Mutation, so daß sie von Individuum zu Individuum kleine Unterschiede aufweisen und daher für Identifikationen mit dem genetischen Fingerabdruck geeignet sind.

Mikrosatelliten-Marker Ein nach den Mendelschen Regeln vererbbares Merkmal in den hochvariablen repetierten Bereichen eines Erbmoleküls.

Monogene Krankheiten Erbleiden, die durch Fehler in einem einzigen Gen zustandekommen.

Multiplex-Verfahren Verwendung gleichzeitig mehrerer Gensonden zum Auffinden hochvariabler repetierter Bereiche in einem Genom. Verringert die Wahrscheinlichkeit nur rein zufälliger Übereinstimmungen zwischen einem genetischen Fingerabdruck und einer Person.

MUTATION Erbänderung durch Austausch eines Basenpaares gegen ein anderes (Punktmutation), Verlust von Basenpaaren (Deletion) oder Zufügen von Basenpaaren (Insertion).

NUKLEINSÄURE Chemische Bezeichnung für die aus Nukleotiden aufgebauten Kettenmoleküle, aus denen DNS und RNS bestehen.

NUKLEOTID Untereinheit der DNS und RNS; besteht aus einer stickstoffhaltigen Base (Adenin, Guanin, Thymin oder Cytosin bei DNS; bei RNS anstelle von Thymin Uracil), einem Phosphatmolekül und einem Zuckerrest (Desoxyribose bei DNS; Ribose bei RNS). Im Laborjargon bezeichnet man die Nukleotide bei Längenangaben von Nukleinsäuren einfachheitshalber als „Basen".

OLIGONUKLEOTID Kurzes Kettenmolekül (meist definierter Basensequenz), das mehrere Nukleotide lang ist.

ONKOGEN Erbanlage, die durch Mutation oder übermäßige Expression so verändert wurde, daß sie ungehemmtes Zellwachstum begünstigt.

PAC (PHAGE ARTIFICIAL CHROMOSOME) Klonierungsvektor, der sich von einem P1-Phagen ableitet, dessen Erbmaterial als Plasmid verwendet wird. Zum Klonieren von mittelgroßen DNS-Fragmenten genutzt.

PCR siehe Polymerasekettenreaktion

PHAGE siehe Bakteriophage

PHÄNOTYP Äußeres Erscheinungsbild eines Individuums, einschließlich charakteristischer biochemischer Merkmale.

PHYSIKALISCHE KARTE Sammlung unterschiedlich langer, sich überlappender DNS-Fragmente, die sich puzzleartig in der einzig richtigen Reihenfolge zu einem vollständigen Genom einander zuordnen lassen. Letztlich auch die Basensequenz eines Genoms.

PLASMID Winziges ringförmiges Extra-Chromosom mancher Bakterien. Da es sich unabhängig vom Hauptchromosom vermehrt, ist es möglich, fremde DNS-Stücke einfügen, die man dadurch vermehren kann. Wichtiger Motor zum Klonieren von DNS-Stücken.

POLYGENE KRANKHEITEN Leiden, die wie zahlreiche chronische Krankheiten (Krebs, Herzleiden, Rheuma, Zuckerkrankheit usw.) durch die Wirkung gleichzeitig mehrerer Gene zustande kommen.

POLYMERASEKETTENREAKTION (PCR) Chemisch-enzymatisches Verfahren zum Vervielfältigen von DNS-Molekülen; vermag von einem einzigen Molekül in wenigen Stunden viele Millionen Kopien herzustellen. Vielseitig anwendbar, z. B. um ein bestimmtes DNS-Fragment einer Genbibliothek soweit zu vermehren, daß man es genauer analysieren kann, z. B. um die in einer bestimmten Zelle aktiven Gene zu bestimmen oder um das in einem einzelnen Haar enthaltene Erbmaterial für einen genetischen Fingerabdruck zu nutzen.

POLYMORPHISMUS Individuelle Unterschiede in der Basensequenz; auch in den nichtkodierenden Bereichen, also außerhalb der Gene, z. B. in den hochrepetitiven DNS-Abschnitten. Da sie erblich sind, lassen sie sich für Koppelungsanalysen und damit zum Erstellen von Genkarten und für die Suche nach echten Erbanlagen nutzen.

POLYPEPTID Kurze Aminosäurekette.

POSITIONSKLONIERUNG Aufspüren eines unbekannten Gens anhand seiner Position in der Nähe eines charakteristischen Fragmentlängenpolymorphismus.

PROTEIN Aminosäurekette; Genprodukt, das durch Expression eines Gens gebildet wird. Die Reihenfolge der Bausteine entspricht der Folge von Nukleotiddreiergruppen in einem Gen.

REKOMBINANTE DNS (AUCH REKOMBINIERTE ODER NEUKOMBINIERTE DNS) Künstlich im Labor verknüpfte Erbmoleküle unterschiedlicher Herkunft, z. B. Klonierungsvektor (Plasmid) mit eingebautem fremden DNS-Fragment.

RESTRIKTIONSENZYM Protein, das bestimmte Abschnitte auf einem DNS-Molekül erkennt und die beiden Nukleinsäurestränge dort durchtrennt;

je nach Enzymart erfolgt der Schnitt in beiden Strängen versetzt oder glatt. Wichtiges Werkzeug der Genomforschung und der Gentechnik.

RESTRIKTIONSFRAGMENT-LÄNGENPOLYMORPHISMUS (RFLP, GESPROCHEN „RIFLIP") Charakteristische Längen von DNS-Fragmenten, die man nach enzymatischer Spaltung von Erbmaterial mit Restriktionsenzymen erhält. Wegen der individualspezifischen Unterschiede vor allem in den nichtkodierenden Bereichen des Genoms treffen die Restriktionsenzyme bei verschiedenen Personen z. T. an unterschiedlichen Stellen auf eine Schnittstelle, so daß unterschiedliche Fragmente entstehen. Die dabei etstehenden polymorphen Sequenzen lassen sich als Orientierungspunkte in einem langen Erbmolekül nutzen, z. B. bei der Suche nach einem unbekannten Gen.

Reverse Genetik Fahndung nach unbekannten Genen nicht anhand eines bekannten Genprodukts, sondern umgekehrt anhand einer dem Gen benachbarten Auffälligkeit.

REZESSIV Erbänderung, die sich erst äußert, wenn beide Exemplare der einander entsprechenden Gene mutiert sind. Ist nur ein Gen verändert, kompensiert das auf dem homologen Chromosom gelegene zweite Exemplar in aller Regel den Defekt.

RIBONUKLEINSÄURE(RNS) Nukleinsäure, die in der Regel als Kopie von DNS-Molekülen gebildet wird. In den Zellen höherer Organismen wird ein Gen in eine identische RNS-Kopie „transkribiert" (umgeschrieben), das „Transkript" wird anschließend von den nichtkodierenden Introns befreit, die beiden Enden mit Schutzgruppen versehen und so eine mRNS hergestellt. Diese wandert ins Zellplasma, wo die an den Ribosomen in ein Protein übersetzt wird. Außerdem entstehen an den ribosomalen Genen ribosomale RNS-Moleküle, die am Aufbau der Ribosomen beteiligt sind. Auch die transfer-RNS, die an die wachsende Proteinkette jeweils eine neue Aminosäure anliefert, wird im Zellkern gebildet und wandert ins Zellplasma ein. Die kleinen, am Entfernen der Introns beteiligten RNS-Protein-Komplexe bleiben dagegen im Zellkern.

SEQUENZ Bausteinreihenfolge in kettenförmigen Biomolekülen; die Folge der Basen in DNS-Molekülen und der Aminosäuren in Proteinen.

Sequenzetiketten Kurze DNS-Abschnitte bekannter Bausteinreihenfolge, die im Genom im Prinzip jeweils nur einmal vorkommen. Identifizieren einzelne DNS-Stücke in einer physikalischen Genkarte.

Single nucleotide polymorphism (SNP, wie „snip" gesprochen) Abweichung in nur einem einzigen Basenpaar in einem Gen. Weit verbreitet, meist vermutlich ohne Konsequenz für die Funktion des entsprechenden Proteins, zuweilen verantwortlich für eine Erbkrankheit. Wird als sehr genauer Orientierungspunkt bei der Suche nach Genen genutzt.

Transgenes Tier Tierischer Organismus wie die Maus, in dessen Genom man die Erbanlage eines anderen Lebewesens fest eingebaut hat.

Vektor siehe Klonierungsvektor.

YAC (yeast artificial chromosome) Künstliches Hefechromosom. Enthält die für die selbständige Vermehrung eines Hefechromosoms notwendigen Strukturelemente wie Centromer und Telomere. Zum Klonieren sehr großer DNS-Fragmente von bis zu 1 Million bp geeignet.

Zytogenetik Teilgebiet der Genetik, das sich mit den mikroskopisch erkennbaren Unterschieden in der Zahl und Feinstruktur der Chromosomen beschäftigt.

Literatur

J. E. BISHOP und M. WALDHOLZ (1991) Landkarte der Gene. Das Genomprojekt. Droemer Knauer, München

D. COHEN (1995) Die Gene der Hoffnung. Die Entschlüsselung des menschlichen Genoms und der Fortschritt in der Medizin. Piper, München

W. COOKSON (1996) Die Jagd nach den Genen. VCH, Weinheim

D. J. KEVLES und L. HOOD (1993) Der Supercode. Die genetische Karte des Menschen. Artemis/Winkler, München

L. HENNEN, T. PETERMANN und *J. Schmitt* (1996) Genetische Diagnostik – Chancen und Risiken: der Bericht des Büros für Technikfolgen-Abschätzungen. Edition Sigma, Berlin

W. HENNIG (1995) Genetik. Springer, Berlin Heidelberg

J.-C. KAISER, K. NOWAK und M. SCHWARTZ (1992) Eugenik Sterilisation und Euthanasie. Politische Biologie in Deutschland 1895–1945. Union

J. LEVINE und D. SUZUKI (1996) Das Lebensmolekül. Erfolge der medizinischen Genetik. Droemer Knaur, München

R. SHAPIRO (1992) Der Bauplan des Menschen. Das Genom-Projekt. Scherz, München

J. RUBNER (1996) Was Frauen und Männer so im Kopf haben. Deutscher Taschenbuch Verlag, München

J. SCHMIDTKE (1997) Vererbung und Ererbtes. Ein humangenetischer Ratgeber. rororo, Reinbek

T. Strachan (1994) Das menschliche Genom. Spektrum, Heidelberg, Berlin, Oxford

T. Strachan und A. P. Read (1996) Molekulare Humangenetik.
Spektrum Akademischer Verlag, Heidelberg, Berlin, Oxford

E.–L. Winnacker (1996) Das Genom. Möglichkeiten und Grenzen der Genforschung. Eichborn Verlag, Frankfurt

Websites im Internet zum menschlichen Genom und verwandten Themen

http://www.dechema.de/deutsch/isb/hugo.htm (deutschsprachige Informationen über das Human-Genom-Projekt)

http://www.dhgp.de (Website des Deutschen Human-Genom-Projektes)

http://www.nhgri.nih.gov (National Human Genome Research Institute, Informationen über das amerikanische Human-Genom-Projekt)

http://www.ncgr.org (National Center for Genome Resources, noch mehr Wissenswertes über das Human-Genom-Projekt)

http://www-leland.stanford.edu/group/morrinst/HGDP.html (Informationen über das Human Genome Diversity Project)

http://www.geneletter.org (Newsletter über Fortschritte in der Genetik sowie rechtliche, ethische und andere Probleme, die dadurch entstehen; gefördert vom amerikanischen Energieministerium)

http://www.tigr.org (The Institute for Genomic Research, „DNS-Sequenzier-Fabrik" in Rockville, USA)

http://www.myriad.com (Die amerikanische Firma Myriad Genetics Inc. sucht nach Krankheitsgenen und entwickelt Gentests, z. B. für Brustkrebs)

http://www.phd.msu.edu/cf/fam.html (Umfangreiche Informationen über Mukoviszidose und Gentests für diese Krankheit)

http://www.bdw.de (Website der Zeitschrift „Bild der Wissenschaft". Der „newsticker" enthält häufig Informationen aus der Genomforschung.)

http://www.deutschlandradio.de/newsletter (Die „Informationen aus Naturwissenschaft und Technik" enthalten auch solche aus der Genomforschung

http://www.gen-welten.de (Website der gleichnamigen Austellung in fünf Museen)

 Bildnachweis

Kap. 2   Epytoma Joannis de Monte, Venedig 1496

Kap. 3   Max-Planck-Institut für Züchtungsforschung, Köln

Kap. 4   Josef Wiegand, Deutsches Krebsforschungszentrum

Kap. 5   Michael Speicher, Humangenetik, Universität München

Kap. 6   Josef Wiegand, Deutsches Krebsforschungszentrum

Kap. 7   Josef Wiegand, Deutsches Krebsforschungszentrum

Kap. 8   Deutsches Krebsforschungszentrum

Kap. 9   Josef Wiegand, Deutsches Krebsforschungszentrum

Kap. 10   Josef Wiegand, Deutsches Krebsforschungszentrum

Kap. 11   Siemens AG

Kap. 12   Procter & Gamble, Schwalbach

Kap. 13   Prof. Hans Gelderblom, Robert-Koch-Institut, Berlin

Kap. 14   Dr. Claudia Walther

Kap. 15   Josef Wiegand, Deutsches Krebsforschungszentrum

Kap. 16   Josef Wiegand, Deutsches Krebsforschungszentrum

Kap. 17   Dr. Hendrik Pionar, Zoologisches Institut, Universität München

Kap. 18   Archiv für Kunst und Geschichte, Berlin

Kap. 19   Josef Wiegand, Deutsches Krebsforschungszentrum

Zu den Autor/innen 283

CLAUDIA EBERHARD-METZGER studierte Biologie, Germanistik und Pädagogik in Mainz. Danach war sie in der Presse- und Öffentlichkeitsarbeit des Deutschen Krebsforschungszentrums in Heidelberg sowie als Wissenschaftsredakteurin bei einer Tageszeitung für Ärzte tätig. Seit 1991 ist sie selbständig und schreibt für verschiedene Tageszeitungen sowie für „Bild der Wissenschaft". (Kap. 3, 12 und 13)

DR. INGRID GLOMP studierte Biologie in Bochum und promovierte anschließend am Max-Planck-Institut für Ernährungsphysiologie in Dortmund. Nach einigen Jahren Forschungstätigkeit arbeitet sie seit 1991 als Medizin- und Wissenschaftsjournalistin für Zeitungen, Zeitschriften, Buchverlage und für das Fernsehen. (Kap. 10, 14, 15 und 16)

DR. BARBARA HOBOM studierte Genetik, Biochemie und Mikrobiologie in München und Berlin, danach arbeitete sie in der molekularbiologischen Forschung am Max-Planck-Institut für Biochemie in München, an der Stanford University in Kalifornien und der Universität Freiburg. Seit 1973 ist sie freiberuflich als Wissenschaftsjournalistin tätig, vor allem für die Frankfurter Allgemeine Zeitung. (Kap. 2, 4–9, 11, 17–18)

HILKE STAMATIADIS-SMIDT, M.A. leitet seit vielen Jahren den Bereich Presse- und Öffentlichkeitsarbeit des Deutschen Krebsforschungszentrums in Heidelberg. Vorher war sie im Pressereferat des Bundesministeriums für Forschung und Technologie tätig und hat danach die Abteilung Presse- und Öffentlichkeitsarbeit der Deutschen Forschungsgemeinschaft in Bonn aufgebaut und geleitet. (Einführung)

Prof. Dr. Dr. mult. h. c. HARALD ZUR HAUSEN leitet seit 1983 als Vorsitzender des Stiftungsvorstandes das Deutsche Krebsforschungszentrum in Heidelberg. Sein wissenschaftlicher Schwerpunkt ist die Erforschung von Tumorviren, insbesondere Papillomviren, ihre Identifikation, die Aufklärung ihrer Wirkweise und die Entwicklung einer präventiven Impfung. (Kap. 19)

Springer
und
Umwelt

Als internationaler wissenschaftlicher
Verlag sind wir uns unserer besonderen
Verpflichtung der Umwelt gegenüber
bewußt und beziehen umweltorientierte
Grundsätze in Unternehmens-
entscheidungen mit ein. Von unseren
Geschäftspartnern (Druckereien,
Papierfabriken, Verpackungsherstellern
usw.) verlangen wir, daß sie sowohl
beim Herstellungsprozess selbst als
auch beim Einsatz der zur Verwendung
kommenden Materialien ökologische
Gesichtspunkte berücksichtigen.
Das für dieses Buch verwendete Papier
ist aus chlorfrei bzw. chlorarm
hergestelltem Zellstoff gefertigt und im
pH-Wert neutral.

Springer